WHY DOES THE WORLD EXIST?

世界为何存在？

探索万物之谜的奇妙旅程

[美] 吉姆·霍尔特 著　　高天羽 译　　张晓歌 插图

北京大学出版社
PEKING UNIVERSITY PRESS

我是谁？

李淼[*]

金庸在《射雕英雄传》中有一个情节很有趣，欧阳锋在黄蓉的引导下对自己的身份产生了疑问，连问"我是谁"，然后就疯了，以后他逢人就问"我是谁"。

我们读到这里，觉得欧阳锋成了哲学家，觉得金庸设计这么一个情节很合理，一个人内功练到一定程度，就像参禅到了一定程度，开始对"我"和事物的本质产生怀疑。佛学家认为世界不存在，是自我的幻觉，真正的存在是"彼岸"，对自我身份产生怀疑的人也深刻质疑"我"的意义或含义，就像欧阳锋。一个人陷进这个问题，就疯了，就像欧阳锋。

世界真正存在吗？我真正存在吗？笛卡尔的名言"我思故我在"是用我的存在来肯定世界的存在。我们这一代人小时候学过的一个

* 李淼，男，中山大学天文与空间科学研究院院长。1982 年毕业于北京大学天体物理专业，1984 年在中国科技大学获理学硕士学位，1988 年在该校获博士学位。1989 年赴丹麦哥本哈根大学波尔研究所学习，1990 年获哲学博士学位。1990 年起先后在美国 Santa Barbara 加州大学、布朗大学任研究助理、研究助理教授，1996 年在芝加哥大学费米研究所任高级研究助理。1999 年回国，任中国科学院理论物理研究所研究员、博士生导师，2013 年加入中山大学。

哲学教条是,"唯物主义"和"唯心主义"的区别在于对世界的看法,唯物主义认为世界客观存在,独立于"我"而存在,而唯心主义认为世界并不客观存在,是"我"的外化。当然,这种二分法非常粗糙,将一个深刻的问题以及对这一问题的回答做了简单化处理。

一个人一旦开始思考"我是谁""世界存在吗""存在是什么""世界为什么存在"诸如此类的问题,要么他非常清醒,要么他清醒到了疯狂的边缘。

物理学发展到今天,重新提出了世界客观与否这个问题。电影《黑客帝国》给我们提供了一个无法否定的可能性:我们这个世界可能就像虚拟游戏一样,是某个更高级的文明写出来并运行的代码。如果我们自身的文明进一步发展,我们也许也能写出并运行一个虚拟世界的代码,这个代码也许会演化出另一个文明,这个文明到了一定程度也能写出并运行另一个虚拟世界……因此有人论证,既然虚拟世界可以像俄罗斯套娃一样层层递进,那么,根据概率论,我们这个宇宙是虚拟的可能性就非常大。

你看,世界存在吗?我是谁?确实是个问题,或者确实是两个问题。

物理学研究还提出第三种可能性。我们的世界并非虚拟的,而是"史前"某个顽皮的物理学家不小心在他的实验室里制造出来的。确实,我们宇宙源于一场大爆炸,根据《万物理论》主角霍金的一个定理,我们的宇宙不可避免地源自某个奇点,在这个奇点上,空间不再有意义,这个奇点"前",时间也不再有意义,因此我们将"前"用引号括起来。而根据宇宙暴胀理论,这场大爆炸其实来源于某个真空,那么,物理学家想象,也许这个真空可以通过某个虫洞连接到另一个宇宙,这个虫洞的出口也许就是那个顽皮物理学家的实验室。他一不小心制造出了这个宇宙。

且慢，另一部分物理学家可能完全不同意我们的宇宙是史前文明不小心创造出来的，他们认为我们的宇宙是精心制造出来的，因为我们的宇宙很特殊，例如在我们的宇宙中不仅存在原子，还存在碳原子，因此通过碳原子的化合物衍生出了地球上的植物和动物，这可不是一件简单的事。也就是说，这个观点认为存在一个自然的上帝，这个上帝不过是另一个智慧生物而已。

　　当然，我个人觉得我们的宇宙最有可能是无数众多宇宙中的一个，在我们宇宙之外还存在很多其他宇宙，这些宇宙的大小，是否存在恒星，是否存在原子和分子都不一定，一句话，不同的宇宙中有不同的物理学定律。我坦承两年前我不相信这个多元宇宙论，现在，因为这个和那个原因，我开始信了。

　　以上是物理学家能够想到的世界，尽管理论不同，大家都承认一点，我们的世界是真实的。

　　这样，我们就来到一个更加基本的问题，在承认我们的世界是真实的前提下，它为什么会存在？为什么这个世界不能压根不存在？为什么世界不是虚无？

　　这样，我们就可以打开这本书阅读了。这本书的作者抱着同样的疑问，梳理古往今来各种不同的哲人对"世界为何存在，世界为何不是虚无"的探索，最后抵达了他自己对这个问题的解答。我们可以这样总结这本书："世界上为什么存在万物而非一无所有"这个问题其实无解，或者说有很多不被公认的解，作者通过本书就贡献了其中一种。不论他的解答是否可靠，我们都值得读完这本书，并认真思考作者的解答。

　　本书开始于一个游戏式的开场白："为忙碌生活的现代人提供的快速解答：世界上为什么存在万物而非一无所有？如果世界一无所有，也就没有任何规律，因为规律是属于'有'的范畴。如果没有任何规律,那么一切皆有可能。如果一切皆有可能,那么'一无所有'是不可能的。也就是说,如果世界一无所有,会得出'一无所有'是不可能的结论,因此,世界'一无所有'是自相矛盾的。因此,世界上必然存在万物,证明完毕。"

不用细想,这是一个游戏式回答,有明显的漏洞。尽管如此,这个回答却值得思考,由此我们被作者带入了"歧途",开始打开这本书阅读,于是越陷越深。

本书从现代哲学两本赫赫有名的著作:海德格尔的《形而上学导论》和萨特的《存在与虚无》,引入这个看似无厘头却最深刻的问题,为什么存在万物而非一无所有?这个问题简单而粗暴,是真正的终极问题,是所有问题的终点,人类问出的所有"为什么"背后都有它的痕迹。

在第二章,作者从各种角度解释这个"最黑暗的问题"。接下来的第三章,作者进入另一个概念,"虚无"是什么?虚无是什么也不是,还是某个东西?这是看上去自相矛盾的一个概念,如果你没有时间和耐心去读海德格尔枯燥的哲学名著,那么你有最好的机会在这里思考到他的"虚无虚无化"这类命题。

在这篇序言里我就不去剧透作者是如何展开剧情的了。我只想提几个关键词:上帝,宇宙在时间和空间上的有限或无限,因果律存在吗,因果律是局域的还是整体的,多重宇宙,佛学如何看待宇宙,万物皆信息,全局选择者,善召唤存在,等等,等等……

这是一本"存在"问题的导论,从而也是一本哲学入门书。在形而上的层次上,哲学问题都是至今无解的问题,因此,对存在问题的思考将伴随你存在的一生。同样,读一遍这本书不会解决你的问题,也不会给本书提到的各种问题画上句号。我的意思是,以后我还会不断地重新阅读这本深入而浅出的书。

我是谁?存在是什么?存在为何而存在?

目 录
CONTENTS

世界为何存在?
Why Does the World Exist?

为忙碌生活的现代人
提供的快速解答

世界上为什么存在万物而非一无所有?

如果世界一无所有,也就没有任何规律,因为规律是属于"有"的范畴。如果没有任何规律,那么一切皆有可能。如果一切皆有可能,那么"一无所有"是不可能的。也就是说,如果世界一无所有,会得出"一无所有"是不可能的结论,因此,世界"一无所有"是自相矛盾的。

因此,世界上必然存在万物,证明完毕。

01

CHAPTER

第一章

与存在之谜的第一次相遇

让我灰色的灵魂徒然渴望
在人类思想最远的边界之外
追求知识，像追求沉没的星星。
——丁尼生 《尤利西斯》

我要给你一个诚挚的忠告：不要什么事情都想着寻求它的
原因和解释……事事要找原因是十分危险的，只会将你引向失
望和不满，它会扰乱你的心神，到头来只有痛苦。
——维多利亚女王 1883 年 8 月 22 日致外孙女黑森维多利
亚公主的信

……在宇宙中没有人的时候谁是第一个人，造出了一切，
他们不知道，我也不知道……
——詹姆士·乔伊斯 《尤利西斯》中莫莉的独白

我清楚地记得自己第一次遇到存在之谜时的情景。那是在20世纪70年代初,我住在弗吉尼亚的乡村,还是个懵懵懂懂、自诩叛逆的中学生。和一些懵懵懂懂、自诩叛逆的中学生一样,我对存在主义发生了兴趣,因为这个哲学流派似乎有希望解决我作为青少年的种种不安,至少,它能够将我的不安提升到一个新的境界。一天,我到当地大学的图书馆里去借了两本模样吓人的巨著:萨特的《存在与虚无》和海德格尔的《形而上学导论》。我觉得后一本的标题很有意思,于是翻开读了几页,接着就第一次遇见了这个问题:为什么存在万物而非一无所有?直到今天,我仍然记得那个问题当时带给我的震撼:那么简单,那么粗暴,那么有力。这真是终极问题里的终极问题,人类问出的所有"为什么",背后都有它的痕迹。我不由自问,在我(短暂的)智力生涯中,为什么就没有想到过它呢?

　　为什么存在万物而非一无所有?有人说这个问题无比深刻,深刻到只有形而上学家才能提出,但它又无比简单,简单得只有孩子才能想到。我当时年纪还小,还当不了形而上学家;可是身为孩子,我为什么就没有想到它呢?现在回想起来,原因其实相当简单:我对形而上学的天然好奇,都被我成长的宗教环境给压抑住了。我从刚懂事起就听人说,是上帝创造了世界,而且他是从一无所有之中创造了世界。这样说的人有我的父亲母亲,有小学里教我读书的修女,还有我家附近山丘上那座修道院里的圣方济各会修士。上帝就是世界存在的原因，也是我存在的原因。至于上帝本身为什么存在，就没有人告诉我了。上帝和他自由创造的这个世界不同，上帝是永恒的，并且无所不能，在任何方面都无限完善。因此，他的存在也许并不需要一个解释：他既然无所不能，那么或许也能自己创造自己吧。用拉丁文的术语来说，他是 causa sui——自身的原因。

这就是大人们在我年幼时向我传授的说法。到现在，这个说法仍然为大多数美国人相信。对这些信徒来说，所谓的"存在之谜"根本就不是谜。你要是问他们"宇宙为什么存在"，他们会回答是因为上帝创造了宇宙。你要是追问"上帝为什么存在"，答案会取决于他们的宗教修为。有人会说，上帝是他自身的原因，是他自身存在的根据，他的存在包含在他的本质之中。也有人会说，谁问出了这种不敬的问题，谁就会在地狱里受苦煎熬。

不过话说回来，你要是叫那些不信上帝的人解释为什么存在万物而非一无所有，他们多半也说不出满意的答案。在眼下的这场"上帝论战"中，那些维护宗教信仰的战士常常将存在之谜用作武器，以打击那些主张新无神论的对手。理查德·道金斯*，这位演化生物学家和职业无神论者，就给这道谜题弄得不胜其烦。他抱怨说："我的那些信神的朋友老是翻来覆去地说，为什么存在万物而非一无所有，这里头一定是有原因的。"克里斯托弗·希金斯**，另一位无神论的坚定旗手，也经常遇到对手抛出同样的问题。一次，一个略有些霸道的右翼电视节目主持人得意洋洋地问他：

世界为何存在？
Why Does the World Exist?

"如果不承认上帝,你又怎么解释这个世界为什么存在?"还有一次,另一个长腿金发的女主持也谈到了这一点。"宇宙是从哪里来的呢?"她质问希金斯,"如果说一切都来自虚无,那似乎就违反了逻辑和理性吧。大爆炸之前又有什么呢?"希金斯答道:"大爆炸之前有什么,我也很想知道。"

一旦抛弃了上帝假说,还有什么法子可以解开存在之谜呢?你或许会觉得,终有一天,科学将不仅能解释世界是如何运行的,也能解释它为什么存在。至少道金斯是这么期望的,在他看来,存在之谜的答案要到理论物理中去找。"物理学家假定在宇宙最初的那一瞬间发生了'暴胀',随着了解的深入,我们或许会发现'暴胀'是宇宙学的基础,就像达尔文的理论是生物学的基础一样。"他这样写道。

而身为宇宙学家的史蒂芬·霍金却另辟了一条路子。按照霍金的理论模型,宇宙虽然在时间上有限,但它却是完全自足的,没有开始、也没有结束。在霍金看来,这个"无界"模型并不需要一位创世主,无论这创世主是神明还是别的什么。不过,连霍金都怀疑他的那些公式能否为存在之谜提供一个圆满的答案。"又是什么为这些公式赋予了生命,并创造出了一个宇宙来让它们描述呢?"他忧心忡忡地问道,"宇宙为什么就非得存在呢?"

看来,如果用科学来解答存在之谜,就难免会遇到这样的问题:宇宙包含了一切在物理上存在的东西,一个科学的解释也必须诉诸某个物理上的原因;然而任何物理上的原因,都是宇宙的一部分,本身也需要解释。因而,对宇宙的存在做任何纯粹科学的解释,结果都注定是循环论证。即使这个解释是从某件极微小的东西入手——一枚宇宙蛋、一小片量子真空、一个奇点——那东西也依然是一件东西,而不是什么都没有。科学或许可以揭示现有的宇宙是如何从某个更早的实在演化而来的、甚至可以一直追溯到宇宙大爆炸，但是最终，科学还是会撞到一堵墙壁：那个最初的物理状态是如何从虚无中产生的，这是科学所无法解释的问题。至少，那些拼命维护上帝假说的人是这样主张的。

从古到今，每当科学不能解释某个自然现象的时候，宗教信徒就会忙不迭地抬出一尊造物之神来填补空缺——然而每次的结果都是科学填补了空缺、信徒丢尽了脸面。比如牛顿就曾提出，行星需要上帝对它们的轨道不时做些调整，才不至于彼此相撞。然而百年之后，拉普拉斯却证明了物理学完全可以解释太阳系的稳定性。（当拿破仑问到上帝在他的行星理论中扮演什么角色时，拉普拉斯说出了那句著名的回答："我不需要那个假设。"）近些年，又有宗教信徒坚称盲目的自然选择无法解释复杂的有机体何以会出现，所以演化过程一定是受到了上帝的"指引"。但是这个观点也已经遭到了道金斯和其他达尔文主义者决定性的（也是欢快的）驳斥。

这种"空缺处见上帝"的观点，只要是涉及生物学或者天体物理的具体问题，最终都会遭到揭穿，叫信徒们下不来台。可是在"为什么存在万物而非一无所有"的问题上，信徒们就觉得自己的胜算大多了。熟知科学又为宗教辩护的罗伊·亚伯拉罕·瓦吉斯这样写道："任何科学理论，似乎都无法在彻底的虚无和丰富的宇宙之间搭起桥梁。宇宙的起源是一个元科学问题——科学只能提问，不能回答。"哈佛大学的杰出天文学家（也是门诺派的虔诚信徒）欧文·金里奇也同意这个观点。他 2005 年在哈佛大学的纪念教堂发表演讲，题目是"上帝的宇宙"。他在演讲中宣布，这个最终的"为什么"的问题是一个"目的论的问题"，"不是科学能够把握的"。

对于这个诘难,无神论者的反应通常是耸一耸肩,说一句世界"就是这样的"。它存在,也许是因为它一直存在,也可能是因为它突然冒了出来,没有什么理由好讲。无论是哪种情况,世界的存在都只是一个"原始事实"。

这种原始事实的观点认为,宇宙本身的存在不需要解释,因此也不必假设出某个超验的实体(比如上帝)来解答"为什么存在万物而非一无所有"的问题。然而从求知的角度来看,这未免就有点像是举手投降了。我们有时的确会认为宇宙是没有目的、没有意义的——人人都在内心绝望的时候这样想过——但这就说明宇宙无需解释了吗?这样想好像又太荒谬了一些;至少对我们这个追求理性的物种而言。无论是否有自觉,我们都在本能中遵从17世纪哲学家莱布尼茨提出的"充足理由律"。这条定律认为,解释可以向上及向下无限延伸,对于每一条真理,都肯定有一个理由来证明它为什么是这样而不是那样,对于每一个事物,都肯定有一个理由来解释它的存在。莱布尼茨的这条定律被有些人讥讽为"形而上学家的苛求",但它恰恰是科学的基本准则。它在科学研究中大获成功,以至于在实践层面上,我们可以认为它就是正确的——因为它管用。除此之外,这条定律似乎也是理性的本质要求,因为我们无论是赞成它还是反对它,都已经预先假定了它的效用。如果充足理由律成立,世界的存在就必定有一个解释,至于我们找不找得到就另当别论了。

一个没有理由的世界,一个非理性的、偶然的、"就是这样"的世界,将会是一个令人胆寒的世界——至少美国哲学家阿瑟·洛维乔伊是这样认为的。1933年,洛维乔伊在哈佛大学发表了一系列题为"存在的长链"的演讲,在其中一场中,他宣称一个无理由的世界是"不稳定、也不可信赖的,不确定性会危及它的全体。在这样一个世界里,什么都可能存在(自相矛盾的或许除外),什么都可能发生,任何一个事物,都不会比别的事物更有可能成立"。

那么,我们难道就只能在上帝和荒唐的原始事实之间择其一吗?自从我第一次遭遇存在之谜,这个两难就一直在我的脑中萦回。受它的刺激,我开始思索"存在"到底是什么意思。哲学家用"实体"来称呼实在的基本成分。在笛卡尔看来,世界包含着两类实体:一类是物质,他定义为"res extensa"(广延的实体);一类是精神,他定义为"res cognitans"(思想的实体)。到今天,我们也大致继承了这种两分的世界观:宇宙中包含着物理的东西,像是地球、恒星、星系、辐射、"暗物质""暗能量"等。它也包含着生物,而科学已经指出,生物的本质同样是物理。此外,宇宙中还存在意识,其中包括了各种主观的精神状态,比如快乐、苦恼、看到红色的体验、踢到东西的感觉。(这些主观的精神状态是否可以还原为客观的物理过程?哲学家对此还莫衷一是。)而一个解释,就是一个因果关系的叙述,其中要包含这两个本体论类别中的这个或者那个:保龄球的撞击使得瓶子倾倒,对金融危机的恐惧造成股市抛售。

如果这就是实在的全部——物质和精神,由因果的网络彼此维系——那么存在之谜就似乎真的解决无望了。但是也有可能,这个二元的本体论还是太过贫乏了。我本人就在青少年时期产生过这样的疑惑。当时的我刚刚领略了一点存在主义,随即一头扎进了纯数学的世界。数学家整天琢磨的那些概念(不单是数字和圆,还有 n 维流形、伽罗华域和晶体上同调等),都是在时间和空间里难觅踪影的对象。它们显然不是物质的东西,但它们好像又不是精神的,因为一个数学家的有限心灵里,肯定容不下无限的数字。那么,这些数学实体真的存在吗?唔,这就要看你说的"存在"是什么意思了。在柏拉图看来,它们无疑是存在的。他甚至认为,

世界为何存在?
Why Does the World Exist?

这些始终存在、永恒不变的数学实体，是比我们凭感官接触到的事物更加真实的存在。他还指出，像"善"和"美"这样的抽象概念也具有同等地位。柏拉图主张，这些所谓的"理念"才构成了真正的实在，而其余的一切都不过是表象而已。

我们也不必将自己的实在观修改得那样极端。善、美、数学实体、逻辑规律，这些都不能算作是精神实体或物质实体那样的"东西"，可是它们同样不能算作是虚无。那么，在"为什么存在万物而非一无所有"的解答中，它们是否也占有一席之地呢？

当然了，抽象概念在一般的因果解释里是派不上用场的。我们不能说是善"造成了"大爆炸，那样说没有意义。不过话说回来，也不是所有的解释都必须遵循"前因——后果"的模式，比如解释某人为什么要走某一步棋，就不必诉诸因果。所谓解释，归根到底是使得解释的对象易于理解的活动。当一个解释达到了目的，那感觉，借用美国哲学家 C·S·皮尔士的一句话，"就好像钥匙打开了锁"。解释有许多不同的种类，每一类都涉及一种不同的"原因"。亚里士多德就区分了四种可以解释物理现象的原因，其中只有一种（即"动力因"）才符合科学对于"原因"所下的狭窄定义。亚里士多德提出的最大胆的一种原因称为"目的因"，它指的是某个事物产生的结果、或者目的。

包含"目的因"的解释往往是十分糟糕的。（春天为什么下雨？因为这样庄稼才好生长嘛！）伏尔泰在《老实人》里对这种"目的论"的解释做了滑稽的模仿。现代科学也理所当然地将它排除在外，不作为解释自然现象的手段。不过，当我们解释存在的整体时，这样的解释也该不予考察吗？我们总是假定解释中必须包含"东西"，但是在著名的当代哲学家尼古拉斯·雷舍尔看来，这个假定却是"一个偏见，它和西方哲学中的其他偏见一样根深蒂固"。

诚然,要解释一个事件——比如存在这么一个世界——我们自然需要援引其他事件。但是这并不说明某一个东西的存在也只能由别的东西来解释。或许,世界存在的理由应该到别处去找,应该到一些"非东西",比如数学实体、客观价值、逻辑规律或者是海森堡的测不准原理*中去找。而一个目的论的解释,或许至少可以为存在之谜的解答提供一点线索。

我后来在弗吉尼亚大学念了本科,在第一堂哲学课上,讲课的教授(A. D. 伍兹利,一位杰出的牛津校友)布置我们读了大卫·休谟的《自然宗教对话录》。休谟在这部对话录里虚构了三个角色,克里安提斯、第美亚和斐罗,并叫他们就上帝存在的种种证明互相辩驳。三个人中,第美亚在宗教上最为正统,他主张的是"宇宙学证明",这个证明认为,要解释世界的存在,就必须假设一位必然存在的神明作为其原因。对这个观点,持怀疑态度的斐罗(可以视为休谟的替身)提出了一个颇具诱导性的论证来回应。他主张,虽然这个世界似乎真的需要一个上帝式的原因方能存在,但是我们之所以那样认为,有可能只是出于我们智力上的盲目。他随即举出了一条代数学上的巧妙规律:取一个 9 的倍数(比如 18、27、36 等)并将它的各位数字相加(1 + 8、2 + 7、3 + 6 等),得到的结果永远是9。在那些不谙数学的人看来,这或许是纯粹的巧合,但是一位熟练的代数学家一眼就能看出这个结果是必然的。斐罗接着问道:"有没有可能,整个宇宙的运行也是在这样一种必然性的引导之下,只是人类的代数对于其中的奥妙还无法解决?"

读到这一段时,我立刻被这个想法深深吸引了——宇宙中有

一套隐藏的代数、关于存在的代数！有了这个说法，对世界存在的解释就立刻拓宽了：我们的选项也许不只有上帝和原始事实。也许对世界的存在还有一个神学之外的解释，一个人类可以凭借理智得到的解释。这个解释无需假设一位神明，但它也未必要将神明排除在外；它甚至可以允许某个超级智能的存在。这样一来，当某个早熟的孩子问出那个恼人的问题"可是，妈妈，谁又创造了上帝"时，你就有话好说了。

那么我们离这套存在的代数又有多远呢？小说家马丁·艾米斯有一次在电视上接受访问，主持人比尔·莫耶斯问他对宇宙是怎么冒出来的问题有何见解。艾米斯答道："要我说，我们离那个问题的答案还至少有五个爱因斯坦那么远。"我知道他的估计大致不错。但是我也想知道，当今世上有没有这样一位爱因斯坦式的人物？我本人是肯定不在候选人之列的，不过，我要是可以找到一个、两个、三个甚至四个，并且用恰当的顺序将他们串联起来……那可就是一次绝妙的寻访了。

说干就干。我为"为什么存在万物，而非一无所有"的解答寻找起了头绪，我发现了好几条颇有希望的线索，但其中的几条却未能走通。比如有一次，我联系了一位相识的理论宇宙学家，他是一个以巧妙猜想闻名于世的人。我给他发去语音邮件，说有事请教。他给我回了电话，在我的答录机上留言说："把你的问题用语音邮件发过来，我会把答案发到你的答录机上。"听起来不错，我照做了。那天我很晚才回到公寓，进门时见到答录机正一闪一闪。我有些忐忑地按下了播放按钮，里面传来的却是宇宙学家答非所问的解说："好吧，你说的其实是对物质/反物质对等性的违反……"

另一次，我找到了一位著名的哲学神学教授。我问他世界的存在可否用假设一个神性实体的方法来解释，而那个神性实体的存在就包含在它的本质之内。"你在开玩笑吧？"他反问我，"上帝太完美了，他根本不需要存在！"

还有一次，我在格林尼治村的街道上遇到了一位在鸡尾酒会上认识的禅宗学者，据说他对大千世界深有研究。寒暄几句之后，我问出了"为什么存在万物而非一无所有"的问题。（现在回想，可能仓促了一些）他听了差点给我当头一棒——他想必以为这是个禅宗公案什么的。

为了对存在之谜有所领悟，我洒下了一张不小的网。我和各色人等交谈，其中有哲学家、神学家、粒子物理学家、宇宙学家、神秘主义者、还有一位伟大的美国小说家。最重要的是，我拜访的都是些多才多艺、学识渊博的才智之士。一个思想家要对世界为什么存在的问题说出言之有物的见解，他就必须在一个以上的知识领域有所建树。他如果是一个科学家，就还必须具备一些哲学智慧；只有这样，他才能看出哲学家所说的"虚无"等同于科学上可以定义的某个概念——比如一个封闭且半径不断缩小的四维时空流形。接下来，通过把这个空实在的数学描述代入量子场论的等式，他就可以论证一小块"假真空"自发产生的概率是大于零的，并且，借由奇妙的"混沌暴胀"机制，这一小片真空还足以制造出一个完整的宇宙来。同样的道理，如果一个科学家也精通神学，他就有可能明白如何将这个创造宇宙的事件理解成某个未来的终点朝向过去的投射、而那个终点又是如何具有犹太—基督教的神的一些特征。等等。

要进行这样一番遐想，就必须在智力上具备大量元气。而我拜访的多数对象也的确是元气充沛的人物。得以和这些创意十足的思想家交流存在之谜这样深奥的问题，乐趣之一就是能亲耳听见他们思考的过程。有时候，他们还会说出些震撼透顶的话来。

我觉得自己仿佛是获得了窥视他们思想的特权。这未免使我敬畏，但奇怪的是，我也从中获得了力量。当你倾听着这些思想家在"世界为什么存在"的问题周围摸索的时候，你会认识到自己对这个问题的思考并不像你先前认为的那样一无是处。在存在之谜面前，没有人可以自命在智力上高人一等。正如威廉·詹姆士*所说，"在这里，我们都是乞丐"。

间奏 我们的世界是一个黑客创造的吗？

我们的宇宙是怎么来的？它的存在难道不证明了有一股开天辟地的无上力量？要是一个宗教信徒向一个无神论者抛出这个问题，得到的回答一般有两种。第一种，无神论者会说，你要是假设了这样一股"开天辟地的力量"，你就必须再假设另外一股力量来解释它的由来，而且另外那股力量的后面还需要一股力量，以此类推，以至无穷。也就是说，你会陷入无限倒推。第二种回答，无神论者会说，就算真有一股至高的创世力量，我们也无法证明它就是上帝的模样。宇宙的第一推动，为什么就非得是一个无限智慧、无限仁慈的生物呢？他为什么还要关心我们的想法、我们的性生活呢？说到底，他为什么就需要一个心灵呢？

我们的宇宙是由一个智慧生物"制造"出来的，这个想法即便不算疯狂，也显得原始。但是在彻底否定它之前，先请教一下安德烈·林德应该是一件有趣的事。在对宇宙起源的解释上，林德的贡献要超过任何一位科学家。林德是俄国人，物理学家，1990年移

---

* 威廉·詹姆士，美国心理学家、哲学家，著有《心理学原理》等。

居美国,目前在斯坦福大学教书。当年,年纪轻轻的他在莫斯科发明了一个关于大爆炸的新颖理论,一举回答了三个令人恼火的问题:什么炸了? 为什么炸? 炸之前有什么? 林德的这个理论称为"混沌暴胀理论",它解释了空间的整体形状和星系的形成,还对大爆炸遗留的背景辐射的分布做出了精确预测,到 20 世纪 90 年代,这个预言又得到了 COBE* 卫星的观测证实。

林德的理论还引出了好些怪论,其中最为突出的一个,就是创造一个宇宙并不需要多少材料。它不需要宇宙尺度的资源,也不需要超越自然的力量。就连一个比我们先进不了多少的文明,都有可能在实验室里创造出一个宇宙来。这就引起了一个发人深省的问题:我们的宇宙,会不会就是这么创造出来的?

林德是个相貌英俊、身材魁梧的人,长着一头浓密的银发。在同事圈子里,他以杂技和魔术的本领为人津津乐道,甚至在喝得微醺时他也能表演戏法。

"我当年发明混沌暴胀理论的时候发现,要创造出我们这样一个宇宙,只需要十万分之一克的物质就够了。"林德用俄罗斯腔调的英语对我说道,"那么一点物质已经足够创造出一小块真空,而那块真空一经爆炸,就能变化出我们周围的几十亿个星系。这看起来像是不要本钱的买卖,但是它在暴胀理论里就行得通——全宇宙的物质,都能够从引力场里的负能量里创造出来。既然如此,我们为什么就不能在实验室里创造出一个宇宙来呢? 哇,那样我们就成神了!"

我要说明一句:林德性格顽皮,有些阴阳怪气,上面的话里是带点反讽的。但他接着就向我许诺,说在实验室里创造宇宙的想

---

* COBE,全称"宇宙背景探索者"。

法的确可行,至少在理论上是可行的。

"我的证明里有一些漏洞,"他对我承认,"但是阿兰·古斯(暴胀理论的另一位发明者)和其他几个人也研究了这个问题,得出的结论和我一样——我认为,我们这个宇宙有可能是另一个宇宙里的某个人创造出来的,有一天他心血来潮,就创造了我们这个宇宙。"

在我看来,他的这个说法却是颇成问题的:你要是真在实验室里制造了一次大爆炸,从中诞生的那个小宇宙难道就不会在你的世界里膨胀开来,造成人死楼塌的惨剧么?

林德担保说没有这样的危险。"新的宇宙只会向着自身膨胀,"他说,"它的空间将会极度卷曲,在它的创造者看来就跟一个基本粒子那样渺小。甚至,它可能在创造者的世界里完全消失。"

然而,如果一个宇宙注定要离我们而去,就像欧律狄克离俄耳甫斯*而去,那我们又何必要把它制造出来呢? 你难道不想用神一般的力量干预你的造物,不想观察它,不想让其中演化出来的生物过上好日子吗? 林德所说的造物主,听起来倒很像是伏尔泰和美国的列位国父所构想的那位上帝——他一旦启动了宇宙,就对它和它里面的生物不闻不问了。

"你说得有道理。"林德噗嗤一笑,"我一开始也觉得这位造物主可以向新的宇宙发送信息,告诉其中的生物是非对错、帮着他们探索探索自然规律什么的。但是仔细一想,我又觉得这并不可能。暴胀理论认为,新生的宇宙会在刹那间像气球一样膨胀。那么就算这位造物主真的在气球表面留了言,比如'请记住是我创造了你们',膨胀也会把这条消息撑得硕大无比。而这个宇宙里的生物实

---

* 俄耳甫斯,希腊神话中的英雄、琴手,曾入冥界拯救亡妻欧律狄克未果。

在是太渺小了,渺小得就像一个字里的一点,他们是绝对读不到这条完整消息的。"

不过后来,林德还是想到了造物主和他的创造物之间可以沟通的一条途径;他认为那也是唯一可行的途径:造物主只要对这颗宇宙的种子动点手脚,就可以规定这个宇宙的物理参数。比如,他可以规定电子质量和质子质量的比值。这样一些数值称为"宇宙常数",它们在我们眼中完全是任意的,为什么是这个值而非那个值,似乎完全没有道理可讲。(比如,为什么我们这个宇宙的引力常数就要包含"6673"这几个数字呢?)然而那位造物主却可以规定这些常数的值,并由此在宇宙的架构中留下一条微妙的口信。林德不无得意地指出,这条口信只有物理学家才能读懂。

他这是在开玩笑吗?

"你可以把这当做一句笑话,"他说,"但我这也不是完全瞎说。这或许可以解释我们生活的这个世界为什么显得这样的古怪,这样的不完美。从现在的证据看,我们的宇宙并不是由一位神明创造的,它是由一位精通物理学的黑客创造的!"

从哲学的角度来看,林德的这一小段论证提醒了我们要提防一个假设,那就是将宇宙的创造者(如果有的话)看做是传统的上帝形象,认为他全知全能、无限仁慈之类。按照林德的理论,就算创造宇宙的真是一个智慧生物,他也很可能是个能力有限、毛手毛脚的家伙。他或许会做出一件乏善可陈的作品,把开天辟地的任务搞得一团糟。当然了,正统的宗教信徒完全可以对林德做如下反驳:"好吧,但是这个精通物理学的黑客,他又是谁创造出来的呢?"但愿不是一连串的黑客才好。

02

CHAPTER

第二章

走进最黑暗的问题

谜是不存在的。

——路德维希·维特根斯坦 《逻辑哲学论》,命题 6.5

前一章写道，存在之谜的核心，可以概括为"为什么存在万物而非一无所有?"威廉·詹姆士把它称做"哲学中最黑暗的问题"。英国的天体物理学家伯纳德·洛弗尔爵士也说，思索这个问题"能够把人的心智撕裂"。(的确有不少精神病人沉迷于此。)不过观念史研究的创始人阿瑟·洛维乔伊却认为，对这个问题的求索是"人类理智少有的伟大事业"。像一切深奥难解的话题一样，存在问题也为戏谑提供了方便。几十年前，当我把这个问题抛给美国哲学家阿瑟·丹托时，就被他抢白了一句："谁说一无所有就不存在了?"(各位马上会看到，这个回答并不完全是句笑话。)更妙的答案来自已故的西德尼·摩根贝塞，他生前是哥伦比亚大学的哲学家，以谈吐机智闻名。有天一个学生问他："摩根贝塞教授，为什么存在万物而非一无所有?"摩根贝塞答道："唉，就算真的一无所有，你也是不会满意的!"

不过，这个问题却不能就这样一笑了之。我们每一个人，正如马丁·海德格尔所说，都会"被它隐含的力量掠过"。

当我们陷入深深的绝望，当事物似乎失去重量，当一切失去意义，这个问题就会在我们心中萦回。当我们欢欣快慰，当周围的一切改变形状，好像头一次看见，这个问题又冒了出来……当我们百无聊赖，当绝望和欢愉离我们同样遥远，当周围的一切显得如此平庸，有或没有都已经无关紧要，这个问题就再度油然而生。

无视存在问题是缺乏智力的表现——至少哲学家叔本华是这样宣布的。他写道："一个人的智力越是低下，就越是不会对存在的神秘感到困惑。"人之所以区别于其他动物，关键就在于人能够意识到自身的有限。死亡的前景令人联想到虚无，并对化为乌有感到震惊。如果说，自我这个小宇宙在本体论上是不甚牢靠的，那么外面的那个大宇宙或许同样如此。从概念上说，"世界为什么存在"和"我为什么存在"彼此呼应。在作家约翰·厄普代克看来，它们是关于存在的两大谜题。如果你恰巧还是个唯我论者——也就是说，如果你像早期维特根斯坦一样相信"我就是我的世界"——那么，这两个谜题就交汇成了一个。

古代世界

　　为什么存在万物而非一无所有？照理说，这应该是个自古有之的普遍问题，可是说来也怪，它却直到近代才有人正式提出。这或许是因为，问题中的"一无所有"是一个彻底近代的概念：近代之前的各个文化都用各自的创世神话来解释宇宙的起源，而这些神话没有一个是从虚无开始的，它们全都假设了原本就存在一些生物或者东西，然后世界从中诞生。比如，在公元1200年左右的一则北欧神话中，世界就起源于一片太初的火焰溶化了一片太初的冰霜，溶霜化作水滴，水滴唤醒生命，最初的生命是一个名叫伊米尔的聪慧巨人和一头名叫奥德胡姆拉的牛，从这两个生命里，最终诞生了维京人所知的神话人物。非洲班图人的创世神话则比较精简，在其中，宇宙的一切元素——太阳、群星、陆地、海洋、动物、鱼类、人类——都是一个名叫"本巴"的神灵反胃呕吐出来的。不靠起源神话来解释世界诞生的文化相当罕见，但也并非没有记载，比如皮拉人,一支顽固而有趣的亚马逊部落。当人类学家问到世界诞生之前有什么时,皮拉人一律答道:"世界一直就是这样的。"

关于宇宙诞生的理论称为"宇宙发生论"(cosmogony),这个单词来自希腊语的 kosmos,意为"宇宙",以及 gonos,意为"产生"。创世神话所表达的是神话和诗歌的宇宙发生论,有别于此,古希腊人提出了理性的宇宙发生论。不过,古希腊人也没有提出"世界为什么存在、而非一无所有"的问题。他们的宇宙发生论总是包含某些原初物质,而那些物质通常是凌乱浑浊的。他们认为,当秩序加到了那团原始的乱麻之上,混沌就变成了宇宙,自然界也随之诞生。(说来有趣,表示宇宙的"cosmos"和表示化妆品的"cosmetic"是同一个词根,后者在希腊语中是"修饰""整理"的意思。)至于那团原始的混沌状态究竟是什么,希腊哲学家们各有猜想。在泰勒斯,混沌是水,是一片原始汪洋;在赫拉克利特,它是火;在阿纳克西曼德,它是一种更加抽象的东西、一种叫做"无限定者"的不确定物质。柏拉图和亚里士多德则认为,混沌是一种没有形状的结构——这可以看做是科学诞生之前的"空间"概念。古希腊人对这种原始物质的来源并不怎么操心,反正它就是永恒存在的。无论它是什么,都肯定不是虚无——对于古希腊人,"虚无"这个概念根本不可想象。

在犹太教的传统当中,"虚无"同样是一个陌生的概念。据《创世纪》记载,神不是从虚空、而是从一片混沌的土和水之中创造了世界,希伯来原文形容它是"tohu bohu"——没有形状、没有空隙。然而到了基督教的早期,一种新的思维方式开始占据主流:说上帝需要原料来创造世界,就似乎是给上帝的无穷创造力加上了限制。于是在公元 2 世纪到 3 世纪之间,基督教的教父们提出了一套全新的宇宙发生学。他们宣布,这个世界是由上帝单凭他的话语创造出来的,他没有使用任何现成的原料。这个"无中生有"的教条后来引入了伊斯兰神学,在教义学中用来证明上帝的存在。它也同样进入了中世纪的犹太哲学。在对《创世纪》开篇的解读中,犹太哲学家迈蒙尼德确认了上帝从虚无中创造世界的说法。

说上帝"从虚无中"创造世界,目的并不是将虚无提升为实体,使其与上帝平起平坐。它的意思只是说,上帝并不依靠任何东西来创造世界。托马斯·阿奎那和其他基督教神学家都坚信这一点。不过,这个无中生有的教条毕竟为虚无赋予了一种本体论的可能。从那以后,在概念上就可以讨论为什么世界存在,而非一无所有了。

问题的提出

过了几个世纪,终于有人这么做了。此人是一个衣着花哨、满腹阴谋的德国廷臣,也是历史上一位顶尖的才智之士,他就是戈特弗里德·威廉·莱布尼茨。时间是 1714 年,莱布尼茨已经 68 岁,生命即将走到终点。他的一生不惟漫长,而且硕果累累。他和牛顿同一时间独立提出了微积分,还单枪匹马革新了逻辑学。他构建出了华丽的形而上学体系,并为这个体系奠定了两大基础,一个是叫做"单子"的单元,它类似灵魂,而且数量无限;另一个是一条公理,宣称"这个世界是所有可能的世界中最好的一个"——伏尔泰后来在《老实人》里对它无情地嘲讽了一番。莱布尼茨在哲学和科学上均有卓著的声誉,可是后来他的雇主、汉诺威选侯乔治·路德维希前往英国加冕成为乔治一世时,却没有带他同行。这时候,莱布尼茨的健康已经每况愈下,不出两年就去世了,死的时候(据秘书记载)还从体内释放出了一大团毒气。

世界为何存在?
Why Does the World Exist?

就是在这样的忧患之中，莱布尼茨写出了自己最后的哲学著作。其中有一篇名为《论自然与恩典的原则，从理性出发》的论文，提出了他所谓的"充足理由律"。这条定律认为，究其根本，每一个事实都有一个解释，每一个问题都有一个答案。他写道："一旦确立了这条原则，我们有权提出的第一问题就是'为什么存在万物而非一无所有？'"

对莱布尼茨来说，要编造一个答案易如反掌。为了事业有成，他一直假装尊奉正统宗教。于是他自问自答说，世界存在的理由就是上帝，是上帝的自由选择创造了世界，动机就是他无限的善。

可是，上帝的存在又该作何解释呢？对于这个问题，莱布尼茨也已经准备了答案：不同于宇宙的偶然存在，上帝的存在是必然的。他本身就包含了他之所以存在的理由。说他不存在，这在逻辑上是不可能的。

就这样，"为什么存在万物而非一无所有"，这个问题甫一提出就已完结。宇宙存在，因为上帝；上帝存在，因为上帝。莱布尼茨宣布，单凭上帝的神性，就足以为存在之谜提供最终的解答了。

然而，莱布尼茨对于存在之谜的解答并没有盛行多久。到了18世纪，休谟和康德，这两位在多数问题上都针锋相对的哲学家，却不约而同地对"必然存在"的概念发动了批判，说它是一场本体论的骗局。在他们看来，我们可以说某些实体在逻辑上是不可能存在的，比如"方的圆"，但是我们不能说一个实体在逻辑上是肯定存在的。休谟写道："凡是我们可以想象其存在的东西，都可以想象其不存在。因此，没有一样东西是说它不存在就会引起矛盾的"——这也包括上帝在内。

然而，如果上帝的存在并非必然，那就会出现一种形而上学的全新可能，那就是虚无——没有世界，没有上帝，什么也没有。但是说来也怪,无论休谟还是康德,都没有对"为什么存在万物而非一无所有"的问题做认真探讨。在休谟看来,这个问题无论怎么回答都是"诡辩和歪曲",因为对它的任何解答都无法建立在我们的经验之上。康德则认为,要解释存在的整体,就必然要将我们用来建构经验世界的种种概念做不恰当的延伸,我们会将这些概念(包括"因果"和"时间")延伸到一个超越这个世界的实在,一个由"物自体"*组成的实在上去。而这样做,康德认为,只能引出错误和矛盾。

　　也许是因为忌惮休谟和康德的批判,后来的哲学家大多对"为什么存在万物而非一无所有"的问题避而不谈。大悲观主义者叔本华虽然宣布存在之谜是"让形而上学的钟表不停走动的轮摆",但是他也骂那些自称解决了这个问题的人是"傻子""虚荣夸口的人"和"江湖骗子"。德国的浪漫派哲学家弗里德里希·谢林说过"一切哲学的要务都是解答世界的存在问题",但是他随即又断定对存在不可能做出理性的解释。在他看来,我们充其量只能说这个世界是经由一次不可理解的跳跃,从永恒虚无的深渊中升腾起来的。黑格尔写出了大量晦涩难懂的文章来解释"从有消失到无,以及从无消失到有"的过程,然而在丹麦哲学家齐克果**看来,他的那些辩证戏法都是没有什么意义的,只不过是"自卖自夸的解释"。

　　到了20世纪初叶,对存在之谜的兴趣又略有回升,这主要应该归功于法国哲学家亨利·柏格森。"我想知道,宇宙为什么存

---

　　* "物自体",又称"物自身",是康德哲学的一个基本概念,指认识之外的,但又绝对不可认识的存在之物,它是现象的基础。——来自百度百科
　　** 齐克果,存在主义哲学家,亦译克尔凯郭尔。

世界为何存在?
Why Does the World Exist?

在。"柏格森在 1907 年的著作《创造进化论》中这样宣告。在他看来,一切存在的事物,无论是物质、意识还是上帝本身,都是"对于虚无的胜利"。但是反复推敲之后,他又觉得这个胜利其实也没有那么奇妙。他渐渐觉得,整个"存在对战虚无"的问题,都建立在"虚无是可能的"假设之上,而这个假设本身却是一个错觉。经由一系列可疑的论证,柏格森试图证明"绝对虚无"的概念自相矛盾,就像"圆的方"一样。他最后这样总结:既然"虚无"是一个伪概念,那么"为什么存在万物而非一无所有",也就是一个伪问题了。

这个扫兴的结论显然没有触动马丁·海德格尔。在他看来,虚无是千真万确的,那是一种否定的力量,具有毁灭实在的危险。1935 年,他在弗莱堡大学发表了一系列演讲(他早先曾宣布效忠希特勒的国家社会主义,于是被任命为弗莱堡大学校长),他在演讲一开始就宣布,"为什么存在万物而非一无所有"是"最深刻""最广泛""最根本"的问题。

那么,随着演讲的展开,海德格尔又是如何解答这个问题的呢?其实也没有解答多少。他对这个问题中的存在主义激情侃侃而谈。他随便讲了点不怎么专业的词源学,把希腊语、拉丁语、梵语里和"Sein"(德语,意为"有")有关的词语堆砌了一遍。他兴致勃勃地谈起了前苏格拉底哲学家和希腊悲剧作家的诗歌才能。到了最后一次演讲的结尾,他说道:"既然能问出一个问题,那就意味着也能等待,哪怕要等上一辈子的时间。"听到这里,那些希望对存在之谜获得一些头绪的听众,想必都只能疲惫地默默点头了吧。

海德格尔无疑是 20 世纪在欧洲大陆影响最大的哲学家,但是在英语世界,却要数路德维希·维特根斯坦最具权威。维特根斯坦和海德格尔在同一年出生(1889 年),性格上却可谓天壤之别:维特根斯坦勇敢简朴,海德格尔狡猾虚荣。不过,两人对于存在之谜的痴迷倒是不相上下。维特根斯坦在世的时候只出版过一本著作《逻辑哲学论》，全书由编了号的命题组成，布局简洁优雅，在命题6.44中，维特根斯坦这样写道："世界是怎样的并不神秘，神秘的是有这样一个世界。"在写成此书之前的几年，维特根斯坦曾作为奥匈帝国的陆军士兵参加了第一次世界大战，并在战场上写下了几本笔记。他在1916年10月26日的一则笔记中写道："从美学上看，有这样一个世界真是奇迹。"（同一天晚些时候又写道："生命是严肃的，艺术是欢乐的。"此时他正在俄国前线作战。）维特根斯坦说过，有三种体验使他得以把心思集中在了道德价值上，其中之一就是对于世界之存在的好奇与惊诧。（另外两种，一种是绝对的安全感，一种是内疚的体验。）但是他也认为，就像那些真正重要的事物（道德价值、生和死的意义等）不可解释一样，要解释世界的存在这个"美学上的奇迹"，结果也注定是徒劳的。在他看来，这会使人越出语言的边界，进入不可言说的领域。虽然对于提出"为什么存在万物而非一无所有"这个问题的劲头，他"深感敬佩"，但他终究认为这个问题是没有意义的。他在《逻辑哲学论》的命题6.5中直言："谜并不存在。"

维特根斯坦认为存在之谜不可言说，但这个谜题毕竟在他心中激起了敬畏，也使他在精神上有了一种豁然开朗的感觉。不过在他之后的许多英美哲学家看来，思考这个问题完全就是浪费时间。这种轻蔑态度的代言人是A. J. 艾耶尔，他是逻辑经验主义在英国的捍卫者，是形而上学的宿敌，也自命为大卫·休谟的哲学传人。在1949年一期英国广播公司的节目中，艾耶尔参加了一场上帝是否存在的辩论，他的对手是耶稣会神父、哲学史专家弗里德里克·科普斯通。结果，辩论的大部分都集中在了"为什么存在万物而非一无所有"的问题上。在科普斯通看来，这个问题是一条超越

从美学上看，有这样
一个世界真是奇迹。

凡俗的路径,通过它,人就能明白上帝的存在是"对于万象的最终本体论解释"。但在他的无神论对手艾耶尔看来,这个问题却只是不合逻辑的胡说罢了。

"假如你问的是'万物是怎么来的?'"艾耶尔说道,"那么对于任何具体的东西,这都是一个绝对有意义的问题。问一件东西是怎么来的,也就是在要求解释那个东西之前的某个事件。可是一旦把这个问题扩展到整个世界,它就变得没有意义了。因为这时候,你就是在追问所有事件之前是什么事件。显然,没有一个事件可以位于所有事件之前,因为任何事件都是所有事件中的一分子,不可能位于所有事件之前。"

当时维特根斯坦也在收听广播,他后来对朋友说,艾耶尔的那番推理"浅薄透顶"。不过听众倒是觉得这场辩论势均力敌,以至于没过几年,又有人组织两人上电视再辩一场。不料电视台在转播之前出了故障,艾耶尔和科普斯通趁着维修时间畅饮威士忌,等到辩论开始的时候,两人都已经醉得语无伦次了。

艾耶尔和科普斯通在"为什么存在万物而非一无所有"这个问题上的分歧,其实也是两人对于何为哲学本质的分歧。当时绝大多数哲学家都站在艾耶尔一边,至少英语世界是如此。那时的正统观念认为,世界上总共有两类真理:逻辑真理和经验真理。逻辑真理完全取决于词语的意义,它们所表达的必然性,比如"所有单身汉都没有结婚",只是语言上的必然性。因此,逻辑真理是无法对实在做出任何解释的。相比之下,经验真理依赖的就是感官提供的证据了,因此属于科学研究的领域。而当时的哲学家都承认,"世界为什么存在"的问题已经超出了科学研究的范围。毕竟,科学只能用实在的某些部分来解释它的其他部分,它是绝对解释不了实在的整体的。故此,世界的存在就只能是一个原始事实。伯特兰·罗素这样总结了当时哲学界的共识："我认为宇宙反正就是存在，其他没什么好说的。"

科学界也大致同意这个说法。把宇宙的存在当做原始事实，这是一个叫人安心的观点：只要你假设宇宙始终存在就行了——而大多数近代一流的科学家也的确这样认为，其中包括哥白尼、伽利略和牛顿。爱因斯坦更是相信，宇宙不仅永恒存在，而且在整体上稳定不变。正因为如此，当他在 1917 年将广义相对论应用于整个时空时，得出的结论才使他困惑不已：宇宙或者是在膨胀，或者是在收缩。他觉得这个结论太过离奇，于是又在自己的理论中加入了一个生造的常数，好让宇宙保持永恒不变。

最终把相对论推向极端的，却是一位大胆的受命牧师。1927年，比利时鲁汶大学的乔治·勒梅特用爱因斯坦的理论推出了一个模型，其中的宇宙是向外膨胀的。由此倒推，勒梅特牧师指出在过去的某个时刻，整个宇宙一定源于一颗太初原子，而且这颗原子里必定包含着无限密集的能量。两年之后，勒梅特的膨胀宇宙模型为美国天文学家埃德温·哈勃所证实。哈勃在加州威尔逊山天文台的观测显示，我们周围的任何一座星系，都的确在离我们而去。理论和事实都指向了同一个结论：宇宙一定是在时间中陡然诞生的。

这下牧师们乐坏了：科学竟然证明了《圣经》里的创世描写，这可真是意外之喜！1951 年，教皇庇护十二世在梵蒂冈召开会议，宣布新的宇宙起源理论"证明了上帝说出'要有光'的那一瞬间。那一刻不仅诞生了物质，还从虚无中迸发出了一片光和辐射的海洋……因此，创世的确在时间中发生，宇宙的确有一位创造者，上帝果然存在！"

位于意识形态另一端的众人却个个咬牙切齿，其中尤以马克思主义者为甚。因为新理论不仅带有宗教光环，还违背了他们尊奉的物质无限和物质永恒的信念；而这两个信念在列宁的辩证唯物主义中有着公理的地位。于是他们对新理论加以驳斥，说它是"唯心主义"。马克思主义物理学家大卫·波姆批判新理论的提出者，说他们"科学家背叛科学，背弃科学事实，得出对天主教会有利的结论"。除马克思主义者之外，其他无神论者也拒不接受这一理论。研究宇宙膨胀的杰出学者、德国天文学家奥托·海克曼回忆说："当时有一些年轻科学家对这些神学苗头十分不安，于是决心在宇宙学的源头上把它们堵死。"天文学泰斗阿瑟·艾丁顿爵士也写道："宇宙起源的说法令我厌恶……我绝对不相信万物的现有秩序是在轰隆一声当中产生的……宇宙膨胀的说法是荒谬的……不能置信……我对此毫无热情。"

就算在相信这个理论的科学家当中，也有人觉得忧心忡忡。比如宇宙学家弗雷德·霍伊尔爵士就认为，用"爆炸"来描述世界的起源，实在不成体统，就好像"派对上有个姑娘从蛋糕里蹦出来一样"。在20世纪50年代接受BBC的一次采访时，他语带讥诮地把这个宇宙起源的假说称为"大爆炸"。这个说法从此流传了开来。

爱因斯坦在1955年去世前不久，终于克服了对于大爆炸的疑虑。对于他早年在理论中特设一个常数以避免推出宇宙膨胀的做法，他说那是"我事业中最大的失误"。到1965年，霍伊尔和其他怀疑者也终于被说服了。因为那一年，美国新泽西州贝尔实验室的两位科学家在无意间侦测到了一种弥漫于宇宙之间的微波噪声，后来证明，那就是大爆炸的回响。（两位科学家最初还以为那是鸽粪掉在天线上造成的。）当你打开电视，调到两台之间，屏幕上黑白噪点当中，就有大约十分之一是由宇宙诞生之际遗留的光子形成的。要证明大爆炸，还有比这更好的法子吗？——你只要打开电视就行了。

无论宇宙是否真有一位创造者，单单是它在过去某个有限的时间里诞生的事实（最新的宇宙学计算将时间定在了137亿年前），就已经让"宇宙在本体论上自足"的说法出尽了丑。因为按理说，一个在本性中包含其存在的东西，一定是永恒存在、无法灭绝的。可是现在看来，宇宙却似乎并没有达到这两个标准。再进一步，既然宇宙可以在最初的大爆炸中忽然出现，扩张演化成现在的样子，那它就也可以在遥远的将来忽然消失，在一场毁天灭地的大坍缩中复归虚无。（宇宙最终的命运是大坍缩、大冰寒，还是大破裂，这在今天的宇宙学中还是远远没有定论的问题。）宇宙的生命连同我们每一个人的生命，也许都不过是两段虚无之间的一曲间奏而已。

于是，大爆炸的发现，使得"为什么存在万物而非一无所有"的问题更加难以回避了。物理学家阿诺·彭齐亚斯指出："如果说宇宙不是一直存在的，那么科学就需要对它的存在有一个解释。"就是这个彭齐亚斯，和同事一起侦测到了大爆炸遗留的辐射，并因此分享了诺贝尔奖。这下，不仅原来的那个"为什么"的问题依然鲜活，现在还要另加上一个"怎么样"的问题——万物是怎么样从虚无中诞生的？大爆炸假说不仅为宗教辩护士重振了希望，也为纯科学开辟出了一条探究宇宙起源的新道路。此外，候选的解释也比以前增多了。20世纪的物理学本来就有两大革新：一个是爱因斯坦的相对论，从它出发，可以推导出宇宙在时间上有一个开端；另一个是量子力学，它的推论更加激进，就连因果的概念都要拿来质疑。根据量子理论，微观层面上的事件都是偶然发生的，这一点违反了经典物理学中的因果原则，但也在概念上开启了一种新的可能：宇宙的种子或许可以自动产生，根本无需自然或超自然的原因。也许，世界真的是这样从一片虚无中自发产生的。也许一切存在物都是源于虚空中的随机涨落，并借由"量子隧穿"从虚无抵达了存在。其中的细节究竟如何，已经成为了一群规模不大但影响不小的物理学家研究的课题；有人把他们称为"什么都没有理论家"，霍金就是其中一员。怀着对形而上学的放肆和天真，这群物理学家研究起了那个前人认为科学不能染指的谜题。

也许是有感于科学领域的激变，哲学家也在本体论上壮起了胆子。当年的逻辑经验主义将"为什么存在万物而非一无所有"贬为没有意义的问题，可是后来，这个学派却因为无法在有意义和无意义之间做出可行的划分，终于在 20 世纪 60 年代寿终正寝。在那之后，致力于对现实做整体刻画的形而上学随之迎来了复兴。到今天，即便是在英语世界，所谓的"分析"哲学家*也不再对形而上学的议题躲躲闪闪了。近几十年里，许多职业哲学家都对存在之谜提出了解答，其中最无畏的要数哈佛大学的罗伯特·诺齐克，可惜他已经在 2002 年逝世，终年 63 岁。诺齐克最著名的作品是他的自由主义经典《无政府、国家和乌托邦》，但除此之外，他也对"为什么存在万物而非一无所有"的问题兴味盎然。在晚近的著作《哲学解释》中，诺齐克花了 50 页的篇幅探讨了解答这个问题的种种可能，其中的一些还相当狂野。比如，他要读者把虚无想象成是一股"将事物吸入非存在"的力量；他提出了"富饶原则"，允许所有可能的世界同时存在；他还自称对实在的根基获得了某种神秘的洞见。

---

* 分析哲学，罗素等人开创的哲学流派，主要流行于英语世界，主张对哲学命题做语言分析，并将没有意义的命题剔除出哲学，逻辑经验主义可视为分析哲学的分支。

世界为何存在？
Why Does the World Exist?

有的同行认为,他对这个终极问题的解答略显古怪,诺齐克本人却不以为然。他写道:"谁的解答要是不古怪,就说明他还没有理解这个问题。"

各派理论

到今天,各路思想家在"为什么存在万物而非一无所有"的问题上分成了三个阵营。"乐观派"认为,世界的存在必有原因,而且我们很可能找得到它。"悲观派"则认为,世界的存在或许真有原因,但是我们不可能确切地了解它,这或者是因为我们对实在所知太少,以至于看不见它背后的原因,又或者是因为人类的本性只适合求生,不适宜探究宇宙的内在本质,所以注定无法触及那个最终的原因。第三派是"全盘否定派",他们认为世界的存在不可能有什么原因,所以这个问题本身就没有意义。

你不必成为哲学家或科学家就可以加入这些阵营。每个人都有权支持某一方。比如马赛尔·普鲁斯特,就似乎将自己归入了悲观派。他的长篇小说《追忆逝水年华》中,叙述者思索德雷福斯事件如何将法国社会分裂成了彼此争斗的派系,他的结论是政治智慧或许对解决民间冲突无能为力,就像"在哲学里,纯粹的逻辑对解决存在问题无能为力一样"。

假如你是乐观派,那么最有希望解答存在之谜的方法是什么呢?是传统的神学方法,将一个神一般的实体视作一切存在的必然原因和维系者?还是科学的方法,用量子宇宙学的概念来解释宇宙为什么必然从虚无跃入存在?是纯粹哲学的方法,从对价值的抽象思考或者虚无的不可能之中,演绎出世界存在的理由?还是某种神秘主义的方法,单凭直接开悟明了宇宙的基本原则?

上述的各种方法在当代都有其鼓吹者,而且乍一看,它们也都颇具探索的价值。确实,只有从每一个角度思索了存在之谜,我们才有解决它的一线希望。对那些认为"为什么存在万物而非一无所有"难以捉摸甚至不着边际的人,我们要指出一个事实:人类在智力上的进展,往往就是源于对这类问题的探索,而最后结出的果实往往是首先提出问题的人所不能预见的。我们可以参考一下另一个问题,它是 2 500 年前由泰勒斯和他同时代的前苏格拉底哲学家提出的,那就是"万物是由什么构成的?"。在当时,提出这样一个包罗万有的问题或许显得天真乃至幼稚,但是正如牛津大学的哲学家提摩西·威廉姆斯所说,那些前苏格拉底哲学家"问出了人所能问出的最好的问题,正是对这个问题的艰苦求索,才导致了现代科学的诞生"。如果一开始就认定它不能解答,那就是"对绝望、市侩、胆怯或懒散做出孱弱而无谓的投降"。

　　不过话说回来,在这类问题之中,存在之谜似乎显得格外无望。因为正如威廉·詹姆士所说,"从虚无到存在没有逻辑桥梁"。然而,我们在动手建造之前,是否就可以断言桥梁是没有的呢?另有几座桥梁在当初看起来是同样无望的,但现在都已经建了起来,比如从无生命到生命之桥(多亏分子生物学),从有限到无限之桥(多亏数学中的集合论)。到今天,研究意识问题的学者又设法在心灵和物质之间架桥,致力于将物理学统一的学者也正设法在物质和数学之间架桥。随着种种概念之间的联系渐渐成形,我们已经可以看见一道淡淡的轮廓,那就是从虚无通向存在的一座桥梁(抑或一条隧道?如果量子理论家说得没错的话)。但愿那桥梁不是只对聪明人开放的。

　　求索存在之谜,动机不单是智力的,也是情绪的。一般而言,我们的情绪都有对象,都是关于某个事物的情绪:我悲伤是因为我的狗死了，你高兴是因为洋基队打进了世界系列赛，奥赛罗愤怒是因为苔丝狄蒙娜对他不忠。不过，有些情绪状态却似乎是"浮在半空"的，并没有确定的对象可言。比如齐克果的恐惧，就不指向任何事物，但是又指向了一切。诸如抑郁和愉悦之类的情绪，如果说它们有什么对象的话，那似乎就是存在本身。海德格尔则认为，在最深的层面上，其实所有的情绪都是如此。

种种情绪

那么，当整个世界作为对象的时候，何种情绪又是恰当的呢？

这个问题又把人分成了两类，一类笑对存在，还有一类厌恶存在。叔本华就是一个著名的厌恶存在者，他的悲观哲学影响了许多后来的思想家，比如托尔斯泰、维特根斯坦、弗洛伊德，等等。叔本华宣称，我们就算惊讶于世界的存在，这种惊讶也是夹杂着消沉和痛苦的。所以，"哲学就像《唐璜》的序曲，是从小和弦开始的"。他还说，我们的世界非但不是最好，而且还是最坏的。而虚无"不惟可以想象，而且比存在更好"。为什么？这就要从叔本华的形而上学理论说起了。在叔本华看来，整个宇宙都是一场奋斗，是一个巨大的意志。人虽然表面上各有独立的意志，但其实都不过是这个宇宙意志的一小部分而已。即便是没有生命的自然界——引力的吸引，物质的坚不可入——也都是这个意志的一部分。他还指出，意志的本质就是痛苦，因为没有一个目标是一旦实现就能满足的，意志不是沮丧苦闷，就是厌倦无聊。叔本华是第一个把佛教趣味引入西方思想史的人。他告诉读者：脱离痛苦只有一个办法，那就是消灭意志，达到涅槃状态。涅槃是最接近虚无的境界，在其中"没有意志、没有念想、没有世界，在我们眼前只有虚无一片"。这里必须补充一句：叔本华并不像他自己鼓吹的那样悲观禁欲。他喜欢美食、耽于享乐、好争论、贪婪、迷恋名声。他还给自己的贵宾犬取名"Atma"，那是梵文，意为"宇宙精神"。

在 20 世纪，像叔本华一般厌恶存在的人曾经占据主流，至少在文学界是如此。巴黎的大街上多的是这类人。罗马尼亚作家萧沆，就在巴黎成为了一名存在主义浪子。这个第二故乡的繁华并没有打消他内心的虚无和绝望。他写道："当你明白了什么都不存在，当你明白了万物连出现都不配出现，你就不再需要拯救，你已经获得了拯救，你将永远苦闷。"塞缪尔·贝克特*也是旅居巴黎的外乡人，也被存在的空虚所折磨。贝克特问道，为什么宇宙对我们如此冷漠？为什么我们在宇宙中这样微不足道？为什么还要有这样一个世界？

萨特在心情不好的时候也对存在怀有偏见。在他的自传式小说《恶心》中，主人公洛根丁来到虚构的布维尔市（Bouville，即"泥巴市"），坐在一棵栗子树下四面观望，他一想到周围"恶心、荒谬的存在"，就"愤怒得说不出话来"。在洛丁根看来，世界的偶然性不仅荒谬，而且下流。他沉思道："这一切是怎么来的？为什么有这样一个世界，为什么不是虚无？这些都无从得知。"想到这里，他不由对着"成吨成吨的存在"大吼了一声"脏货！"随即陷入"深深的倦怠之中"。

美国的文学人物则用比较欢快的方式来表达对于世界的悲观态度。剧作家田纳西·威廉姆斯**只说了句"虚空可比自然用来代替它的某些东西好太多了"，接着又喝起了威士忌。约翰·厄普代

---

* 塞缪尔·贝克特，爱尔兰裔作家，著有《等待戈多》等。
** 田纳西·威廉姆斯，美国剧作家，著有《欲望号街车》等。

世界为何存在？
Why Does the World Exist?

克对于存在喜厌交加,他也把这种态度写到了小说中的自我,那个下笔迟缓、耽于肉欲、生性绝望的犹太小说家亨利·贝克身上。在厄普代克的一个故事里,贝克受邀到南部的一所女子大学去朗读作品,那里的女孩子都把他当做文学偶像。在朗读后的欢迎宴上,他"环顾周围埋头大吃的女性,用一个火星人、一只牡蛎的眼光观察着她们。他看见的是一丛丛柔软湿润的神经,它们模样古怪地在头部拢成一团。而所谓头部,就是一块长着毛的圆形骨头,里面盛着几磅软乎乎的东西,那东西里包含了一万亿条电路,多数已经不通了,少数还在记录信号、编写动作,一旦有多余的电力就输送到头上没长毛的那一面,电力从一个个孔窍中泄出,变成了或传达痛苦或表示希望的响声,随着响声,一根根皱纹也像猴子般地舞动了起来"。贝克看到的正是世界的虚无,他心想:"这片虚无是不应该凿开的,像物质和生命之类的麻烦事,还有更糟的意识,本来都是应该避免的。"他于是在心中宣告,一切存在物,都不过是"虚无上面的一块脏斑"。不过,在他心情明快的时候——或者说,在他因为要录制一次文学访谈、假装心情明快的时候——贝克还是能够微笑着看待存在的。厄普代克这样写道:"如果这录音机非要知道,那么他相信没有生命的东西也有尊严,有生命的东西复杂难解,他相信普通的女人是美的,普通的男人是有正确常识的。"一言以蔽之,他相信"有点什么总比什么都没有要好"。这种对于世界突如其来的乐观令人联想起19世纪新英格兰的超验论者玛格丽特·富勒,她老是喜欢高声呐喊:"我接受这个宇宙!"(托马斯·卡莱尔*曾经讥讽她说:"老天,她不接受还能怎样?")

对于世界的存在,最鲜明的赞赏大概不是来自文学或哲学,而

---

* 托马斯·卡莱尔,英国作家、历史学家,著有《法国革命史》等。

是来自音乐，具体地说，是来自海顿的清唱剧《创世纪》。这部作品始于一片混乱的音响，和声诡异，旋律零散。然而在创世的那一瞬间，当上帝宣布"要有光！"歌者应道"于是就有了光"。在这奇迹时刻，乐队与人声迸发出了强健的 C 大调三和音——这和阴郁的叔本华所说的"小和弦"形成了鲜明对比。

存在的伦理

不过，一个人对于存在的整个态度不该只与他的气质有关。他的性子是不是愁苦，昨天晚上有没有睡好，都不应该改变他对存在的看法。存在之谜应该是理性考察的对象。只有思考了"为什么存在万物而非一无所有"这个问题，我们才可能用理性的眼光来看待存在的价值。

比如，这个世界之所以存在，有没有可能是因为存在比虚无更好？还真的有哲学家这样认为。他们自称是"价值主宰论者"（axi-archist，来自希腊文）。他们认为，宇宙之所以从爆炸中产生，或许是为了迎合善的需要。如果他们是对的，那么这个世界连同世界之中的你我，或许就比我们想的要好了。我们由此应该在细微之处寻找它的优点，看看哪里隐藏着和声，哪里又点缀着斑纹。

但是也有人认为，存在之盖过虚无，很可能只是盲目的随机事件。毕竟，万物存在的方式五花八门——比如有可能存在一切都是蓝色的世界，一切都是冰淇淋的世界等——但虚无却只有一种。假设在宇宙的彩票游戏当中，所有可能的实在都被赋予了同等的概率，那么以存在的形式之多，就极有可能胜过孤零零的虚无。如果这个盲目随机的实在观是正确的，那我们对于存在的评价就不得不降低一些了。因为实在如果只是一次宇宙抽奖的结果，那么胜出的就很可能是一个平庸的世界：它不怎么善、也不怎么恶，不怎么清洁、也不怎么脏乱，不怎么美好、也不怎么丑陋，这是因为平庸的可能较为常见，而极好或极坏的可能就相对罕有了。

又如果，存在之谜的答案多少和神力有关，如果真有一位造物主在其中运筹，那么我们对于世界的看法就要取决于那位造物主的本性。几个主要的一神教都认为，世界是由一位全能、至善的神创造出来的。如果这是真的，我们就多少要用赞许的眼光来看待这个世界了——虽然它在物理上并不完善（基本粒子太多、恒星内爆），在道德上也有种种不足（儿童患癌症、大屠杀）。但是有些宗教却另有一套创世的教条，比如在基督教早期兴起的异端信仰"诺斯替主义"，它的信徒就认为物质世界并非来自一位仁慈的神明，而是源于一个邪恶的造物主。这些信徒于是名正言顺地憎恨物质世界。（我本人的立场介于基督徒和诺斯替信徒之间，我认为造物主的确怀着十分的恶意，但他的能力只有八分。）

在存在之谜的所有解答中，最振奋人心的或许要数这样一种理论：虽然表面上看不出来，但世界其实就是它自身的原因。这个说法是由斯宾诺莎首创的，经过大胆（也不乏晦涩）的论证，他指出整个世界都是一个无限的实体。一切独立的事物，无论是物质的还是精神的，都不过是这个实体的暂时变化，就好像大海表面的阵阵水波。斯宾诺莎把这个无限实体称作"Deus sive Natura"，即"上帝或者自然"。他论证道，上帝不可能与自然分开，不然两者就会限制对方的存在。所以说，世界本身就是神圣的，它无始无终，无穷无尽，它就是它自身存在的原因。世界也因此值得我们敬畏。有了这个形而上学的理解，人就会对实在油然生出"智性之爱"，这是人类的最高归宿，也是最接近不朽的境界。

斯宾诺莎的这个"自因说"深深吸引了爱因斯坦。1921 年，纽约的一位拉比*问爱因斯坦相不相信上帝。爱因斯坦回答："我相信的是斯宾诺莎的上帝。我相信他在万物的有序和谐中显现自身,但是我不相信上帝会挂念人的命运和作为。"世界本身就包含它存在的关键,因此它的存在是必然而非偶然,这样的观点和一些具有形而上学倾向的物理学家不谋而合,罗杰·彭罗斯和已故的约翰·惠勒("黑洞"一词的发明者)就是其中的两位。更有物理学家提出,在这个自因的机制当中,人的意识也发挥了不可或缺的作用:我们虽然只是宇宙中微不足道的一小部分,但正是由于我们的意识,整个宇宙才得以实现。这个观点被有的人称为"参与的宇宙",它认为实在是一个自我维持的因果循环:世界创造了我们,我们也反过来创造了世界。这有点像是普鲁斯特的那部力作,其中记载了主人公在上千张书页中的进步和磨难,到书的结尾,他又决心把我们一直在阅读的故事给创作出来。

我们是世界的作者,也是它的玩物!这真是一个大胆的狂想,有趣得不像是真的。不过话说回来,要解答"为什么存在万物而非一无所有"的问题,必然会改变我们对于世界的感受,也改变我们在世界中的位置。我们起先对存在这样一个世界感到惊讶,而当我们见识到世界存在的原理,即便只是淡淡地窥见一点轮廓,那种惊讶或许也会演变成敬畏。我们原先因为存在的不确定而隐隐焦虑,而一旦窥见了存在之理,我们或许就会生出一些信心来,因为这个世界毕竟还是有序的、明朗的,想想就觉得安全。但是也有可能,世间万物不过是一个形而上学的肥皂泡而已,它随时都会破裂,没有一点征兆就化为虚无,如果真是那样,我们又难免心生强

---

* 拉比,是犹太人中的一个特别阶层,主要为有学问的学者,是老师的意思,也是智者的象征。

世界为何存在?
Why Does the World Exist?

烈的恐惧。我们原先以为人的思想无远弗届,而一旦窥见了存在之理,我们或许就会感到谦逊,并明白人心的局限,又或许,我们会赞叹思想的巨大进步——也可能是两种情怀兼而有之。我们的感受或许会和数学家乔治·康托*相仿——康托明白了一个关于无限的深刻道理,随即惊叹道:"我明白了,可是我不相信!"

在探索存在之谜以前,我们还是应该先承认虚无的地位。因为正如德国外交官兼哲学家马克思·舍勒所说:"谁要是没有凝视过绝对虚无的深渊,他就不可能了解存在万物、而非虚无这个事实中的积极含义。"

那么,下面就来稍稍涉足一下那道深渊吧。我们绝对不会空手而归,因为老话里已经说了:如无所寻,便无所获。

间奏　关于虚无的算术

虚无在数学里有一个名字,那就是"零"。值得一提的是,零的源头是一个印度单词,sunya,意思是"空虚""空洞"。我们的这个零的概念,就是由印度的数学家发明出来的。

在古希腊和古罗马人看来,"零"的概念是不可思议的——既然什么东西都没有,又怎么能说它是一件东西呢?他们的数字体系中没有表示零的符号,也因此享受不到进位制的便利(比如307代表3个100、没有10和7个1,这就是进位制)。用罗马数字做乘法之所以是一场灾难,这也是原因之一。

印度数学家因为佛教哲学而熟悉了虚无的概念。他们并不觉

＊　乔治·康托,德国数学家,集合论奠基人。

得用一个抽象符号表示虚无有什么费解的。在中世纪,他们的记数法由阿拉伯学者向西传入欧洲——这就是我们所谓的"阿拉伯数字"了。自此,印度的 sunya 变成了阿拉伯语的 sifr,接着又演变成了英语中的"zero"和"cipher"*。

虽然欧洲的数学家对零这个记数手段很是欢迎,可是对它背后的概念,他们起初却相当谨慎。一开始,零是当做标点符号而不是数字使用的,但是很快,它就发挥起了更大的作用。说来也怪,这和商业的兴起倒是有点关系:当意大利人在 1340 年发明了复式记账法,零就被用做了借款和贷款之间的自然分隔点。

不管零是由人发现的还是发明的,它都显然是一个重要的数字。哲学家怀疑过它,但是当斐波那契和费马等数学家用它进行了高明的计算,这种怀疑也就随之消退了。零是送给代数学家的礼物,能在解等式的时候派大用场:如果一个等式可以写成 $ab=0$,那么 a 和 b 中就必有一个为 0。

至于"0"这个符号的由来,那可是连古代史的专家都弄不明白了。曾经有一个理论认为,它是来自希腊语中表示"虚无"的单词 ouden 的第一个字母,但这个理论已经为学者推翻。另一个理论认为,"0"的形状来自赌博筹码在沙地上压出的环形印记,然而人人都觉得这是空想。

如果让 0 代表虚无,1 代表存在,我们就可以把存在之谜替换成一个比较简单的版本了:怎样从 0 得到 1?

在高等数学里,可以简单地证明从 0 到 1 是不可能的。如果一个数字不能由比它小的数字得到,那么数学家就说这个数字是"正则的"。具体来说,如果数字 n 不能由数值小于 n、数量也少于 n 的

---

* 都表示"零"。

数字相加得到,那么 n 就是正则的。

很明显,1 就是一个正则数。它不能由小于它的数字得到,因为比它小的只有 0。零个 0 相加,结果还是 0。因此,你无法从虚无抵达存在。

奇怪的是,1 并不是唯一不能这样得到的数字。2 也是一个正则数,因为它不能由两个以下小于 2 的数字相加而成。(各位可以自己尝试。)也就是说,你无法从一抵达多。

剩下的有限数就不具备这个有趣的正则性了:它们都可以用较小的数字得出。(比如数字 3,就可以由 1 和 2 这两个数字的相加得到,而且这两个数字都比 3 小。)不过,由希腊字母欧米茄表示的第一个无限数,却又是一个正则数了,因为它无法由任何数量有限的有限数相加得到。换句话说,你无法从有限抵达无限。

再回到 0 和 1。除了累加,还有什么别的方法可以把它们联系起来吗?虚无和存在之间的算术空缺可以填补吗?

巧了,大天才莱布尼茨就认为自己找到了填补的方法。莱布尼茨非但是哲学史上的一代伟人,还是一位优秀的数学家,他发明了微积分,几乎是和牛顿同一时间。(两个人因为谁先发明的问题势成水火,但是有一点可以肯定:莱布尼茨的记数法要比牛顿的好太多了。)

微积分有许多功用,处理无穷级数是其中的一种。莱布尼茨得出了这样一个无穷级数:

$$1/(1-x) = 1 + x + x^2 + x^3 + x^4 + x^5 + \cdots$$

接着,他又有条不紊地将 −1 代入了这个序列,结果得出:

$$1/2 = 1 - 1 + 1 - 1 + 1 - 1 + \cdots$$

加上括号之后,又能得出一个有趣的等式:

$$1/2 = (1-1) + (1-1) + (1-1) + \cdots$$

计算后得到：

$$1/2 = 0 + 0 + 0 + \cdots$$

莱布尼茨惊呆了：这不就是存在之谜的数学版本么！这个等式似乎证明，存在的确是可以从虚无中产生的。

唉，他上当啦。数学家们很快就意识到，这样的极数是没有意义的，除非它是收敛极数——也就是说，除非这个极数之和最终会逼近一个值。莱布尼茨的振荡级数并不符合这个标准，因为它的部分和总是在 0 与 1 之间摇摆。因此，这个"证明"是无效的。

他作为数学家的那一面肯定已经怀疑到了这一点，但是作为形而上学家的他却欢喜雀跃。

不过，这个想法虽然已经破产，但它或许还有一些可资借鉴的意义。看看下面这个更加简单的等式：

$$0 = 1 - 1$$

它代表了什么？当然代表 -1 和 1 相加为 0 了。

但是有趣就有趣在这里。再思考一下相反的过程：不是 1 和 -1 相加为 0，而是 0 分裂为 1 和 -1。本来是什么都没有，现在却有了两个什么！而且这两个什么还彼此对立：正能量和负能量，物质和反物质，阴和阳。

更加耐人寻味的是，-1 可以看做是和 1 同样的实体，只是在时间中逆向而行。这也是牛津大学的化学家（也是公开的无神论者）彼得·阿金斯所坚持的解释。他写道："对立的事物是由它们在时间中的不同行进方向区分的。"没有了时间，则 -1 和 1 相互抵消，合并为零。时间允许对立的事物彼此分离，而两者的分离又标志了时间的产生。阿金斯认为，宇宙就是在这样的分离中自发产生的。（约翰·厄普代克对这套说法印象深刻，并在小说《罗杰教授的版本》的结尾处用它代替有神论，作为存在的解释。）

这一切都来自 $0 = 1 - 1$。这个等式竟然具有我们始料未及的形而上学意义。

数学在虚无和存在之间架设桥梁时，并非是以简单的算术作为唯一的材料，集合论也在其中添砖加瓦。每一个孩子在数学教育的早期，具体地说，在小学里，都学到过一个叫做"空集"的怪东西。空集是一个没有任何元素的集合，比如以奥巴马之前的美国女总统为元素的集合。空集一般用"$\{\}$"或者"$\varnothing$"表示。

有的孩子会对空集的概念表示反感。他们会问，一个什么都不包含的集合，还能算是一个集合吗？有此疑问的并不只有孩童。19 世纪的顶尖数学家理查德·戴德金也认为，空集只是一个方便的虚构而已。就连集合论的创始人之一恩斯特·策梅洛，也觉得空集"不妥当"。到了更加晚近，伟大的美国哲学家大卫·刘易斯嘲笑空集是"一小片纯粹的虚无，一个实在脉络之上的黑洞……一个带着一丝虚无气质的特殊个体"。

空集存不存在？有没有这样一件东西，它的本质（也是它的唯一特征）就是什么东西都不包含？无论相信的还是怀疑的，谁都没有提出支持或者否定空集的扎实理由。在数学里，空集已经成为了一个约定俗成的东西。（它的存在可以由集合论的公理来证明，前提是"宇宙中至少还有另外一个集合"的假设成立。）

我们姑且在形而上学上大胆一些，说空集的确存在：就算本来一无所有，也肯定有一个集合包含了这个一无所有。

承认了这一点，一场本体论的狂欢就上演了。因为一旦空集 $\varnothing$ 存在，那么一个包含它的集合 $\{\varnothing\}$ 也就存在了。接下去还存在一个包含了 $\varnothing$ 和 $\{\varnothing\}$ 两者的集合：$\{\varnothing, \{\varnothing\}\}$。再接下去，还存在一个包含了这个新集合、外加原来的. 和 $\{\varnothing\}$ 的集合：$\{\varnothing, \{\varnothing\}, \{\varnothing, \{\varnothing\}\}\}$。以此类推，无穷扩展。

就这样,从虚无出发,就会产生数量惊人的实体。这些实体不是由任何"东西"组成的。它们是纯粹的、抽象的结构,而且它们还能模拟数字的结构。(在上一段里,我们就从空集中"建构"出了数字1、2、3。)而数字,又能以彼此丰富的关联模拟各种复杂世界,甚至模拟出整个宇宙。至少,如果像物理学家约翰·惠勒猜测的那样,宇宙真是由具备数学结构的信息所组成,数字就可以模拟它。(这个观点可以由一句口号体现:"万物源于比特"。)因此,整个实在都可以从空集中产生——从虚无中产生。

当然,这还需要一个前提,那就是真有这样一个虚无。

03
CHAPTER

第三章

什么是虚无？

哈特利告诉他母亲，说他整天想着一个问题，整个早上、整个白天、整个晚上都想个不停："如果什么都没有了，那会是怎样一幅光景呢？如果所有男人、女人、树木、青草、飞禽、走兽、天空、大地，如果这些全都不见了，那又会是怎样的呢？是黑暗和寒冷吗？如果连黑暗的、寒冷的东西都不见了呢？"

——塞缪尔·泰勒·柯尔律治，1862 年 6 月致萨拉·哈钦森信（哈特利为柯尔律治之子）

虚无！你是黑暗的兄长
在世界造就之前就已存在
唯有你对终点无所畏惧

——约翰·威尔默特，罗切斯特伯爵《叹虚无》

虚无，
现代主义者，
名人，
海德格尔说，
它虚无化

——阿尔基罗库斯·琼斯《形而上学的解释》

什么是虚无？麦克白的回答简洁优美令人叹服："虚无就是一切都不存在。"*我那本字典上就写得比较矛盾了："虚无（名词）：一件不存在的东西。"古代爱利亚的智者巴门尼德宣布谈论不存在的东西是不可能的，这也违背了他自己的格言，那就是平凡的人更有知识。虚无就是没有什么。大家都认为，没有什么是比干的马提尼更好的，没有什么是比床单上有沙子更坏的。穷人拥有它，富人需要它；如果你一直吃它，就会饿死。有的时候，没有什么离真相更远，但是到底多远，却没人说得上来。没有什么可以既是黑色又是白色。在上帝眼中，没有什么是不可能的，但是对于最无能的人，没有什么却又易如反掌。你可以任选一对相互矛盾的属性，似乎没有什么能够同时体现它们。由此可见，没有什么是神秘的，但这又证明了一切都是显而易见的——那么虚无大概也是吧。

这或许就是为什么世间充满了以"没有什么"作为知道、理解和信仰对象的人吧。注意不要用亵渎的口气谈论没有什么，因为这世界上还有许多傲慢自大的人——不妨称之为"没有什么爱好者"——他们老是喜欢宣布，没有什么是神圣的。

古代的哲学家们断言：没有什么是凭空产生的，李尔王也附和这个说法。这句格言似乎赋予了"没有什么"一种非凡的力量：它能够创造自身，能够像上帝一样，成为自身的原因。哲学家莱布尼

---

*《麦克白》中的原文为"Nothing is，but what is not"，朱生豪中文本译为"把虚无的幻影认作真实"，此处根据上下文另作了翻译。

茨又给没有什么增添了一条赞誉,说它"比有什么要简单容易"。(生活的艰辛给了我们同样的教训:没有什么是简单的,没有什么是容易的。)实际上,就是没有什么的这种简单性,使得莱布尼茨问出了为什么是有什么而非没有什么、为什么是存在万物而非一无所有的问题。毕竟,如果没有什么,就没有什么需要解释的了——也就不会有人要求解释了。

如果虚无是这么简单、这么自然,那么,它又为何显得如此神秘呢? 17 世纪 20 年代,约翰·多恩*在神坛上布道的时候说出了一个似乎有点道理的答案:"事物的内容越少,我们对它知道得就越少,这样看来,虚无这东西,又是何等的无形、何等的费解呢!"

可是为什么在另外一些人眼中,这样一个简单(不过费解)的东西,却是邪恶的呢? 比如 20 世纪最深刻最勇敢的思想家之一、瑞士神学家卡尔·巴特就这样认为。虚无是什么? 巴特自问自答,说虚无是"上帝不想要的"。他在那本没有完结的皇皇巨著《教会信条》中写道:"虚无的品质来源于它在本体上的特性,它是邪恶的。"他还认为,虚无是上帝创世之际和存在同时产生的,两者仿佛一对本体论的双胞胎,只是在道德品质上正好相反。正因为有虚无,人类才有了作恶的堕落倾向,才会违抗神的善意。在巴特看来,虚无根本就属于魔鬼。

存在主义者不信仰上帝,但他们也对虚无怀着同样的恐惧。让-保罗·萨特就在他那本厚重的著作《存在与虚无》中宣布:"虚无纠缠着存在。"在萨特看来,世界仿佛是封装在一只小小容器内的存在,漂泊在一片浩瀚的虚无之海中。就算是巴黎的咖啡馆,在一个"充实着存在"的好日子里,一个个包厢,一面面镜子,烟气氤

---

* 约翰·多恩,英国玄学诗人。

世界仿佛是封装在一只小小容器内的存
在,漂泊在一片浩瀚的虚无之海当中。

氤缭绕,客人热烈交谈,玻璃杯叮当作响,餐盘咯咯有声,就算是这样一个所在,也未必能使人逃开虚无。一天,萨特到花神咖啡馆去和朋友皮埃尔会面,但是皮埃尔不在那里!于是,围绕在存在四周的虚无就伸出了一小块,侵入了存在的领域。由于虚无是经由破灭的希望和落空的期待侵入世界的,因此需要怪罪的正是我们的意识本身。萨特写道,意识可以说是"位于存在中心的一个空洞"。

同样身为存在主义者的马丁·海德格尔也是一想到虚无就满心焦虑,不过这倒没有妨碍他写下大量关于虚无的文字。他写道:"焦虑体现了虚无。"还用斜体以示着重。海德格尔在恐惧和焦虑之间做了区分:恐惧是有特定对象的,焦虑则是模糊的,是一种身处世界的不适感。我们在焦虑状态时怕的是什么?没有什么嘛!我们的存在从虚无的深渊开始,在死亡的虚无结束。因此,每个人在智力上遭遇虚无的时候,都会因为自身的非存在日渐逼近,而在心中充满恐惧。

至于虚无的本质是什么,海德格尔却说得相当模糊。他曾经颇有道理地宣称:"虚无既不是一个对象,也不是任何存在的东西。"然而,为了避免说出"Das Nichts ist"("虚无存在"),他不得不采用了一种古怪的修辞:"Das Nichts nichtet"("虚无虚无化")——虚无不是一个消极的对象,而是一个积极的事物、一股毁灭的力量。

美国哲学家罗伯特·诺齐克把海德格尔的思想向前推进了一步:既然虚无是一股毁灭的力量,那么诺齐克猜想,它就会"虚无化"自身,并由此创造出一个存在者的世界。诺齐克把虚无想象成"一股真空力,它把事物吸入非存在或者把它们留在那里。这股力如果作用于自身,它就会将虚无吸入虚无,由此就会产生些什么东西出来,也可能产生万物"。他由此联想到电影《黄色潜水艇》*中那只真空吸尘器似的怪兽,它遇到什么就吸收什么,在把银幕上的一切都吸进了肚子之后,它终于对自己下了手,把自己也吸入了非存在。接着"噗"的一声,世界重新出现了,连同披头士。

诺齐克对于虚无的这个猜想虽然带有玩笑意味,但是有的哲学家同行却对他大光其火。他们认为他是故意胡说八道。其中有一位牛津的哲学家麦勒斯·本尼特这样点评道:"当你对存在和非存在之外的范畴做了一番狂野而糊涂的艰辛探索,当你对标着'虚无之力对更多虚无之力的虚无化'的图表**感到惊奇时,你就做好了立刻投身逻辑经验主义的准备。"

在逻辑经验主义者看来,这样的推理完全是无事生非。这一派理论的大家鲁道夫·卡尔纳普就曾说过,存在主义者全都被"虚无"的语法给糊弄了:因为"虚无"是一个名词,他们就认定它指称一个实体、一样什么东西。这和刘易斯·卡罗尔的《爱丽丝镜中奇遇记》里那个红国王犯的错误是一样的:红国王认为,如果没有人超过路上的信使,那么"没有人"就肯定是第一个到的。同样,把"虚无"或者"没有什么"当做是一样什么东西的名称,就会制造出大量自相矛盾的废话来;本章开头的那几段就是一个例子。

认为谈论虚无没有意义,这个观点在西方哲学的萌芽时期就已产生。苏格拉底之前最伟大的哲学家巴门尼德,就曾经着重探讨过这个问题。巴门尼德是一个多少有些神秘的人物,他生长在意大利南部的爱利亚,活跃于公元前 5 世纪中叶。相传苏格拉底在青年时代见过年老的他,柏拉图则形容他"可敬可畏"。巴门尼

---

* 《黄色潜水艇》,以披头士乐队为主角的动画片。
** "图表"指诺齐克《哲学解释》中表示虚无否定自身的插图。

德是古希腊哲学家当中第一个对实在的本质做出持续逻辑论证的一位，因而可以看做是最早的形而上学家。不过说来也怪，他采用了寓言诗的形式来提出论证。这部长诗现存 150 行，在诗中，一位无名的女神给了"我"两条道路选择：一条是存在之路，另一条是非存在之路。但后一条道路其实是虚幻的，因为非存在既不可思议，又不能言说。就像"看见虚无"（seeing nothing）不是看见，谈论、思考虚无也不是谈论或者思考，而所谓接近虚无，就是什么进展都没有的意思。

巴门尼德的思路显然是把存在之谜给取消了。我们要是不能有意义地谈论虚无，也就不能有意义地追问为什么存在万物而非一无所有了。这样一来，这个问题就将变得如同鱼嘴里吐出的气泡一样没有意义。

不过，我们只要在"没有"（nothing）和"虚无"（nothingness）之间做出区分，就能立刻把意义再找回来。逻辑学家告诉我们，"没有"不是什么东西的名字，它只是"没有东西"的简称。比如，说"没有什么比上帝伟大"，并不是在谈论一个神圣绝顶的实体，而只是在说比上帝伟大的东西不存在罢了。相比之下，"虚无"却是一个真正的名字，它指称的是一个本体论的选择、一种可能的实在、一个可以想象的事态——即什么都不存在的事态。

在有些语言里，"没有"和"虚无"的区别要比别的语言清楚。比如在法语里，"没有"是 rien，"虚无"是 le néant。而在数学里，这个区别也由"空集"的概念精确地表达了出来。一个空集是一个没有元素的集合，也就是一个不包含任何东西的东西。使用集合论中的符号，我们可以得到下面的等式：

$$\text{Le néant} = \{\text{rien}\}$$
$$虚无 = \{没有\}$$

一旦在没有和虚无之间做出区分,因为混淆两者而产生的悖论就很容易消除了,比如古希腊哲学家热衷的那一类。(有一个希腊谜语是这样的:"为什么有一个东西它不是东西?""因为它是虚无。")关于虚无的那些深奥格言也能轻易对付了。比如海德格尔的"Das Nichts nichtet",如果翻译成"没有什么虚无化",它就会显得正确但没多大意思:当然没有什么东西在"虚无化"!而如果翻译成"虚无虚无化",那就是错误的了:虚无可没有那样的作用,它仅仅是一种可能的实在,而可能的实在要么成立,要么不成立,仅此而已,它并不参与任何活动,既不能创造什么,也不能"虚无化"什么。

有关虚无的三种证明

然而,虚无真的是一种可能的实在吗? 诚然,我们都有过心不在焉的体验,都有过心里空落落的感觉。我们熟悉什么是空洞、空缺、缺少、缺乏。淘气的已故英国哲学家(也是我的老师)彼得·西斯指出,报纸上甚至还会打出空白版面的广告。然而,那些都不过是小块小块的虚无,都被包围在存在的世界之中。那么绝对的虚无、一无所有的虚无又如何呢? 它是可能的吗?

有哲学家主张它并不可能。他们认为这个概念根本是自相矛盾的。如果他们说得没错,那么存在之谜就有了一个廉价而微不足道的解答了:所以存在万物而非一无所有,只是因为虚无是不可能的。就像一位当代哲学家所说的那样:"存在之外没有别的情况。"

真是这样的吗? 请你闭上眼睛,把耳朵也一并关上。想象自己正置身一片彻底的虚无之中,把这个世界的一切内容全部勾销。

你可以像柯尔律治的小儿子那样，先从所有的男人、女人、草木、鸟兽、泥土和天空开始——不单是天空，还有天空里的一切。想象宇宙中的光线渐渐熄灭：太阳消失了，群星黯淡了，星系化为乌有，一个接着一个，十亿个连着十亿个。在你的脑海中，整个宇宙都滑入了寂静、冰冷和黑暗，但是又没有什么寂静、冰冷、黑暗的东西。你成功了，你想象出了绝对的虚无。

你真的成功了吗？法国哲学家亨利·柏格森也想象过宇宙寂灭的情景，但是他每次都发现，最后总有一样东西逗留着不肯消失，那便是他内心的自我。柏格森把存在的世界想象成"虚无画布上的一块刺绣"。当他把那块刺绣剥离，意识的画布却仍在原地。任凭他怎么努力，就是没法将这块画布抽走。他曾这样写道："我刚刚把自己的意识熄灭，另一个意识就跟着点亮了——应该说，它原本就是亮的，它在前一瞬间就已产生，为的是目睹上一个意识的熄灭。"柏格森发现，他不可能想象出绝对的虚无，总有一些残存的意识会在黑暗中潜入，就好像门缝底下总会漏进一道光线。他由此结论：虚无必然是不可能的。

这样论证的哲学家不止柏格森一个。英国的唯心主义者布莱德利也持同样的观点。布莱德利写过一本名字吓人的书，叫《现象与实在》。和柏格森一样，他也认为纯粹的虚无是不可思议的，因而也一定是不可能的。

还有人在想象虚无的时候陷入了更深的困惑，杰出的俄国心理学家亚历山大·鲁利亚的病人"S"就是其中的一个。S拥有超群的记忆力，鲁利亚专门为他写过一本书，名叫《记忆大师的心灵》。说来也怪，S的记忆几乎完全是视觉记忆。因此，当鲁利亚要他想象虚无的时候，实验就彻底失控了。

要我把握一样东西的意义，我就得看到这个东西才行……拿"虚无"这个词来说……我看着它，它是一个东西……我问我妻子虚无是什么意思……她简单说了一句："虚无就是什么都没有。"我的理解却不一样。我看到了虚无这个东西……如果一个人可以看到虚无，那就说明它是一个东西。想到这里，我的脑子就乱了。

也许，要唤起虚无的形象注定是自相矛盾的。但是即便如此，要判断某个概念是否可能，"可以想象"是否就是一条可靠的标准？我们无法想象绝对的虚无（也许在没有梦境的睡眠中除外），是否就说明一定会有些这样那样的东西存在？

我们在这个问题上必须小心提防，不能落入"哲学家的谬误"里。所谓"哲学家的谬误"，指的是因为不能想象某个状态，就断言实在必定不是那个样子。陷入这种谬误的思想者会说："我不能想象那样，所以一定是这样的。"而实际上，有许多我们想象之外的东西不仅是可能的，而且是真实的。比如，我们无法想象没有颜色的物体，但原子就是没有颜色的。（连灰色都不是。）再比如，除了少数几个数学天才，大多数人都无法想象弯曲的空间是什么样子，但是爱因斯坦的相对论告诉我们，我们生活的世界就是这样一个弯曲的四维时空流形，它不同于欧式几何的时空，康德认为它不可想象，于是就用哲学证明它不可能。

柏格森和布莱德利认为，绝对的虚无是自相矛盾的，因为既然有"绝对虚无"的可能，就说明至少有一个观察者在思考这个可能。我们不妨把这称作否定虚无的"观察者证明"。观察者证明不仅本身显得可疑，它还会推出一些离谱的结论：根据这个证明，每一个可能的世界都至少要包含一位有意识的观察者，但是从物理上说，一个没有意识的宇宙是完全可能的。只要我们这个宇宙的常数(弱核力的强度、顶夸克的质量等)有哪怕稍稍一点不同，其中就不会演化出生命，而只存在大量原始的物质。然而根据观察者证明，这样一个"僵尸宇宙"是不可能的，因为没有人在观察它。

柏格森那个版本的观察者证明还会得出一个更加荒谬的推论。他说在他的脑海中，他不能取消他的自我。按照"不可想象就不可能"的原则，他应该由此推导出他自己的非存在也是不可能的；也就是说，无论实在是什么样子，无论它是空的、满的，还是别的什么样子，它在形而上学上都必然会包含柏格森先生。于是，柏格森先生就成为了一个上帝般的必然存在。把这称作"唯我论"都算是客气的。

对于虚无还有第二个反对的证明，它在逻辑上和"观察者证明"相似，但是论据比较客观。和观察者证明一样，它也认为我们对于纯粹虚无的想象注定是片面的、不完整的。不过它并没有把意识作为无法取消的实体，而是另外举出了一个非精神的实体。这个证明认为，就算宇宙的一切内容都可以在想象中消除，包含这些内容的抽象框架也将永远存在。这个框架里也许空无一物，但它本身并不是空，就像一个没有内容的集装箱仍然是一个集装箱。我们可以把这个否定虚无的证明称作是"集装箱证明"。

集装箱证明有一位可敬的鼓吹者，他叫比德·伦德尔，是牛津大学的一位当代哲学家。伦德尔在一本书中写道(书名颇有意味，就叫《为什么存在万物而非一无所有》)："要想象什么都不存在，就等于是想象一块撤空了一切物体的空间，而这充其量等于想象出了一只空的碗柜。"那么这个"空的碗柜"是什么呢？伦德尔把它和空间本身画上了等号。他指出，由于空间是没法"想没了"的，所以任何一个可能的实在里都必然有它，它是一个必然的存在物，好比上帝，又好比柏格森内心的那个自我。

那么，空间是否就是我们抵御虚无的最后堡垒呢？伦德尔还留了一手。他曾经提出另外一个证明来论证虚无的不成立：如果什么都不存在，那就有了一个"什么都不存在"的事实。也就是说，毕竟还是有一样东西存在的，就是那个事实！（这是一个非常糟糕的证明，我让各位读者自行指出其中的谬误。）不过伦德尔反复强调的还是空间，因为他无论如何努力，都无法把空间给想没了。"空间不是虚无，"他坚称，"它是你可以凝视、可以穿越的东西，是可以大量存在的东西"。

并非所有人都和伦德尔一样相信空间是一个东西。关于空间到底是什么，哲学界有两个互相对立的观点。（为了跟上科学的步伐，我们应该讨论"时空"而不是"空间"，不过这不是重点。）一个是实体论，它由牛顿提出，认为空间是一个真实的物体，具备固有的几何结构，就算其中的一切全部消失，它也将继续存在下去。另一个是关系论，由牛顿的宿敌莱布尼茨提出，它认为空间不是一个独立的物体，而只是一张物体之间的关系网络。按照莱布尼茨的观点，空间不能脱离其中的物体而存在，就像柴郡猫*的微笑无法脱离柴郡猫而存在。

牛顿派和莱布尼茨派的本体论辩论到今天仍在继续，而且继续得热火朝天。自从相对论指出时空影响物质的行为，胜利的天平就朝实体论的方向偏转了一些。

我们不是非要解决这场辩论才能看清集装箱证明的缺陷。我们先假设关系论者是对的、空间的确只是一个方便的理论虚构。

---

    * 柴郡猫，小说《爱丽丝漫游仙境》中的角色，和主人公爱丽丝交谈后身体消失，只余微笑挂在空中。

空间不能脱离其中的物体而存在，就像柴
郡猫的微笑无法脱离柴郡猫而存在。

如果是这样,那么当宇宙中的内容全部消失,空间也将随同它们一起消失,剩下的就是绝对的虚无了。

接着再做相反的假设:实体论者是对的,空间真的是一个场所,具有其自身的存在。那么,就算这个场所里的物体全部消失,场所本身也将继续存在。就算什么都不在了,它们占据的位置也会保留。然而,如果空间真的具有真实、客观的存在,则它的几何形状亦然。它可以是大小无限的,它也可以是有限的,只是没有边界而已。(一只篮球的表面就是一块有限无界的二维空间。)这样一个"闭合"时空符合爱因斯坦的相对论。霍金等宇宙学家也认为,我们这个宇宙的时空的确是有限无界的,就好比是一只高维度的篮球表面。如果真是那样,那么把时空和其中的一切"想没"就不算是难事了:只要想象那只篮球不断漏气或者不断缩小就行了。在你的脑海中,这个篮球宇宙的有限半径越变越小,以至为零。到这时,时空本身就消失了,剩下的同样是绝对的虚无。

从这个思想实验中还可以导出一个优美的科学定义(最先由物理学家亚历克斯·维连金提出):

虚无 = 一片半径为零的闭合球形时空区域

因此,集装箱证明也无法成立;无论这个集装箱有着怎样的性质。如果时空不是真正的实体而只是物体之间的一套关系,那么它就会随着这些物体的消失而消失,因此不会对虚无的可能构成障碍。反过来,如果时空是真正的实体、有着独特的结构和本质,那么它就可以在人的想象中予以"取消",就像实在的其他部分一样。

在脑海中清空实在,这是全凭想象取得的成就。可如果有人要在实验室里将它付诸实践呢?亚里士多德认为这不可能。他为此提出了好几个证明,实证的、思辨的都有,目的不外是证明不可能将一块空间清空。亚里士多德的教条"自然厌恶真空"一直在欧洲占据统治地位，直到 17 世纪中叶，才由伽利略的学生埃万杰利斯塔·托里拆利彻底推翻。托里拆利是一位聪慧的实验家，他有一次突发奇想，将一段水银灌入一个试管，然后用手指封住管口，再将它倒转过来放进一个盛满水银的容器。当试管垂直地倒立在容器之中时，其中的水银柱顶端就出现了一小段真空。托里拆利此举其实是创造了第一个气压计。他还证明了一点：所谓自然厌恶真空，其实不过是我们身上压着大气。

不过，托里拆利真的制造了一小块真实的虚无吗？也不能这么说。在今天看来，他制造的那块没有空气的空间，其实远不是彻底的虚空。科学已经证明，即便是最完美的真空，也依然包含着一些东西。在物理学里，"东西"的概念是由能量度量的。（爱因斯坦的那个著名等式指出，就连物质也不过是冻结的能量。）从物理上说，当空间里去除了能量，它就空虚到了极限。

现在，假设你要将一块空间中的每一点能量都清除干净；换句话说，你要将这块空间转化为能量最低的状态，也就是所谓的"真空态"。然而，当这个清除过程进行到某一点时，就会发生一件十分违反直觉的事：空间中会自发产生一个物理学家称为"希格斯场"的实体。这个场是你无法消除的，因为在你设法清空的这片空间里，它对整体能量的贡献为负数。希格斯场是一个"存在"，可是它包含的能量却比"虚无"还低。除此之外，它还携带着一股"虚粒子"的乱流，它们源源不绝地产生、消亡、产生、消亡。原来，处于真空态的空间也是十分繁忙的，就好比新年夜里的纽约时代广场。

那些相信虚无的哲学家——有的自称为"形而上学的虚无主义者"——想要绕开这些物理学的障碍。20 世纪 90 年代晚期，几位英美哲学家共同提出了现在所谓的"减数证明"。和观察者证明、集装箱证明不同的是，前两者否定虚无，它却是肯定虚无的。它旨在证明，绝对的虚无在形而上学上是可能的。

减数证明始于一个十分可信的假设：世界上包含数量有限的对象——人、桌子、椅子、岩石等。接着，它又假设这些对象都是偶然的：它们虽然存在，但是也有可能不存在。这个假设看起来也相当的可信。以电影《生活多美好》为例，电影的主角乔治·贝利（由吉米·斯史都华扮演）在遭遇一系列挫折之后企图自杀，多亏了一位名叫克拉伦斯的天使出手干预，使他看见了他从未出生的世界将会怎样。在这里，乔治就和自身存在的偶然性打了个照面。显然，这样的偶然性不单影响个人，也影响一切存在的事物，从银河系到埃菲尔铁塔，再到睡在你沙发上的那条狗，还有你手提电脑鼠标垫上的那粒灰尘，每一样都是偶然的存在。这些东西虽然刚好存在，但如果宇宙当初的演化有所不同，它们就可能不存在。最后，减数证明还提出了一个"独立性假设"：某一个物体的消失，不能保证另一个物体会因此存在。

有了有限性、偶然性和独立性这三个前提，就不难推导出一切都可能不存在的结论了。你只要把偶然的物体挨个减少，一次一个，最后就能抵达绝对的虚空、纯粹的无了。不过这里所谓的"减少"只是比喻，并非真的减少。这个证明的每一步都阐明了两个不同可能世界之间的关系：如果一个包含了 n 个对象的世界是可能的，那么一个包含了 n − 1 个对象的世界也同样可能。到了减数推理的倒数第二步，整个世界或许已经只剩下一粒沙子了。如果这样一个可悲的小世界都有可能，那么一个删除了这粒沙子的世界——一个虚无的世界——也就同样可能了。

减数证明公认是形而上学的虚无主义者提出的最强证明；或许这也是他们唯一的肯定性证明。以上对这个证明的概括多少有些粗糙,它的鼓吹者倒是不辞辛劳地为它套上了一个逻辑上有效的形式——这个成就可不简单。如果上述的几个前提都能成立,那么那个结论——绝对虚无是可能的——也就一定成立了。

问题是,那几个前提真的成立吗?换句话说,这个证明除了有效之外,也是(用逻辑学家的话说)可靠的吗?

三个假设当中,有限性和偶然性看起没有什么问题,但是第三个假设独立性,就显得比较可疑了。一个事物的消失,真的不会导致另外一个事物的存在吗?我们再以《生活多美好》为例:在乔治·百利从未存在过的那个世界里,有许多可能的事件正是由于他的不存在才得以发生的,比如"波特镇"的那些肮脏的酒吧和当铺——如果不是善良的乔治出手阻挠,贪婪的银行家波特先生就会让它们开张了。毕竟,偶然事件是不会独立到哪里去的。每一件事物,无论它的存在是如何的岌岌可危,似乎都牵扯在一张本体论的大网之中,与其他众多实际的或可能的事物相互依存着。

如果你觉得用电影举例太过缥缈,那就再来考虑一个比较朴实、比较科学的例子:假设世界上只有两个物体,一个电子和一个正电子,围绕彼此转动。那么,既然有了这个"双世界",是否也可能有一个"单世界",在其中只有一个正电子存在?你或许认为有这个可能。但实际上,从双世界到单世界的变化会违反物理学中的一条基本定律:电荷守恒定律:在双世界中,电荷总量为零,因为正电子的电荷为 +1,电子的电荷为 −1。而在单世界中,电荷总量是 +1。于是,从双世界到单世界的过渡,就相当于生造出了一个电荷,而这在物理学上是不可能的。那个电子和那个正电子本身都是偶然的存在,但是根据电荷守恒定律,它们的存亡必然与对方相关。

那么,可不可以从双世界直接过渡到虚无呢?也不行! 这在物理上同样不可能,因为消灭了这对电子/正电子,就会违背物理学中的另外一条基本定律:物质/能量守恒定律。就算这对粒子消失,也必然会出现某些新的实体(可以是一枚光子,也可以是另外一对粒子/反粒子)取代它们的位置;这是物理上的必然。

这似乎又是柏格森和伦德尔遭遇的那个障碍,只是表现形式有所不同罢了。在三个证明中,绝对的虚无都被看做是一个极值,可以从存在的世界不断逼近。柏格森设法在想象中消除世界的内容、以此逼近虚无,但他最终消除不了自己的意识。伦德尔同样从想象入手,他也同样没能到达目标,最后还多出了一只空间的集装箱。两人也因此都得出了"绝对的虚无不可想象"的结论。减数证明却走了另外一条路子,设法用一系列逻辑推理来抵达虚无。然而,它背后那个看似合理的直觉(如果有一些事物,就可以有更少的事物)却触犯了物理学的一组基本定律:电荷守恒和物质/能量守恒定律。退一步说,即便我们可以摆脱这组定理的束缚,也根本无法确定世界上的对象总数能否一个一个地稳定减少,最后减少到零。也许,无论是在想象还是现实之中,只要是少了一样东西,就必定会多出一样别的东西来。把乔治·百利从万物中删除,波特村就冒出来了。

我们从中似乎可以得到这样的教训:要从存在抵达虚无并不是一件容易的事。这种方法最多是条渐近线,它永远抵达不了极值,永远会留下一点存在的东西,无论那东西是多么渺小。但是这又有什么好奇怪的呢?毕竟,要是我们真的从存在抵达了虚无,那就等于是从相反的方向解答存在之谜了——如果存在和虚无之间真的建起了逻辑的桥梁,那它多半是会允许双向通行的。

定义虚无

如果在想象中从存在抵达虚无要比反过来显得容易,那是因为在从存在到虚无的想象中,出发点和终点都是预先知道的。设想你来到纽约四十二街公共图书馆的阅览室,在一台电脑跟前坐下,你发现屏幕上有一个字符,比如说"＄"。接着你按下删除键,屏幕变成了空白。这时,你就实现了从存在到虚无的一次转变。那么反过来,你该如何从虚无转变到存在呢?再假设你坐到了一台屏幕空空的电脑跟前。你要怎么从虚无抵达存在?按"恢复"键就行吧。然而你在按键的时候,并不知道屏幕上会出现什么。根据前一个用户的操作,屏幕上出现的既可能是一条简洁的消息,也可能是字符组成的乱码。从虚无到存在的转变之所以显得神秘,就是因为你不知道会变出什么东西来。在宇宙的尺度上也是如此。大爆炸就是物理学上从虚无变为存在的实例,它不单剧烈得不可思议,而且根本没有规律可言。物理学告诉我们,从原则上说,从裸奇点里会冒出什么来是无法预测的。就连上帝也不知道。

与其勉强跨越存在和虚无之间那道无法逾越的概念鸿沟,或许还是忘记存在的世界,一心着眼于虚无比较有益。我们可以描绘绝对的虚无而不落入矛盾吗?如果可以,我们就可以对虚无在形而上学上的可能性增加一点信心了。

然而,要定义绝对的虚无却并非易事。我们来试试看,从下面的命题开始:

没有什么存在。

翻译成形式逻辑就是:

对于每一个 x,"x 存在"都是假的。

到这里已经出现问题了:"存在"并不命名一种属性,它不是事物要么有要么没有的东西。要说"有些驯服的老虎吼叫,有些不叫"是有意义的,可是要说"有些驯服的老虎存在,有些不存在"就没有意义了。

如果我们只使用有意义的谓词,比如"是蓝色的""比面包盒大""是有气味的""是带负电的""是全能的"等,那么对于绝对虚无的定义就会愈加混乱。我们需要一张极其漫长,或许漫长得没有穷尽的命题清单来描述虚无的可能:"没有什么是蓝色的""没有什么是有气味的""没有什么是带负电的",如此等等。其中的每一个命题都要遵循这个格式:

对于每一个 x,"x 是 A"都是假的。

缩短了就是:

没有 A。

这张清单里的每一个命题都会将具有某种属性的对象排除在外:所有蓝色的东西、所有有气味的东西、所有带负电的东西,等等。

如果我们的这张非存在物的清单里包含这样一个命题,它排除了所有形而上学上可能的属性,那么我们就可以用这种否定的方式来定义绝对的虚无了。不过,我们又怎么知道这张清单已经穷尽了所有的属性呢? 只要有一个疏忽,放过了一类我们忘记排除,或者目前还无法想象的对象,我们的虚无计划就会宣告失败。比如,我们如果是在一个世纪之前制作这张清单,就会漏掉"对于每一个 x,'x 是一个黑洞'是假的"这个命题。

要避免这样的遗漏,我们可以将所有可能的事物类型归纳成几个基本的大类。笛卡尔就是这么做的,他把存在的万物都归入两类实体:一类是精神,其本质是思考;一类是物体,其本质是广延。这样一来,我们就可以用"没有精神的东西"和"没有物理的东西"这一对命题来定义绝对的虚无。这样干脆的两句话,就足以把意识、灵魂、天使、众神以及电子、岩石、树木、星系统统排除在外了。不过,它们是否也能把数学实体,比如数字也排除出去呢?还有抽象的一般概念,比如"正义"?那些东西似乎既不是精神的,也不是物质的,但是它们的存在显然会破除绝对虚无的状态。除此之外,或许还有许多其他可能的实体,其他存在的种类,是笛卡尔和我们所没有想象到的。

然而,有一种属性却是一切可以想象的对象所共有的。无论是动物、蔬菜、矿产、心智、精神、数学还是别的什么对象,统统必然具备这个属性。那就是自我同一性,比如,我具有"是我"的属性,你具有"是你"的属性,以此类推,任何东西都必然具备"是自己"的属性。其实在逻辑学里,"同一性"的定义就是所有事物只与自身发生,而不与任何别的事物发生的关系。这个逻辑真理可以用下面的格式表达:

对于每个 x,都有 x = x。

因此,存在也就是自我同一。

有了这个同一关系,"有东西存在"就变成了:

有一个 x,使得 x = x。

这样一来,要用逻辑捕捉绝对的虚无,我们只需否定上面的命题即可。于是有:

"有一个 x,使得 x = x"是假的。

亦即:

对于每一个 x,都没有 x = x。

用日常语言来说,也就说"一切事物都未能自我同一"。这个命题可以用形式逻辑的符号做更加简洁的表达:

$$(x) \sim (x = x)$$

［符号"(x)"是全称量词，读作"对于每一个 x"，"～"是否定算符，读作"没有……的属性"。］

就是它了，一句简单明了的逻辑铭文，就表达了"什么都不存在"的意思。那么，有没有一个可能的实在可以使这句铭文成立呢？已故的杰出美国哲学家米尔顿·穆尼茨坚称，这样一个实在是没有的。他在著作《存在之谜》中主张，那个宣布有东西存在的命题("有一个 x，使得 x 自我同一")表达的是一个单凭逻辑就能成立的真理。因此这个命题的否定（也就是上面那句简洁的铭文），是"完全没有意义的"。

穆尼茨说得也对，只是没多大意思。逻辑学家为了组织自己的形式系统，的确常要将虚无排除在外。他们要假设自己的论域里至少有一个个体。（这样比较容易定义真理，另外也有别的好处。）在这样的权宜之下，命题"有一个 x，使得 x 自我同一"就成为了一个逻辑真理。然而这也是一个人为的逻辑真理。20 世纪美国哲学的领军人物威拉德·范·奥曼·奎因就曾指出，指定一个非空域"完全是为了技术上的方便"，它并不附带"必然存在些什么的哲学信条"。罗素则更加严厉，他觉得为求方便而假设存在某物的做法，乃是逻辑学的污点。

为了去掉这个污点，赞同罗素的逻辑学家们创立了一类新的逻辑系统，以容纳虚无这种可能。这样一个系统称为"普遍自由逻辑"，说它自由，因为它并不假定宇宙中必然存在些什么。在普遍自由逻辑中，一个空的宇宙是允许的，而关于某物存在的断言——比如"有一个自我同一的对象"——也不再是单凭逻辑就能成立的真理了。

奎因还发现，在一个空的宇宙当中，验证命题的真假有一个极其简便的方法——凡是存在命题、即以"有 x，使得……"开头的命题，都自动为假；而凡是全称命题、即以"对于每一个 x"开头的命题，都自动为真。为什么在一个空的宇宙当中，所有全称命题都自动为真呢？以"对于每一个 x，都有 x 是红色的"为例：在一个没有任何对象的世界里，当然不会有哪个对象不是红色的，因此也没有反例来推翻一切都是红色的论断。这样的全称命题因而被称为"空虚的真"。奎因为空白宇宙设计的真假检验是很了不起的。（不过照他自己的说法，那只是"一个微不足道的胜利"。）它可以确定任何命题的真假，哪怕非常复杂的命题也不例外。（如果一个命题既有存在量词，又有全称量词，中间用"与"或"或"连接，那么只要画出它的真值表就能判断真假了。真值表最初由维特根斯坦发明，现在已经是每一个修习初等逻辑的学生所熟悉的方法。）它用一种自恰的方法确定了一个空白宇宙（也就是一个绝对虚无的状态）当中的真假问题。它证明了从什么都不存在的假设中不会推出矛盾。而这一点，对于形而上学的虚无主义者来说是格外有趣的，因为它说明虚无是自恰的！和许多哲学家的怀疑相反，虚无在逻辑上是真有可能成立的。我们或许无法完全想象它的样子，但是这并不说明它有什么自相矛盾的成分。它或许听起来离奇反常，但是它并不荒谬。从逻辑上说，确实有可能是什么都不存在的。

让我们把这个可能的实在叫做"空世界"，一定要记住，它只在本体论的意义上才是一个"世界"。和其他可能的世界不同，它没有时空，也没有什么集装箱、场所或舞台。我们说起"它"时，并不是在谈论任何一个对象，而只是在谈论实在可能表现的一种形式，这种形式可以用下面这个公式简明地表达出来：

$$(x) \sim (x = x)$$

这个公式本身并不是空世界的一部分——绝对虚无里是没有什么部分的！它只是我们用来指称空世界的方式，是在用逻辑的方式表达什么都不存在的意思。

逻辑上的自恰是一大优点，但它不是空世界的唯一优点。莱布尼茨曾率先指出，虚无还是所有的实在中最简单的一个；而简单又是科学中极其可贵的品质。当彼此对立的科学理论都为证据所支持，科学家总是青睐其中最简单的那一个——它假设了最少的因果上独立的实体和属性，也最不容易用奥卡姆剃刀*剪除。这不光是因为简单的理论外观较好、使用方便。在科学家眼里，简单还是固有概率的标志，是真理的判断标准。科学家认为，复杂的实在需要解释，简单的则不需要。而空世界恰恰就是最简单的实在。

另外，空世界还是任意性最少的。它什么都没有，对象总数是零。而在任何别的世界里，对象总数都不是零，其中的个体数目或者有限、或者无穷。你如果不是数字命理学家，就一定会觉得任何一个有限的数字都是任意的。比如我们这个宇宙，它包含着数目有限的基本粒子（目前的估计是 10 的 80 次方个左右）；再加上或许还有非物理的个体、比如天使之类。把这些对象全部相加，得到的结果会像你仪表盘上的里程数一般漫长，其中的每一位都是一个任意数字。反过来说，假如这个世界的对象总数很少——比如只有 17 个——那也会显得任意。就算对象的总数是无穷大，那同样会显得任意，因为连无穷都不止一个，而是有很多个、无穷个。数学家用希伯来字母"阿列夫"来标记不同大小的无穷，其中有阿列夫－0、阿列夫－1、阿列夫－2 等。假如我们这个世界的对象总

---

* 奥卡姆剃刀，中世纪哲学家奥卡姆提出的思想方法，具体是"如果没有需要，切勿增加实体"。

数是无穷的,那它为什么就要是阿列夫﹣2、而不是阿列夫﹣29呢?只有在空世界,这样的任意性才不会出现。

不仅如此,虚无还是所有实在当中最为对称的。许多物体都具有有限的对称,比如人脸和雪花之类。一个方形具有许多对称,你可以把它沿着一条轴线翻转,或者旋转九十度,它的形状都不会改变。圆形的对称更多,随便你怎么旋转,它的形状都不会变。而无限的空间比圆形更加对称:你可以旋转它,取它的镜像,往任何方向移动它,结果都不会使它改变分毫。我们的这个宇宙在较小的尺度上并不怎么对称——看看你那乱七八糟的起居室就知道了!但是在大尺度上,它就相当对称了,无论你朝什么方向观察,它的样子都不会差太多。然而以对称性而言,没有一个宇宙(包括我们的宇宙)可以和虚无相提并论。空世界是没有任何特征的,它无论怎么变换都能保持原样——因为那里本来就没有可以移动、反射、旋转的东西。这真是可怕的对称!

不过这又算是哪门子优点呢?说起来,这可以算是审美上的一个优点吧。从注重平衡和秩序的古希腊人开始,对称就一直被视为客观美的一个组成部分。也不是说空世界就是最美的世界(虽然那些偏爱极简装潢或者喜欢沙漠风光的人可能会这么看),但它一定是最庄严的世界。如果说存在好比正午的炽热太阳,那么虚无就仿佛没有星辰的夜空,在喜爱冒险的思想者心中,它勾起的是一种畅快的恐惧。

最后,虚无还有一个更加神秘的优点,和熵有关。熵是科学中的基本概念,它解释了有的变化为什么不可逆转,时间为什么有方向,"时间之箭"为什么是从过去指向未来等问题。熵的概念是19世纪在蒸汽机的研究中提出的,它最早用来描述热量的流动,但是很快,就有人从更加抽象的角度,把它定义成了一个系统的无序或者随机的程度。到了20世纪,熵的定义变得愈发抽象,并且和信息的概念融合在了一起。(克劳德·香农在为信息论奠定基础时,冯·诺依曼忠告他说只要在理论中提到"熵"就永远不会输掉辩论,因为没有人真正理解熵到底是什么。)

万物都有熵值。我们的宇宙是一个闭合系统,随着万物由秩序走向混乱,它的熵值也在不断增加——这就是热力学第二定律。那么虚无又如何呢?我们可以为它赋一个熵值吗?这道算术其实并不难做:如果一个系统(从一杯咖啡到一个可能的世界)能够以N种状态存在,它的最大熵值就等于$\log(N)$。空世界简单到了极点,只有一个状态,所以它的最大熵值就是$\log(1)=0$——而这正好也是它的最小熵值!

于是,虚无在作为最简单、最少任意、最对称的实在之外,在熵的方面也具有了最好的表现:它的最大熵等于它的最小熵等于零。无怪乎达·芬奇要发出那句有点自相矛盾的感叹了:"在我们发现的伟大事物当中,虚无的存在是最伟大的。"

不过,要是虚无真有那么伟大,它又为什么没有在实在的赌局中压倒存在呢?虽然细想之下,空世界的优点繁多而又不可否认,但实际上,它的作用却只不过是衬托出存在之谜的神秘罢了。

至少在我看来,够神秘的。但是2006年的一天,我却收到了一封完全始料未及的来信,信中宣布:"根本就没有什么存在之谜。"

04

CHAPTER

第四章

"根本就没有什么存在之谜"

来信上写着"根本就没有什么存在之谜"，这虽然出人意料，却也在情理之中。一周之前，《纽约时报》刊登了一篇我给理查德·道金斯的《上帝错觉》写的书评。我在书评中指出，"为什么存在万物而非一无所有"的问题，或许是有神论者对抗科学蚕食的最后一座堡垒。我是这样写的："要对我们这个偶然而容易消亡的世界做出根本的解释，看来就非得诉诸一个必然而不会消亡的东西，而那个东西，有人就称之为'上帝'。"正是我的这一番话触动了那位来信者的神经，他是个男人，名叫阿道夫·格伦鲍姆。

　　这个名字对我绝不陌生。在哲学界，阿道夫·格伦鲍姆可是一位举足轻重的人物，也可以说是当今的科学哲学家中最伟大的一位。20世纪50年代，格伦鲍姆指出了时间和空间的一些微妙性质，就此成为这个领域的一流思想家，一举成名。30年后，他又对弗洛伊德的精神分析学发动了持续有力的批判，这次的名气更大了——其中也不乏恶名。这些批判为他召来了许多精神分析学家的怒火，也把他送上了《纽约时报》科技版的头条。

　　他的这些事迹都是我所知道的。我不知道的是，他对宗教信仰也怀有深深的敌意。他似乎特别厌恶有人在宇宙之谜上故弄玄虚，并以此为一个超自然的造物主招募信徒。在他看来，"为什么存在世界、而非一无所有"的问题并不通向上帝，也不通向任何东西。借用他的母语德语中的一个单词，那根本是 Scheinproblem——一个伪问题。

格伦鲍姆为什么会成为这样一个激烈的否定论者？我能够理解有人认为存在之谜在本质上是无解的，但是把它说成是伪问题一笑了之，却未免有些草率了。不过，格伦鲍姆要是真说对了，那么对于世界存在的解释就会成为一场巨大的徒劳、一桩愚蠢的事业。一个谜题如果可以消除，那又何必要解释呢？何必费神去做这种竹篮打水的事呢？

于是，怀着些许惴惴，我给格伦鲍姆回了封信。我们能聊聊吗？我问他。他的回复照例精神十足，邀我到匹兹堡去和他见面——那是他过去五十年里生活、教书的地方。信里还说，他很乐意向我解释为什么存在之谜是死路一条，就算需要花个一两天来说服我也没关系。至于想从他那里得到哪些哲学辅导，我可以"自己拿主意"。

我从没去过匹兹堡，只在电影《闪电舞》里见过这个城市。但是我迫不及待地想见见格伦鲍姆，也想看看莫农加希拉河。于是我登上了纽约出发的第一班飞机，两个钟头之后，我就在匹兹堡的一家连锁酒店办好入住了。酒店刚好坐落在匹兹堡大学附近，被大学里那座高耸的新哥特式建筑——学问教堂——笼罩在阴影之中。我人刚到，我那位急性子的导师格伦鲍姆就已经在大堂等候了，见了我，他和气地咧嘴一笑。他看起来有八十多岁了，相貌介于丹尼·德·维托和爱德华·罗宾森*之间。

那天晚上，我们到匹兹堡市中心一家叫做"民事诉讼"的餐馆用餐。酒食之间，格伦鲍姆向我坦白了他为什么对有神论如此反感。故事要从他的少年时代说起：他1923年出生在德国科隆，当时正是魏玛共和国的动荡时期。科隆以大教堂闻名，天主教是城内

---

* 两人均为美国电影演员。

世界为何存在？
Why Does the World Exist?

的主要信仰。城里的犹太人口在 12 000 人左右，格伦鲍姆家就属于这一小撮少数民族。一家人住在以荷兰画家鲁本斯命名的鲁本斯街上。格伦鲍姆 10 岁那年，纳粹夺得政权。他到现在都清楚地记得在街上被几个恶少殴打的情景，他们边打边对他宣布"die Juden haben unseren Heiland getötet"——犹太人杀死了我们的救主[*]。他回忆说，也正是在那时候，他的运动热情"在心理上被抑制了"，因为纳粹的集会游行和运动员的获胜游行实在太过相像。

格伦鲍姆从小就质疑上帝的存在。《圣经》里记载了亚伯拉罕用无辜的幼子献祭给上帝以示忠诚的故事，这在他看来"丧尽天良"、令人厌恶。而不许直呼上帝之名的禁忌也令他觉得荒唐可笑。当他在希伯来语课堂上欢快地说出"耶和华"几个字时，老师气得敲打桌面，还告诉他这是身为犹太人最坏的举动。

格伦鲍姆告诉我，对宗教的幻灭，也恰好是他对哲学产生兴趣的时候。他家所属的会堂有位拉比，经常在布道的时候提到康德和黑格尔。受他激励，格伦鲍姆找来了一本哲学入门书籍阅读，书中介绍了各种哲学思考，其中就包括宇宙的起源问题。他还读起了叔本华，他喜欢上了这位哲学家富于同情的佛教无神论，也对他的文学天赋十分景仰。1936 年，13 岁的格伦鲍姆接受成人礼时，他已经是一个坚定的无神论者了。又过了一年，他随家人逃离纳粹德国来到美国，在纽约布鲁克林南部的一个社区里安了家。他每天花一个半小时坐地铁到布朗克斯上中学，并通过阅读英德对照的莎士比亚剧本掌握了英语。

"二战"期间，格伦鲍姆应征入伍，当上了情报官员。22 岁那年，他随美军返回德国，在柏林审讯落网的纳粹。在他主持审讯的

---

[*] 据《圣经》记载，耶稣是在犹太同胞的要求下被处死的。

犯人中间，我惊讶地听到了路德维希·比伯巴赫的名字——那可是"比伯巴赫猜想"的提出者，几十年来，这个猜想一直是数学中的重要难题，地位之高，仅次于费马定理。想到比伯巴赫是一个有血有肉的真人，而且经常穿着纳粹冲锋队的制服在柏林大学讲课，我不由得有些惊诧。但是格伦鲍姆却对这个纳粹数学家相当鄙夷，这不仅是道德使然，也有智力上的原因：比伯巴赫支持希特勒的反犹太立场，他曾经公然主张日耳曼数学家在研究上采用的几何学方法比较健全，而犹太人的思路都是病态的抽象。他在这样概括的时候刻意忽略了一个"显眼的反例"——爱因斯坦就是一位犹太物理学家，而他的相对论又恰恰证明了引力的几何学本质。这个忽略让格伦鲍姆气坏了，也从此使他对"草率、不诚实、有倾向性的论证"特别愤慨——而宇宙为什么存在的论证，就是其中之一。

格伦鲍姆虽然一把年纪，身材矮小，胃口却相当可观。我们的主菜是小牛肉，继而是一大盘天使面，接着又是一盘褐蘑菇，他一道道渐次吃完。他没有喝葡萄酒，说葡萄酒令他不适。不过他始终喝着大都会鸡尾酒（"这东西是我的兴奋剂"），一边用精确的措辞和残存的德语口音向我笑谈哲学界的小道新闻。聚餐结束，承蒙他驾车送我回了酒店。我们半路上经过了一间颇显宏伟的教堂，想来也是匹兹堡的优秀建筑。我尽量用不露出淘气的语气问他："你在里面做礼拜吗？"

"哦，每天都去。"他回答。

"原初的存在问题"

第二天早晨，我待在酒店的房间里，半懂不懂地读着他给我的那一大摞论文，那都是他从各家哲学期刊上复印下来的，标题全都起得气势汹汹,什么"论有神宇宙论的贫乏"啦,什么"创世是个伪问题"啦,等等。我想弄明白格伦鲍姆为什么对存在之谜如此厌恶。对于认真研究这个问题的人,他的鄙薄之情跃然纸上。在他的笔下,他们不是"愚蠢",而是"令人愤怒的愚蠢";他们的论证"潦草""粗糙""古怪""无聊",简直是"一场闹剧";他们不仅"昏聩",而且"昏聩得可笑"。

我没看多久就懂得了他何以会有如此感受:格伦鲍姆不像莱布尼茨和叔本华,不像维特根斯坦和海德格尔,也不像道金斯、霍金和普鲁斯特,他不像当今的任何一位哲学家、科学家和神学家,甚至不像任何一个好深思的普通人。在他看来,世界的存在一点都没有什么好惊讶的,并且他坚信他的不惊讶是完全合理的。

我们再来回顾一下这道由莱布尼茨首先提出的基本谜题:为什么存在万物而非一无所有?格伦鲍姆给它起了一个煞有介事(或许还带着点反讽)的外号,叫做"原初的存在问题"。那么,这个问题站得住脚吗?格伦鲍姆指出,像任何"为什么"的问题一样,这个问题的背后也隐藏着若干假设。它不仅假设世界的存在必定有解释,还理所当然地假设世界需要一个解释,它认为如果没有了某个强大的原因或者理由,虚无就一定会占据上风。

可是,虚无为什么就一定会占据上风呢?看来,那些为世界的存在而困惑的人——这个充满生命、恒星、意识、暗物质,还有各种尚未发现的东西的世界——那些人,都怀有一个智力上的偏见,都觉得一个空的世界才是最合理的。他们打心眼里相信,虚无才是自然的状态,是本体论上的默认选项,只有对虚无的背离才是神秘的、需要解释的。

格伦鲍姆把这个信念讥讽为"自发的虚无"。他想知道这个信念是怎么来的,为什么会有人觉得它显而易见、无需辩护?他主张，不管那些人有没有意识到，他们这个信念其实是从宗教中来的。即便是道金斯这样的无神论者，也"从母乳中接受了这个信念"而不自知。他还宣称"自发的虚无"是典型的基督教思想，说它的源头是上帝从虚无中创造世界的教义，而这个教义在公元2世纪就已产生。根据基督教的教条，上帝全能，所以不需要用现成的材料创造世界，只需将世界从虚无直接带入存在（《创世纪》中对于创世的叙述，即上帝在水一般的混沌中加入秩序、创造世界的说法，想必只是在营造诗意，可以不必深究）。

根据基督教义，上帝不仅是世界的创造者，也是它的维持者。世界一旦创造出来，它能否继续存在就完全依赖于上帝的作为了。上帝昼夜操劳，使世界得以保持存在状态。如果他停止对世界施以援手，哪怕只有一刻松懈，那么世界的命运就将如20世纪的英国大主教威廉·汤朴所言，"瓦解为乌有"。世界不像一幢房屋，一旦完工就能屹立不倒，它更像一辆汽车，在悬崖的边缘蹒跚而行。没有了神力维持平衡，它就会堕入非存在的深谷之中。

古希腊人不相信这个无中生有造世界的教条，古印度的哲学家也没有这个信仰。格伦鲍姆指出，他们因而不担心为什么存在万物而非一无所有，也就一点都不奇怪了。将这个问题渐渐输入西方思想史的，是奥古斯丁和阿奎那这样的教会哲学家。世界的存在依赖于上帝，这个教义被格伦鲍姆称为"依赖公理"，它塑造了笛卡尔和莱布尼茨等一众理性主义者的直觉，使他们相信，如果不是上帝持续不断地维系世界的存在，虚无就会占据上风。对他们来说，没有理由的存在是不可思议的。哪怕到了今天，当我们问出为什么存在万物而非一无所有的时候，我们也是在有意无意地因袭早期犹太教/基督教留下的思维方式。

总之，"原初的存在问题"是建立在"自发的虚无"这个假设之上的。"自发的虚无"又建立在"依赖公理"之上。而追根溯源，依赖公理不过是一句原始而没有根据的神学口号罢了。

到这里，格伦鲍姆的主张才刚刚开了个头。光是指出他所谓的"原初的存在问题"背后的可疑假设并不能使他满足，他还要证明这些假设根本是错误的。在他看来，对于世界的存在完全不必感到惊讶、困惑、敬畏或者神秘。虚无的各种所谓优点——它的简单、自然、非任意等——都不足以保证它在实在的赌局中成为赢家；这就是格伦鲍姆的信念。实际上，要是从实证的角度看待这个问题——这是有科学头脑的现代人应该具备的眼光——我们就会发现世界的存在完全是意料之中的事。用格伦鲍姆的话来说："从实证的角度看，还有什么比存在这样或那样东西更平常的呢？"

这个人认为，"为什么存在万物而非一无所有"是一个设了套的问题，就像问"你为什么不再打你老婆了"一样狡猾。

最淡定的哲学家

当天稍晚，当我走在匹兹堡大学林木葱郁的校园去和格伦鲍姆做第二次会面时，我的心里已经想好了要为存在之谜和虚无的本体论地位辩护两句。格伦鲍姆的办公室位于学问教堂的最高层，而学问教堂，据我所知，又是西半球最高的学术机关，它看起来仿佛是一座哥特式教堂的尖塔被截下后放大了无数倍。我走进大堂，仰望着拱柱交错的穹顶，眼睛下意识地找起了正厅、后殿和祭坛。然而这是一座世俗的教堂，建设它不是为了敬拜某个神明，而是为了追求知识。于是左顾右盼的我只见到了几部电梯。我乘上其中的一部，升到了 25 层。之前还是导师的这位谈话对象已经在那里等我了。

我们随便聊了几句精神分析，接着我问他愿不愿退让一步，承认虚无这个概念至少是有意义的。有没有可能，我们周围的这个世界从来不曾存在，一切都是虚无？

"这的确是我曾经为之焦虑、为之操心的问题。"他回答的时候语速迟缓、措辞慎重，"在我之前就有人质疑过虚无这个概念的一致性，但他们的许多理由在我看来都是错误的。比如有人说绝对的虚无是不可能的，因为我们想象不出来。可你不也照样想象不出来高维物理么？但证明世界有可能为空不是我的任务。这个任务属于莱布尼茨、海德格尔、那些基督教哲学家以及一切想要从'为什么存在万物而非一无所有'这个问题里搞出名堂的伙计们。如果虚无真的不可能，那么就像中世纪的人所说的那样，cadir quaestio——'这个问题倒了'——那我就去喝杯啤酒庆祝庆祝！"

可是，我又问道，虚无难道不是实在的最简单形式？因此，它难道不是实在的最合乎情理的面貌吗？除非是有什么理由或者原则，用一个充满存在物的世界填满了虚空。

"哦，我承认虚无可能是概念上最简单的，但就算是这样，为什么这种简单性——这种假想出来的简单性——就能规定'没有一个强大的存在原因，就必然会是虚无'呢？简单性什么时候在本体论上变得这么重要了？"

他抱怨说，所谓简单性使得虚无在客观上更加可能的说法，已经被大家说得不假思索，"像念经了"。

"有些科学家和哲学家呆望着世界说：'我们就是知道，简单的理论比较容易成立。'但那不过是他们的心理包袱，是他们取巧的方法，和客观世界没有一点关系。就拿化学来说好了：在古代，泰勒斯认为全部化学都建立在一个基本元素之上，那就是水。要说简单，泰勒斯的这个理论远比19世纪门捷列夫的'多元化学'要简单——后者可是假设了一整张元素周期表呢。然而门捷列夫的理论才是比较符合实在的那一个。"

我又换了一种问法:撇开繁简不论,虚无难道就不是现实所能采取的最自然形式?

格伦鲍姆微微皱起了眉头说:"只有观察了经验世界,才能断定什么才是'自然'。从逻辑上说,一个人有可能自动变成大象,但是我们从来没有观察到这样的变化,因此根本不会去追问这个逻辑上的可能为什么没有实现。而摩天大楼倒塌的事件倒是偶尔可以观察到的,所以有大楼倒塌的时候,我们就想要一个解释,因为这个事件打破了摩天大楼不倒的经验记录。实际上,人不变成大象、楼房不倒都是事情的常态,所以我们才把它们当做'自然'事件。至于宇宙,我们从来没有观察到它不存在的情况,更没有证据证明它的不存在是'自然'状态,那么我们又何必非得解释它为什么存在呢?"

听到这里,我觉得我抓到了他的漏洞。

"可我们的确观察到了它的不存在。"我截住他的话头,"大爆炸理论告诉我们,宇宙是在 140 亿年前才产生的,这个时间和永恒相比只是水桶里的一滴水。在大爆炸奇点之前的无限时间里,宇宙不就是不存在的么? 这不就说明了不存在才是宇宙的自然状态么?"

格伦鲍姆轻易化解了我的反驳。

"如果宇宙的过去是有限的呢?"他反问我,"物理学不允许我们倒推到过去说'奇点之前只有虚无'。我的许多论敌都犯了这个基本错误。他们想象自己在最初的奇点处观察,脑袋里装着记忆。这个意象给了他们一种强烈的错觉,那就是肯定还有比奇点更早的时刻。但是大爆炸模型告诉我们,在奇点之前是没有时间的。"

唔，我心说，看来在时间问题上，格伦鲍姆在心底里认同莱布尼茨的看法。17 世纪晚期，莱布尼茨和牛顿提出了关于时间本质的对立观点。牛顿采取的是"绝对论"的立场，认为时间超越了物理世界和其中发生的一切。他扬言道："绝对、真实、数学的时间，就其本身及本质而言，是永远均衡流动的，它不依赖于任何外界事物。"莱布尼茨采取的则是相反的"关系论"立场。他驳斥牛顿说，时间只是事件之间的关系。在一个静态的世界，一个没有变化、没有"事件"的世界里，时间就不存在。格伦鲍姆主张大爆炸之前无时间，似乎是在呼应莱布尼茨的观点。他假定：在一个没有时钟、没有事件的虚无状态之下，讨论时间是没有意义的。

　　然而当我指出这一点时，他的回答里却用了一点技巧。

　　"不，吉姆，我只是在哲学上比较灵活罢了，不能说就是站在莱布尼茨一边。"他说，"或许有人可以像牛顿一样，想象时间在一个空的世界里流动。然而大爆炸模型却不这么认为！这个模型主张，最初的奇点标出了时间的边界。如果你认为这个模型在物理学上成立，那么奇点就是时间开始的地方。"

　　这么说，他是认为世界由虚无进入存在的说法根本没有意义喽？

　　"没错，因为这个说法假定了一个在时间中发生的过程。要追问为什么宇宙存在，就先要假定有一些什么都不存在的更早的时刻。如果大爆炸理论允许我们谈论这样一些更早的时刻，也就是大爆炸之前的时刻，那我们倒的确可以问问那些时刻都发生了什么。但是大爆炸理论认为没有那样的时刻。大爆炸没有'之前'，因而上帝也没有空子好钻。你还不如说宇宙是从涅槃中来的呢！"

　　但是，我反驳说，执著于虚无和存在之别的可不仅仅是宗教信徒。许多无神论哲学家也同样坦言对有这一个宇宙感到惊讶。

我特别提到了其中的一位,杰克·斯马特,一位立场坚定的澳大利亚科学哲学家。和格伦鲍姆一样,他也是一位毫不妥协的唯物主义者兼无神论者。可是斯马特也说过,"为什么存在万物而非一无所有"是他认为"最深奥"的问题。

"好吧,我就来跟你说点关于杰克的事。"格伦鲍姆说,"他是在浓厚的宗教氛围里长大的。他现在的确是个无神论者,但是他有一次告诉我说,如果有人能够推翻他对宗教的驳斥,他会高兴,因为他怀念从前的那些信仰。像他那样背景的人,是很容易为世界的存在感到敬畏、惊讶的。我不是说了么?他们的这个感觉是从母乳里带来的。"

我接着又忍不住提到了维特根斯坦,他也对存在之谜着迷,而且许多哲学家都把他看做是 20 世纪最伟大的哲学家。但是我很快发现,格伦鲍姆并不是其中的一员。

"说句不客气的,"他翻着眼珠子说,"维特根斯坦在这个问题上发表的论文简直糟糕。那篇论文非常病态,一半是在发神经。他在那场演讲的结尾时说他'敬畏'这个问题,可是他又宣布这个问题没有意义!他既然已经把这个问题戳穿了,为什么还要敬畏它呢?他需要去看心理医生,而不是把他所谓的'敬畏'加到我们头上来。"

听到这里,我不由疑惑起来:格伦鲍姆会不会是我见过的最淡定的哲学家?显然,他对虚无没有任何恐惧,还讥笑这种恐惧是"本体论病理综合征"。显然,他对存在一个世界并不感到惊讶。那么还有什么东西能使这男人感到惊讶吗?还有什么哲学问题能令他觉得敬畏、迷惑吗?比如,物质中如何产生了意识的问题?

"我对意识的各种表现,还有人类的心灵所能创造的东西感到惊讶。"他说,"那真是妙极了的一切!但是我并不为意识的存在而困惑。"

我提到了他和我的学术偶像、哲学家托马斯·内格尔之间的分歧。在著作《哪里都不是的观点》*中，内格尔详细探讨了心灵的不可化约的主观性质是如何纳入客观的物理世界的。

"我没听说过这本书。"格伦鲍姆说。

可这是一本很重要的书啊！我结巴着说道。牛津的哲学家德里克·帕菲特曾经宣布，内格尔的这本书是战后最伟大的哲学著作。

"是吗？"格伦鲍姆说道，"真有他的！不过在我看来，我为什么要对自己构成的方式感到惊讶呢？我知道有许多因素塑造了我的成长经历，也知道我有许多自己都不了解的方面，比如我为什么有某些习惯、某些倾向等。但那些都是生物学的或者生物心理学的问题。你要具备一定的演化论和遗传学知识，才能品出其中的趣味。我是不会干坐着空想我为什么是现在这样子的。我的生活里又不是只有疑惑。"

如果像亚里士多德说的那样，哲学始于好奇，那么它就一定终于格伦鲍姆。

话说回来，人类的知识还真是浩如烟海。无论是时间的本质、科学定律的本体论地位还是瑰丽的量子宇宙学，一切都将在人类那精确而严谨的领悟力面前臣服。而这一切带来的乐趣（"我太喜欢这样的讨论了"，他说）是会传染的。

我问格伦鲍姆，我们这个宇宙会不会在遥远的将来产生那么一个实体，一个有的思想家所谓的"欧米茄点"，它从未来作用到过去，引起大爆炸，并开创整个宇宙的历史。

---

* The View from Nowhere，国内译作《本然的观点》。

"哦,"他说,"你说的是逆向因果。这种事有没有可能呢?"说到这里,他滔滔不绝地分析起了原因和结果,议论之精妙,让我想起一位女歌唱家唱出一首歌剧咏叹调的情景。我怀着敬畏多过理解,听他结束了演讲:"说起来,他们都想错了,因为他们把牛顿力学的二阶方程错误地扩展到了狄拉克的三阶微分方程,在前者,力是加速度的原因,而在后者,力不是加速度的原因。因此,就算你把未来的所有时间整合之后可以在积分中得到力的量——那个叫做'预加速'——也不能说这就是加速度借助力的逆向因果……我说,要来点杜松子酒吗?我这儿好像有点。"

他将手伸进写字台,从较低的一个抽屉里取出一个酒瓶、两个玻璃杯。我欣然应允。

简单与复杂

我一直相信自己正在求索的是一个真实的谜题。那么格伦鲍姆的这一番话,是否动摇了我的信念?

至少,这位全盘否定论者改变了我在一件事情上的想法:以前,我和几乎每一位科学家、哲学家一样,认为大爆炸使得存在之谜更加急迫了,但是现在我已经不这么认为了。大爆炸并不能说明宇宙是从一个既有的虚无状态"跃入存在"的。

要理解为什么不是这样,让我们把宇宙的历史倒过来播放一遍:随着膨胀的逆转,我们可以看见宇宙的内容收缩起来,变得愈加密实。最后,在宇宙历史的开端处(方便起见,记作 $t=0$),一切都恢复到了一种无限密实的状态,压缩成了一个点,那就是"奇点"。爱因斯坦的广义相对论告诉我们,时空的形状是由物质和能量的分布方式决定的。当物质和能量无限密实,时空也就无限压缩。于是，时空干脆消失了。

我们很容易把大爆炸想象成一场音乐会的开端：你先是坐在位子上摆弄着节目单，到了 $t=0$ 的时刻，音乐突然奏响。然而这个比喻是错误的。和音乐会的开端不同，宇宙开始处的奇点并不是时间中的一个事件，而是时间的界限和边缘。$t=0$"之前"是没有时间的，因此虚无从来就没有在哪个时刻占据过上风。虚无也没有"化为存在"，至少没有在时间中发生。套用格伦鲍姆很喜欢说的一句话，即便宇宙的年龄有限，它也是一向就存在的——如果把"一向"理解成在时间中的所有瞬间的话。

如果本来就没有从虚无到存在的转化，那也就无需为宇宙的产生寻找什么理由了，不管那理由是神创还是别的什么。格伦鲍姆还认为，宇宙中的物质和能量来自何处，我们同样无需操心。大爆炸发生的时候，物质/能量的守恒定律并没有如他的有神论对手所说的那样被"突然而奇异"地违反过。根据大爆炸的宇宙学，宇宙的总物质/能量其实一直未变，从 $t=0$ 到目前的时刻，始终都是这么多。

但是深究一层，这些物质和能量又为什么会存在呢？我们为什么就生在了这样一个具有一定几何形状和一定寿命的时空流形之中呢？时空中为什么会充斥着各种物理场、粒子和力？这些场、粒子和力又为什么要遵循某一套定律，并且那还是一套乱糟糟的定律？要是什么都不存在，那不是更加简单么？

简单性在形而上学上具有重要地位，这个观点是格伦鲍姆想尽办法要消除的。为了辩论能够继续下去，他承认一个空白的世界也许真的是实在的最简形式。但他不明白的是，为什么这一点就增加了虚无的胜率？"为什么要认为简单的事情在本体论上就更可能为真呢？"他一次次地质问我。

世界为何存在？
Why Does the World Exist?

到了 T = 0 的时刻，
音乐突然奏响。

他问得有道理。对有些哲学家来说，这句话一问，辩论就无法继续下去了。为什么一想到简单性，我们就要认为没有了某些超自然的力量或原因，虚无就会压倒存在？从本体论上说，复杂性又有什么不好的呢？对于世界的存在，有人觉得需要解释，还有人觉得不需要。格伦鲍姆坚定地站在后一个阵营之中。光是虚无的所谓简单性并不能使他动摇。

又或许，是他低估了简单性的力量。对科学家而言，简单性不啻是真理的向导。正如物理学家理查德·费曼所说："真理总是比你想的简单。"这些科学家并不是希望实在本身简单，而是希望他们用来描绘实在的理论越简单越好。

要说清什么样的理论比别的理论简单，其实是一件相当棘手的事；不过公认的标准还是有几条的。比如，简单的理论假设的实体较少、假设的实体种类也少，它们遵循奥卡姆剃刀原则：如果没有必要，切勿增加实体。简单的理论会提出尽可能少的定律，而且这些定律一定要采取最简单的数学形式（比如直线方程就比复杂的曲线简单）。最后，简单的理论中较少任意的特征——像普朗克常数和光速之类没有解释的数字，就要越少越好。

简单的理论显然更加好用，也更合乎我们的理智。此外它们还更加投合我们的审美情趣。但是，它们就一定比复杂的理论更有可能成立吗？对于这个问题，科学哲学家从来就没有给出过满意的回答。杰克·斯马特就说过："简单的理论在客观上比复杂的理论更有可能正确的主张，我怀疑是不可能充分证明的。"尽管如此，当科学家的手上有两个彼此对立的理论，而两者都与现有的证据相吻合时，他们还是一定会选择简单的那一个，因为他们认为简单的理论更有可能为未来的数据所证实。"简单的理论比复杂的理论更有可能成立"，这个信念并不局限在科学家当中。假设你有两个理论，A 和 B，两者都与数据相符。A 理论预测南半球的所有生物将在明天灭绝，B 理论预测北半球的所有生物将在明天灭绝。再假设 A 理论相当复杂，B 理论相当简单。那么我们这些北半球的居民，有谁不会连夜坐上飞机，逃往南半球的呢？

如果简单的理论当真比复杂的理论更有可能成立，那一定是因为这个世界对简单性怀有深深的偏袒。而物理学家正是利用了这个偏袒，才会在探索自然的最终定律时屡屡成功。诺贝尔奖得主史蒂芬·温伯格曾经指出，物理学家在物理定律中寻找的"对称性"，实际上也都是关于简单的原则——比如，未来和过去一定在最基本的方面相同的原则。

不过对科学家来说，简单性还不单是真理的向导，如温伯格所说，它也是"解释之所以为解释的一个原因"。因为有了简单性，"一个优美的解释性理论"才能有别于"一份数据清单"。理查德·道金斯也表达过相近的意思。在他看来，复杂的实在比简单的实在更不可能成立，因此更加需要解释。就拿生物为什么存在的问题来说，道金斯认为，把上帝作为生物存在的理由是行不通的，因为"假如有一位上帝能够设计宇宙，又能小心翼翼、胸有成竹地引导我们的演化，那他就势必是一个复杂绝顶的不太可能的实体。比起他的创造物，他也就格外需要解释"。相比之下，自然选择就简单多了，因而更加宜于解释生命。

回到存在的问题，最简单的理论是主张"什么都不存在"——也就是虚无理论。这个理论不用假设什么定律或者实体，也没有一点任意的特征。如果简单性真的是真理的标志，那么虚无理论就必定享有最高的先验概率。一个空白的世界里没有任何关于实在的数据，因而是一个理所当然的世界。然而我们的世界却并非如此！其中有大量的东西存在着。我们要是具有科学头脑，就理应对此感到惊讶——不是吗？

格伦鲍姆却并不感到惊讶。他问道：就算空白世界真的具有最大的先验概率，那又怎样呢？他反复强调了一点："本体论上的事不是由概率决定的。"换句话说，概率并不是塑造实在的推动力，要使得存在压倒虚无，也不必非有一股神力或其他什么力量来与概率相抗衡。宇宙似乎是扰乱了科学的准则，但这并没有在他的头脑中制造什么困惑。

当然了，有的时候，正确的理论还真的是复杂的理论。格伦鲍姆说得不错：现代化学假设了一整张填满元素的表格，它比泰勒斯的那个完全建立在水上的古代理论要复杂多了。不过话说回来，当科学家面对这类复杂的理论的时候，他们总是会寻找更加简单的理论来支撑它们、解释它们，一个显著的例子是当代物理学家对于统一理论的追求。物理学家的目的是证明物理学中的四种基本力——重力、电磁力、强核力、弱核力——都是同一种超级力的不同表现形式。这样一个统一的理论(有人称之为"万有理论")将比它要取代的零散理论更高一级，因为它更加简单。它无需假设四种力，每一种都由一条单独的定律支配，而是只要假设一种单一的力/定律即可。统一理论一旦发现，它就能更加全面地解释自然，而不必像现在这样用几个理论零敲碎打了。甚至，这样一个理论还有望对世界为什么是它现在的样子提出完整的物理学解释。不过即便这个最终理论得以成立，它也依然会留下一些谜题——为什么是这个力，为什么是这条定律？它不会包含它自身为什么是最终理论的解释，也因此不符合"每一个事实都必须有一个解释"的原则——那个充足理由律。

这样看来，唯一能符合这条原则的理论就只剩下虚无理论了。正因为如此，我们才会对虚无理论为什么没能成立、为什么产生了这样一个世界感到惊讶。任何关于存在的理论，无论它多么简单、多么根本，都注定不能通过充足理由律的检验。

真是这样的吗？难道就没有什么理论能够在解释世界的同时也解释自身，从而将所有的谜题都一笔勾销吗？如果找到了这样一个理论，就等于是回答了"为什么存在万物而非一无所有"的问题。阿道夫·格伦鲍姆和他的同志或许认为这样一个理论不值得追求——尤其是追求的过程还可能涉及超自然。但他们的论证虽然雄辩，却并没有说服我就此放弃探求。我最讨厌的就是对一个问题轻言放弃。

那天晚上，我以亲身经历对非存在的深渊投去了一瞥。

当晚的安排似乎不赖。先是格伦鲍姆由妻子西尔玛陪同，开车来酒店接我，然后我们三人一起去一家名叫"月光"的餐厅用餐。餐厅坐落在华盛顿山的高处，俯瞰匹兹堡，据说景色十分壮观。

格伦鲍姆开的是一辆新款奔驰。和他同岁的妻子在他身边坐着，富于魅力，就是有些心不在焉。我则像两人的儿子，在后排落座。

轿车驶上阿利根尼河边的高速公路时，我的心跳快了起来。格伦鲍姆身形矮小，年长后更加萎缩，视线所及，几乎看不到仪表盘之外的东西。坐他的车，感觉就像请了脱线先生*来当司机。他对周边高速驶过的密集车流视而不见，始终自言自语地寻找着路途。这一路上险象环生，他们两夫妇却异常淡定，对其他车辆愤怒的喇叭声充耳不闻。我们越往前开，华盛顿山就越向后退，仿佛是

---

* 脱线先生，美国漫画形象，常因高度近视而身陷险境。

芝诺悖论*上演了残酷的真实版本。

最后，我们不知怎么就来到了华盛顿山的另一侧，这里的车辆在数量和速度上都有增无减。愤怒的喇叭声此起彼伏，避开一场严重车祸的概率似乎正朝零逼近。我待会儿能够从冒着黑烟的汽车残骸里走出来吗？可能吧：我们坐的毕竟是一辆新款奔驰。但我还是忍不住担心我那珍贵的意识之火会就此熄灭，生怕自己会从匹兹堡直接过渡到虚无。

终于，在我一个劲地哀求之下，格伦鲍姆停了车，但这一停同样叫人倒抽一口冷气：他直接在中间车道上熄了火。一位驱车路过的州巡警注意到了我们的困境，他好心带我们开上正道，还将我们护送到了月光餐厅。进了餐厅，我迫不及待地想来一杯满满的香槟酒压惊。

"放松点儿，好好享受，不要去操心世界为什么存在啦，那是一个虚构出来的假问题！"三人刚一落座，格伦鲍姆就漫不经心地朝我大声说起话来，那神情有点像一位慈爱的父亲。我向窗外望去，景色的确惊艳：整个匹兹堡都在面前铺陈开来，阿利根尼河和莫农加希拉河在眼前汇合，形成了俄亥俄河，一座座装饰着闪烁灯光的桥梁横跨在水面上。

回望餐厅，我感觉它有一种 20 世纪 50 年代的奇妙氛围。侍者都上了年纪，个个系着黑领带，仿佛马克思兄弟**电影里的龙套角色。餐厅里到处是水晶和锦缎。房间那头，一个衣服上缀着亮片的当地女歌手正和着钢琴，放声哀歌着一曲《在科帕》。

---

* 芝诺悖论，古希腊哲学家芝诺提出的悖论，谓善跑的英雄阿基里斯永远追不上乌龟。

** 马克思兄弟，20 世纪上半叶红极一时的美国喜剧演员。

世界为何存在？
Why Does the World Exist?

乐声中,我对面的那位高人继续发表着高见。"他们需要 p 和 q,那些家伙,他们需要 p 和 q!"他喊叫着。所谓 p 和 q 指的是一对前提,但具体指的什么,我因为走神没有听清——我的心灵被一股形而上的哀伤笼罩住了。之前在外面的公路上,我差一点就和虚无正面遭遇。而现在的我又置身于这样一家偏僻的餐馆之中,在我这个纽约人看来,这地方仿佛是远去的历史留下的一段遗存,是去年的一场陈雪,仿佛科帕从来就没有离开过匹兹堡。在这个怪异得不真切的环境之中,我几乎可以感觉到虚无的滋长了。好吧,这只是一股情绪,不是一段哲学论辩。但是它令我的心中充满确信:格伦鲍姆的本体论信念虽然密不透风、水火不进、铁面无情,但它必定不是最终的结论。存在之谜仍然是谜。

我在饭后搭车回到酒店,一路无话。刚才喝下的香槟和葡萄酒使我略有些迷糊,我一头躺下,没掀开被子就睡了过去。醒来时,晨曦已经由窗帘透入,电话铃声响个不停。来电的正是那位全盘否定论者。

"昨晚睡得好吗?"他兴冲冲地问我。

05

CHAPTER

第五章

宇宙有限还是无限？

宇宙的起源

　　和古人眼中的永恒宇宙相比，真实的宇宙算是个迟到者。它在大约 140 亿年前才刚刚诞生，未来的生涯也多半有限。根据目前的宇宙学图景，它的命运不外两种，一是若干纪元之后在一场大挤压中骤然消失，二是逐渐退化成一片黑暗冰冷的虚无。

　　我们的宇宙在时间上是有限度的，今天在(昨天还不在)，明天就没了，这使得它的存在显得尤其不牢靠，尤其偶然，也尤其神秘。如果一个世界有着坚实的本体论基础，它就好像不该是这样，它应该始终存在，永不灭绝。这样的世界和大爆炸中产生的有限世界不同，它应该带着一圈自足的光环才对。甚至，它可能还包含它自身存在的理由。

　　那么，如果时下的宇宙学思想是错的，如果我们的世界的确是永恒存在的呢？如果是那样，存在之谜会不会就变得不那么急迫了？或者，那谜的意味会不会就彻底消失了？

　　世界的时间本性一向是西方思想史上热烈争论的话题。亚里士多德认为宇宙是永恒的，在时间上无始无终。伊斯兰思想家们却不同意，伟大的哲学家兼苏菲派＊神秘主义者安萨里就认为无限过去的说法是荒谬的。到了 13 世纪，天主教会将世界在时间上有

　　＊　苏菲派，伊斯兰教的神秘主义派别。

起点定为信仰的一部分，然而圣托马斯·阿奎那却遵循亚里士多德的传统，坚持时间的起点在哲学上是无法证明的。后来康德又主张，一个没有开始的世界会导出悖论。他反问道，如果在今天到来之前先要经过无限个日子，那么今天还会到来吗？维特根斯坦也觉得无限过去的想法有些古怪。他要读者假想有一个男人在对自己背诵"……9……5……1……4……1……3……完成！"你问他完成了什么？他"哦"了一声，松一口气说："我刚刚在从无限远处倒着背诵 π，现在总算背到头了。"

不过，无限的过去真有什么自相矛盾的么？有思想者之所以反对这个概念，是因为它假定无限的任务可以在当前的这一刹那之前完成，他们认为这是不可能的。然而，完成无限的任务并不是不可能的，只要你有无限的时间就行了。从数学上说，甚至在有限的时间里也可能完成无限的任务，只要你能越做越快就行。假设你完成第一个任务需要一小时，完成第二个任务只要半个小时，第三个四分之一小时，第四个八分之一小时……以这个趋势递减，你总共只要花上两个小时，就能完成无限多的任务了。实际上，你每次迈步穿过房间，就是完成了这样一个奇迹——因为埃里亚的古代哲学家芝诺指出，你走过的距离可以分解成数量无穷而距离越来越短的路程。

这样看来，是康德和安萨里想错了；无限的过去并没有什么荒谬的。从概念上说，在今天早晨的日出之前，完全可能有过无数次日出——只要有一段长度无限的时间给它们发生就行了。

总体而言，科学思想家们并不像哲学家那样对永恒抱有疑虑。无论是伽利略、牛顿还是爱因斯坦，都构想过一个在时间上无限的宇宙。爱因斯坦甚至在他的公式里硬塞进了一个生造的数字——那个著名的"宇宙常数"——来推导出一个静态、永恒的宇宙。

然而,宇宙学的观测很快推翻了爱因斯坦的直觉,证明了宇宙并非静止不变,而是处在膨胀之中。它似乎是从一次爆炸变成现在这样子的。但是即便在这样的证据面前,也还是有宇宙学家死守着宇宙永恒存在的希望。比如 20 世纪 40 年代末,戈尔德、邦迪和霍伊尔就提出了一个称为"稳恒态宇宙"的理论模型,它做到了既膨胀,又永恒。(戈尔德和邦迪宣称,他们是在观看了恐怖电影《深夜》之后产生的这个想法,这部影片情节奇幻,循环不息,无休无止。)在这个模型当中,宇宙持续膨胀,星系不断退缩,由此空出的空间则由新的物质粒子不断填补。而这些物质粒子之所以能够自行产生,全都归功于一个所谓的"造物场"。就这样,宇宙虽然膨胀不止,物质密度却保持不变。在膨胀的同时,稳恒态宇宙的外观却始终如一。它没有开端,也没有结束。

　　另一个主张宇宙永恒存在的模型是"振荡宇宙"模型,它在 20 世纪 20 年代由俄国数学家亚历山大·弗里德曼提出。这个模型认为,我们的宇宙——这个 140 亿年前始于一场大爆炸的宇宙——是在一个更早的宇宙崩塌之后产生的。和那个早先的宇宙一样,我们的宇宙最终也将停止膨胀,开始塌缩。但是,它并不会在一场毁天灭地的大挤压中消失殆尽。剧烈的内爆中会反弹出一个新的宇宙,这个过程可以称之为"大反弹"。宇宙就是这样塌缩反弹,以至无穷。在这个模型里,时间成为了一场毁灭和重生的无尽循环,就好像印度教宇宙论中的湿婆*之舞。

　　稳恒态宇宙和振荡宇宙这两个模型都排除了宇宙的起源问题:假如宇宙的年龄是无限的,换句话说,假如宇宙一直都存在着,那么也就没有什么需要解释的"创世事件"了。可惜爱好永恒的人

---

　　*　湿婆,印度教三大主神之一,以舞蹈主宰宇宙的诞生和毁灭。

们并未如愿,今天的宇宙学家已经不把稳恒态模型当一回事了,因为1965年,科学家侦测到了大爆炸留下的背景辐射,一举证明了宇宙的确有过一个剧烈的开端,稳恒态模型就此终结。

振荡模型的出路要好一些,但是它同样暴露出了许多理论上的漏洞,比如,直到今天都没人能够解释,是何种反弹的力量可以在塌缩的最后一瞬克服引力,使得宇宙逃过"挤压"重新"反弹"出来。

总之目前看来,比较可能成立的还是一个有着有限过去的宇宙。不过,要是我们的宇宙并不是唯一的宇宙呢?要是在它之外还有一个更大的整体呢?

科学的发展教会了我们重要的一课,那就是现实的广袤永远超乎人类的想象。20世纪初的人类还以为宇宙中只有银河系,它孑然独处,被无尽的空间包围着。后来,我们明白了银河系只是数千亿个星系中的一分子,而这数千亿个星系也不过是人类可以观测的宇宙而已。到了今天,所谓的"新暴胀宇宙学"又对大爆炸提出了最好的解释。根据它的推测,能够创造出一个宇宙的爆炸,比如我们的那次大爆炸,应该是经常发生的事件。(我的一位朋友说过,要是大爆炸上贴着"本装置只运行一次"的标签,那倒反而是件怪事了。)

这个暴胀理论认为,我们这个大约140亿年前忽然产生的宇宙,是从一个业已存在的宇宙时空里冒出来的。我们的宇宙并非实在的全部,它只是一个不断繁衍的"多重宇宙"中微乎其微的一小部分。虽然多重宇宙中的每一个泡泡宇宙都有确定的起始时间,但是这整个自我复制的集体却可能具有无限久远的过去。就这样,随着大爆炸的发现而打入冷宫的"永恒",现在又回来了。

永恒宇宙能够消除存在之谜吗？

无论是暴胀理论还是主张宇宙永恒的其他理论，都不认为一个永恒的世界需要什么神秘莫测的"创生时刻"。这里没有"第一推动"的位置，也没有什么无法解释的"初始条件"。这样的一个永恒世界似乎可以符合充足理由律：它在任何一个瞬间的状态，都可以由它上一个瞬间的状态来解释；它在任何一个时刻的存在，都可以由它上一个时刻的存在来说明。这样的一个宇宙，能够把一切悬而未决的谜题都清除干净吗？

许多人觉得可以，大卫·休谟就是其中最有名的一个。休谟写了一本《自然宗教对话录》，其中的人物克里安提斯可以看做是他的喉舌。克里安提斯举出了两个证明，以论证一个永恒的世界并不需要对其存在作出解释。他首先反问："说一个事物有'原因'，就是说它在存在上有其开端，而且它之前还有别的事物，既然如此，永恒存在的事物又有什么原因呢？"休谟在这里假定了一个解释必须包含原因，而且原因要先于结果发生，而既然没有什么能先于一个具有无限历史的世界发生，这样的世界也自然就没有原因了，它的存在也就没有解释可言了。

这第一个证明有两个漏洞。首先，"因果"的概念并没有规定原因一定要先于结果。以火车头拖动车尾为例：车头的运动是造成车尾运动的原因，然而两者却是同时发生的。其次，也不是所有的解释都要涉及原因，比如解释篮球里的一条规则或者棋局里的一招变化，就不需要诉诸原因。

休谟的第二个证明漏洞较少。他（通过他的代言人克里安提斯）要读者把世界的历史想象成一个事件序列。如果世界是永恒的,这个序列就是无限的,没有最早的或者最晚的事件。这个序列中的每一个事件,其原因都可以通过在它之前的事件来解释。这样一来,每一个事件就都得到了解释,因而一切也就得到解释了。"此外还有什么难题没有解答呢?"克里安提斯问道。这个说法自然也有人反驳:就算序列中每一个事件的原因都可以由较早的事件来解释,整个序列也还是欠缺一个解释的。但是克里安提斯对此不以为然,他坚持整个序列不能超乎组成序列的个别事件之上。"在我看来,要将这些部分联结成整体,就好比将几个独立的国家并成一个王国,将几个独立的个人组合成一个团体,这都只是人心的任意作为,它既没有根据,对事物的本质也没有影响。"他的主张是,一旦所有的部分都有了解释,也就没有道理再要求对整体做更多的解释了。

以这样的观点来看,一个永恒的世界似乎就是它自身的原因,因为其中的每一个事物都是由其中的另一个事物造成的。所以,它的存在不需要外部的原因,它是"自因"的——而这个属性一般是给上帝准备的。

然而,这个证明里似乎还是缺了点什么。这个无限的世界仿佛一列有着无限节车厢的火车,其中的每一节都带动着后面的一节——只是没有车头。它还可以比作是一条有着无限个环节的垂直链条,其中的每一环都提着下面的一环。只是,整根链条又是怎么挂起来的呢?

再想象另一个无始无终的序列,它由无限本书籍构成——比如《薄伽梵歌》*吧。假设这个序列里的每一本都是一个抄写员忠实抄录出来的,和前面一本的每一个字母都一模一样。的确,这每

---

* 《薄伽梵歌》,印度教经典。

世界为何存在?
Why Does the World Exist?

这个无限的世界仿佛一列有着
无限节车厢的火车。

一本《薄伽梵歌》的内容都可以由作为蓝本的前一本来解释。可是,这个在时间中无限向后延伸的序列,为什么就非得是《薄伽梵歌》的抄本呢?它为什么就不能是别的什么书籍,比如《堂吉诃德》或者《失乐园》*呢?说到底,为什么就非得有这样一个书本的序列呢?

上面的思想实验其实是莱布尼茨的创意,它看起来还是略显虚幻,我们可以加以改进,使之变得比较科学:假设你要在某一个时刻解释宇宙为什么是它当时的样子。如果宇宙是永恒的,你就总是找得到某个时间上较早,并且和你打算解释的状态具有因果关系的状态。然而知道了这些较早的状态还不够。你还必须知道支配宇宙从一个状态演化到另一个状态的定律。

说得具体点:取宇宙的质量/能量的总量,我们叫它"质量/能量 M"。M 为什么是它现在的值?要回答这个问题,你可以举出宇宙在昨天的质能总量也是 M。可是这并没有解释 M 在今天的值,你还需要援引一条定律——在这个例子中是质能守恒定律。于是,宇宙今天的质能总量之所以是 M,是因为(1)宇宙在昨天的质能总量是 M,(2)质能既不能创造、也不能销毁。到这里,解释才算完满。

真的完满了吗?在我看来,宇宙似乎还可以有两种完全不同的面貌。第一,它可以具有一个不同的质能总量,比如 M'、而不是 M。第二,它可以具有另一条支配质量和能量的定律,比如允许质能总量在 M 和 M'这两个值之间摇摆(再借用一下《薄伽梵歌》的例子,这就好比是把这本书从梵文翻译到英文,再由英文翻译到梵

---

* 《失乐园》,英国诗人弥尔顿的长篇叙事诗,讲述撒旦和人类反叛上帝受到惩罚的故事。

文,循环往复）。直到今天,我们都还不能解释为什么会有质能守恒定律,宇宙的质能总量又为什么是现在的值。这两样似乎都是偶然的。我们也不能解释为什么非要有质能这个东西,更别说为什么非要有一条定律来支配它了。所以说,一个永恒的世界依然可能是一个神秘难解的世界。

其实对这一点,我们已经在直觉中有所了解了。就算某个事物是自因的,它的存在仍然可能没有根据。反过来说,一个实体也不是非要永恒存在才能成为其自己的原因,它可以在时间中划出一条环形的轨迹,没有开端,也没有结束。1980 年的电影《时光倒流七十年》就举出了这样一个例子:影片的主角（克里斯托弗·里夫扮演）从一位老妇那里得到了一块金表,接着他穿越时间,回到过去把那块金表交给了少女时代的老妇——几十年后,少女又将把同一块金表交还给他。问题是,那块金表是如何产生的呢？在短短几十年的存在生涯里,它从来就没有进过一家制表工厂。它没有创造者,却照样存在。它似乎同样是自因的（有物理学家把这样一个具有循环历史的物件称为"精灵",因为它和阿拉丁的精灵一样,都是自己创造了自己）。再来看一个例子:假如我回到了1797 年秋天,把长诗《忽必烈》背诵给柯尔律治*听,他满怀感激地将诗作记下出版,而我在 200 年后又读到了这首诗,并且把它背了下来。这样一来,这首诗的来源就和那只金表一样的莫名其妙了。

一只自动生成的表,一首自动创作的诗歌,还有什么比这两样更抵触充足理由律的？一个像手风琴一般不断伸缩的振荡宇宙,一个像刚刚开启的香槟一般不住冒泡的暴胀多重宇宙,还有什么比这两样更无法解释自身的？为什么会有这样一个忙碌得出奇的

---

* 柯尔律治,英国诗人,《忽必烈》据说是他在 1797 年梦中偶得。

宇宙？为什么会有任何一个宇宙，无论它是有限还是无限？

为什么不是一无所有？

间奏　花神咖啡馆的迷思

"Et pour vous, monsieur? Du café? Une infusion?"（法语，"您呢，先生？要来杯咖啡吗？"）

侍者的语气疲惫而不耐烦。毕竟时候已经不早。这儿是巴黎，时值晚冬，外面夜色沉沉，花神咖啡馆快打烊了。今天晚上对我触动很大，我需要比这个侍者的建议更有劲道的东西。我的游伴是个年纪不轻但相貌英俊的酒色之徒，名叫吉米·道格拉斯，他建议我点一种酒精和草药的混合饮料，名字我从未听过。他一个劲地说，那种饮料有保肝的功效。

那东西对他似乎真挺见效：我这位酒友虽然一辈子挥霍无度、暴饮暴食，相貌却年轻得不可思议；朋友都管他叫道连·格雷*（能够青春常驻，或许还因为他是贵格燕麦的继承人，不用为生计劳作）。20世纪50年代，他勾搭上了"可怜富家女"芭芭拉·哈顿**，在她结束和花花公子、外交官、马球明星波菲里奥·鲁维罗萨***五十三天的短暂婚姻之后，两人成为了情人。60年代，他在位于圣日耳曼法布街的豪华公寓里为披头士和滚石乐队举行了联合派对，隔壁就住着一位法国前总理。几十年后的今天，他又对我笑谈哥

---

*　道连·格雷，作家王尔德笔下不老的人物。

**　"可怜富家女"芭芭拉·哈顿，美国女富豪，私生活不幸，曾结婚七次。

***　波菲里奥·鲁维罗萨，多米尼加外交官，花花公子，芭芭拉·哈顿的第五任丈夫。

特弗里德·冯·克拉姆男爵*、南希·米福德**以及阿迦汗四世***的种种往事。他还敦促我撤离纽约，搬到巴黎居住，他说巴黎的夜总会比纽约的好，这里的微生物也使人永葆青春。

侍者端上了气味刺鼻的草药酒。我一边小口啜饮，一边环顾左右。夜色已深，这时的花神咖啡馆已经没有了萨特笔下"充实着存在"的样子。我在店堂深处的一张桌子上看到了卡尔·拉格斐****，他扎着一把标志性的马尾辫，戴着墨镜，竖着白色高领，正在和他的一位缪斯窃窃私语，后者似乎涂了黑色的唇膏。除此之外，这地方显得空落落的，一片虚无。

然而随着一声嘈杂，从前门款款走进了一个女人，她看起来有点岁数了，似乎是吉米的朋友，身边还跟着两个穿休闲套装、小白脸模样的男人。三个人咯咯笑着，磨着牙齿，在我们身边坐下，接着便叽叽喳喳地闲聊起来。那女的脸色蜡黄，像一张皮革，她的脸上挂着假笑，说起话来声音低沉沙哑，使我不由想起珍妮·摩露*。我带着些嘲讽，心不在焉地听着他们说话，但是我的精神却不由得涣散起来。

看来，到了该走的时候了。

深夜的空气阴冷潮湿。我走在返回旅馆的路上，眼睛扫过圣日耳曼德普雷教堂门前空无一人的广场。教堂建于 1 000 年前，它的一个礼拜堂内安歇着笛卡尔的遗体（至少是部分遗体——他的头颅和右手食指的去向是一个谜）。

不知道萨特当年在花神咖啡馆里奋笔疾书时,可曾感受到广场对面的笛卡尔之魂。不过在这附近徘徊的哲学幽灵可不止笛卡尔一个。在咖啡馆的正对面处,圣日耳曼大道的另一侧,就是高斯林街,它的长度只有一个街区,是圣玛格丽特街的最后遗存,圣玛格丽特街始于中世纪,到了19世纪中叶,豪斯曼男爵在将巴黎改造成现代城市时将它并入了圣日耳曼大道。几百年前,那一带还曾坐落着诺曼酒店,当年莱布尼茨造访巴黎,就是在那里度过了十分快乐的两年时光。

莱布尼茨到巴黎干什么来了?和往常一样,他的每一次出行都怀着密谋。他在1672年造访法国首都,为的是履行一项秘密的外交使命,那就是劝说路易十四出兵信仰异教的埃及,而不是同为基督教国家的日耳曼。这次出使并不成功。据说太阳王*彬彬有礼地答复他说:"至于圣战的计划,你要知道,在虔诚者路易**的时代之后,这样的远征就不时兴了。"(后来法国人侵了荷兰)

不过,莱布尼茨在巴黎的岁月也并未荒废。正是在诺曼酒店里,30岁的他(那年可算是他的奇迹年)发明了微积分(也发明了今天通用的"dx"和拉长的"S"这些符号)。也正是在那家酒店,在今天能俯瞰花神咖啡馆的那间客房里,莱布尼茨为他后来的形而上哲学奠定了基础;这个哲学体系后来不断发展,终于产生出了那个至为深刻的问题:为什么存在万物而非一无所有?

莱布尼茨和笛卡尔都是用理性主义的态度面对存在之谜的。两人最后都断定,如果我们这样一个偶然的世界有什么确定的本体论基础,那就一定是一个能在逻辑上保证其自身存在的实体。

---

* "太阳王"指路易十四。

** 虔诚者路易,即路易一世,法兰克国王,神圣罗马帝国皇帝。

他们认为,那样一个实体只能是上帝。

和这两位哲学前辈一样,萨特也是一位理性主义者。但和他们不同的是,他认为"上帝"这个概念是充满矛盾的。一个存在者要么有意识,要么没有。如果有,它就是"pour soi"(自为的),是一种活动,而不是一个物品,是"不知从哪里吹到世间的一阵风"。如果没有,它就是"en soi"(自在的),是一个固定、完整的对象。如果有上帝这样一个存在物,它就肯定既是自在,又是自为,既有意识,又是完整的。而萨特认为,两者不可能兼得。不过尽管如此,这种上帝一般的固定性和流动性的结合,却依然是人类禁不住追求的目标。人的本性既追求极端自由,又渴望绝对安全,在萨特看来,这不啻是人在渴望成为上帝。这是一种"mauvaise foi"(自欺),是一种原罪。从萨特的眼光来看,我在花神咖啡馆的那位侍者就流露出了这种倾向。"他的动作迅速而奔放,太精确了一点,也太快了一点……他的腰身弯得有一点太殷勤,为客人点单时有一点太热切……他这是在玩味,是在自得其乐。但他在玩味什么呢?我们不用观察多久就能得出结论:他是在玩味在咖啡馆里当侍者的感觉。"然而意识是根本没有本质的,没有像"侍者性"或"神性"之类的东西。因此上帝的概念是荒谬的,而人则是"一堆无用的激情"。

当我在夜色中往回走时,这些萨特式的沉思将我渐渐吞没。我经过了灯光典雅的奥德翁剧院,绕过了卢森堡公园的围墙,接着就朝我在蒙巴纳斯的酒店走去。原来,酒店离萨特和波伏娃葬身的那片公墓并不遥远(苏珊·桑塔格*也在那里长眠)。午夜过后的巴黎悄无声息,在有的街道上,你甚至能听见自己脚步的回响,

---

* 苏珊·桑塔格,美国学者、作家。

这要放到纽约是不可思议的。就在这片寂静当中,我的思维也变得清晰、有力、真切起来。

然而翌日清晨,我便再次被一阵形而上学的雾气所笼罩了。我怀疑花神咖啡馆里是不是有什么病态的氛围。现在回想,萨特的悖论太过简单,他的本体论绝望也略微夸张了一些。毕竟,莱布尼茨和笛卡尔都是比他伟大得多的哲学家,而他们两人都确信,这个由偶然事物组成的世界,这个在萨特眼中黏稠、荒谬、充斥着虚无的世界,肯定是建立在一个可靠、必然的本体论基础之上的。

到今天肯定还有严肃的思想家这么认为。但是要找到他们,我却不能待在塞纳河左岸,至少在本世纪是不行的。要寻找他们,最好的去处是一个具有中世纪修道院气氛的地方。于是,在精英咖啡馆里吃了一份奶油果酱面包和咖啡牛奶之后,我拖着行李坐上地铁,前往巴黎北站。然后,我又搭乘欧洲之星列车直奔伦敦。不过几个小时,我就已经到了滑铁卢火车站。我坐上地铁来到帕丁顿,接着又跳上了一列当地的火车赶赴牛津。从火车站出来之后,我就置身于这座耸立着沉睡塔尖的城市了。晚餐时间还早得很。

"这地方我来过。"我走在牛津的高街上,心中暗想(好俗套的想法)。不过这地方我确实来过:几个月前来参加了一个朋友的婚礼。现在是仲冬时节,正值希拉里学期＊,时间快到傍晚了,干净的阳光把一家家学院的一座座砂石房子染成了一片片杏黄。钟声在建筑物的尖顶、圆顶和纹饰上回荡开来。蜿蜒的街道、回廊、小巷和方院里,学生的身影匆匆来去。我环顾左右,感觉着四周延绵了千年的学术气息。

＊ 希拉里学期,牛津大学每年一月至三月的学期。

世界为何存在?
Why Does the World Exist?

感慨就到此为止吧。世界存在之谜的下一条线索在哪儿呢？

我知道在哪儿。几年前，有人寄来了一摞厚厚的校样要我审阅，其中有一册薄薄的书本脱颖而出，书名是《上帝是否存在？》，这个标题并不高明，这类标题的书一毛钱就能买到十几本。然而作者的履历却让我来了兴趣。作者名叫理查德·斯温伯恩，是一位宗教哲学家，奉行所谓的"自然神学"；但他又是一位科学哲学家，写过严谨的论文探讨时间、空间和因果的概念。除此之外，他显然还是一位对存在之谜相当敏感的思想家。我在他那本书的封底读到了这样的句子："有东西存在真是一件非同寻常的事，因为最自然的状态当然是一无所有：没有宇宙，没有上帝，什么也没有。然而实际上却有了什么，还有了这么多。也许依照概率是会有个把电子出现，然而宇宙中却出现了这么多的微粒！"为什么存在这样一个丰富而充足的宇宙？它为什么又具有这么多惊人的特征——尤其是它在空间和时间上的秩序、它适宜生命和意识的参数以及它适合人类生活的条件？斯温伯恩写道："宇宙的复杂、特殊和界限，都是亟待我们解释的问题。"

要解释这个世界的存在，最简单的办法莫过于假定一切都是上帝的功劳——这也正是斯温伯恩的结论。显然，斯温伯恩的这个假说算不得如何新颖。不过他的方法论倒是新意十足。他没有像安塞姆、阿奎那和笛卡尔那样，用抽象的逻辑演绎来证明上帝的存在。他运用的是现代科学的推理方法。他力图证明上帝假说至少是可能的，而且比相反的假说更有可能，因而对上帝的信仰是理性的。他曾这样写道："正是科学家用来建立各自理论的那些标准使得我们超越了这些理论，并将我们引向了一位创造出一切、维持一切的上帝。"他的每一步论证都用归纳逻辑做了细致入微的证明，对"贝叶斯定理"的运用尤其在行——贝叶斯定理是一个数学公式,描述的是新的证据如何使一个假说的正确概率升高或者降低。斯温伯恩试图用贝叶斯定理证明,目前掌握的一切证据——不仅包括宇宙的存在,也包括宇宙的有序性、宇宙演化史的规律乃至宇宙中存在恶的事实——都可以证明多半是有那么一位上帝的。从理智上说,我觉得这是一个大胆的举动。但是我知道不是每个人都同意我的看法。比如同为科学哲学家的阿道夫·格伦鲍姆,就对斯温伯恩的有神论做了不留情面的嘲讽,说它"糟糕透顶"。他曾对我说,斯温伯恩对有神论的辩护"站不住脚""漏洞很多",充斥着误导读者的"假线索""假靶子"。多年来,史格二人常常在《不列颠科学哲学杂志》等平台上往来辩论。我把他们的论战翻出来读过,觉得仿佛是在观看一局错综复杂的形而上学乒乓赛。格伦鲍姆有一次怒而质问:"为什么?为什么斯温伯恩要和莱布尼茨一样,认为存在一个宇宙这么明白的事都非要有一个'在外面起作用的原因'?"

理查德·道金斯的态度同样是怀疑——说"怀疑"还是客气的。对于斯温伯恩的上帝假说在科学上较为简洁的说法,道金斯在《上帝错觉》中也嘲讽了一番,说这个观点"在理智上放肆得叫人惊讶"。他质问道,一个生物要创造出我们这样一个复杂的宇宙并维持其运作,而且要听取所有生灵的思想并回答他们的祈祷("这需要多大的带宽!"),他又怎么可能是简单的呢?至于斯温伯恩主张的一位无所不能、无限慈爱的上帝可以和一个包含邪恶与痛苦的世界相容不悖,道金斯说这"已经不是讽刺讽刺就行的了"。他回忆起一次在电视上和斯温伯恩讨论,期间(按道金斯的说法),斯温伯恩"设法为希特勒的大屠杀辩护,理由竟然是它给了犹太人一个表现勇气和高贵的绝好机会"。听到这里,参加讨论的剑桥大学化学家、无神论者彼得·阿金斯不禁怒斥:"你该下地狱去!"

一个对宇宙做出如此大胆推断的人，一个在论敌中激起如此激烈批评的人，一定也是一个值得对话的人。斯温伯恩最近刚从牛津大学退休，之前在那里执掌诺罗斯基督教哲学教席，也是奥瑞尔学院的研究员。我费了一番力气才联系上了他，他表现得十分友善，邀我到他位于北牛津的居所去喝茶聊天。

　　于是翌日下午，我离开了高街的旅馆，沿皇后道穿过叹息桥下，走过博德利图书馆和阿什莫尔博物馆，最后来到了宽阔的伍斯托克路。我沿着这条大路走了一两英里，来到了北牛津。在离开大路寻找着斯温伯恩的住所时，我碰巧看见了一座东正教堂。我循着斯温伯恩给我的地址找到了他家，那是一座 50 年代的现代派公寓楼，边上是一排爱德华时代的漂亮砖屋。在这个社区，冬天的安静空气里居然满是鸟叫声。看来是个好兆头。

06
CHAPTER

第六章

上帝的存在需要理由吗？

上帝和简单性

"你真是不远千里而来。"理查德·斯温伯恩在家门口迎接我的时候说道。没错,我心中暗想,我的确是不远千里,从后萨特时代的巴黎来到了中世纪的牛津,从花神咖啡馆来到了一位哲学僧侣的斗室。

斯温伯恩生于 1934 年,现在虽已七十多岁,却依然身材苗条,相貌年轻。他的表情很和气,颇像一位教士,仪态也十分安详。他的额头又高又窄,顶着满头银发,说话时声音不响,略带鼻音,元音清楚,语调始终略带变化。他身上穿了一件裁剪合度的黑色西装,里面是件毛衣,下摆塞在了裤子里。

原来,斯温伯恩独自居住在一套舒适而简朴的复式公寓里。我们爬上了一段狭窄的楼梯,进入他的书房,墙壁上挂着一个十字架。他离开片刻,随后带着一壶茶、一碟糖饼干走了回来。

我说起了和他宇宙学上的宿敌阿道夫·格伦鲍姆共度一天的趣事,也说起了后者对于他的信念是如何的不屑——尤其是他那个宇宙的存在亟须解释的信念。

"格伦鲍姆误会我了。"斯温伯恩温和地回应,那样子仿佛是一位神父在跟人讨论一个棘手的教区,"他把我的观点表述成实在理应是虚无,现在却违反常理地产生了存在。然而那并不是我的观点,我的观点是建立在一条认识论的原则之上的,那就是最简单的解释也最有可能是正确的解释。"

于是我问他，为什么简单性在认识论上具有这么大的价值？

"这可以用无数个例子来证明，而且不仅是科学上的例子。"他答道，"比如有人犯了罪，抢了银行。现在有三条线索：第一，根据报告，一个叫琼斯的男人案发时就在银行附近；第二，银行的保险柜上发现了琼斯的指纹；第三，琼斯家的阁楼里发现了一家银行被劫走的钱。那么最有可能的解释就是琼斯抢了银行。我们为什么下这个结论？因为如果琼斯犯罪的假设是对的，你就多半会找到这三条线索；如果它是错的，你就多半找不到。然而与此同时，还有其他无数个假说也能与这些线索吻合，比如劫案发生时正好有人搞恶作剧，他穿着琼斯的衣服在银行附近走过；另外有一个不相干的人和琼斯有仇，于是在保险柜上印了他的指纹；还有一个人和前两个都没关系，他把另一宗劫案的赃物放到了琼斯家的阁楼上。这个假设同样可以符合那些线索，但是没有哪个律师会这样假设。为什么？因为第一个假设比较简单。科学总在寻找最简单的假说，不然科学家就绝对无法从数据中前进一步。抛弃了简单性原则，也就是抛弃了关于外部世界的所有推理。"

他神情肃穆地对我凝视片刻，然后问道："要加点茶吗？"

我点点头，他给我倒了满满一杯。

"对现实的不同描述可以根据简单与否排列顺序。"他接着说道，"从先验的立场来看，一个简单的宇宙比一个复杂的宇宙更有可能成立。而最最简单的宇宙就是一个什么都不包含的宇宙——没有对象、没有属性、没有关系。因此在考察证据之前，我们有一个可能性最大的假说，那就是一无所有而非存在万物。"

但是，我说道，这个假说虽然简单，却并未成立。说着我随手举起一块糖饼干,以表示这一点显而易见。

"没错,"斯温伯恩答道,"于是问题就变成了:什么宇宙是包括了这块糖饼干、这只茶壶、我们两个以及我们观察到的一切,而又最简单的宇宙?我主张,要解释这一切,最简单的假说就是存在一位上帝。"

这个"上帝假说是简单的"想法曾令许多无神论思想家大光其火,理查德·道金斯就是其中之一。因此,我必须对这个说法提出反驳。不过首先,我还是要和他探讨一个轻松些的话题:宇宙的历史是有限还是无限,这一点对他的上帝假说有影响吗?

"我知道,许多思想家都是透过形而上学的眼镜看待大爆炸的。"他说,"不过我倒不觉得宇宙有没有开端的问题有多重要。阿奎那*也不觉得。阿奎那认为,就哲学而言,宇宙的过去或许真是无限的,然而基督教的启示还是要求它在过去的某一时刻诞生。这只是对《创世纪》的一种读法。我们可以假设宇宙的过去真的无限漫长,而且也一直由同样的自然规律支配。但是即便如此,也改变不了'存在一个宇宙,但宇宙可能不存在'的事实。无论支配宇宙演化的定律是在有限的过去还是无限的过去中发挥作用,它们都还是同样的定律。这些定律要创造出人类,它们就必须具备相当特殊的性质。你或许会觉得,只要有了无限漫长的时间,物质就会自动组合出有意识的生物。然而事实不是这样!想象一桌子乱滚的台球,就算给它们无限漫长的时间,它们也不会组合出所有可能的图形。要让人类出现,宇宙就一定得满足某些十分特殊的条件才行。"

那么,如果我们的世界不过是数量庞大、规则不同的多重宇宙

---

* 阿奎那,即托马斯·阿奎那,中世纪基督教哲学家。

中的一个呢？其中的一些宇宙就不会自动产生出像我们这样的生物来吗？

"好吧，我知道许多文章里都提到了多重宇宙理论。"他说，"但是那和我说的也没有关系。假设每一个宇宙都生下了几个子宇宙，而这些子宇宙在许多方面都和母宇宙有所不同。那么，我们又如何确定这些子宇宙是存在的呢？只有依靠研究我们自己的宇宙，然后逆向推理，这样才能发现在某一个时刻，必定有另一个宇宙从我们的宇宙中分裂了出去。我们对于其他宇宙的了解，只能是源于对我们这个宇宙及其定律的详细研究。既然如此，我们又怎么能假定其他宇宙是由完全不同的定律支配的呢？"

或许，我指出，支配其他宇宙的定律和我们的确实相同，只是那些定律中的"常数"（决定基本力的相对强度、基本粒子的相对质量等的二十来个数字）在每一个宇宙中都各不相同。假如这些常数的值在数量庞大的宇宙中随机变化，而我们的宇宙又只是其中的一个，那么有几个宇宙的常数正好适宜生命出现，不就是意料之中的事了吗？而且，我们既然已经身为人类，就必定会发现我们这个宇宙的特征是适宜生命繁衍的，难道不是这样么？一旦明白了这个"人择原理"，我们这个宇宙调节自身以适应生命的现象不就一点都不奇怪了吗？既然如此，要解释为什么会有我们，上帝的假设也就没有必要了吧？

"好吧。"他轻笑了一声，就好像这个论点他已经听过了无数次似的，"即便真是那样，我们也还是需要找到一条定律来解释不同宇宙的常数为什么不同，它们的不同又有什么规律。你说母宇宙在生出子宇宙时，自然常数也会随之发生某种变化，如果这是最简单的理论，那么其中就又会产生一个问题：为什么多重宇宙是现在这样的？为什么它不是其他无数种可能的样子？在其他可能的多重宇宙里不会产生具有生命的宇宙。不管怎么说，我们既然已经有了一个简单的上帝假说，再要假设出数万亿个其他宇宙来解释我们这个宇宙适宜生命的特征，那就未免有些离谱了。"

可是，上帝假说真有那么简单吗？我也承认，在某种意义上，上帝或许真是我们能够想象的最简单的事物。根据神学家的定义，上帝是一个在所有正面属性上均达到无限的实体。他具有无限的力量，无限的知识，无限的善，无限的自由，而且永远存在。把一个事物的所有参数都设置成无限，定义起来的确简单。反之，要定义一个有限的存在，你就必须说明它具有如此这般的尺寸，如此这般的力量，它知道这个而不知道那个，它在过去的某个时刻开始存在，等等。换言之，你需要对一组漫长而混乱的有限数字一一澄清。

在科学中，无限也是一个好的数字，就和它的对立面零一样。无限和零都不需要解释，有限的数字却需要解释。如果你的等式中出现了2.7，有人就会问："为什么是2.7而不是2.8？"零和无限以其简单性排除了这类尴尬的问题。同样的逻辑可以应用在上帝身上：如果这位宇宙的创造者只能创造出特定质量的宇宙，再重一点就不行了，那我们就自然要质疑他的能力为何有此上限。而对于一个无限的上帝，就没有这类限制需要解释了。

这样看来，上帝假说确实具有某种简单性。不过，斯温伯恩的上帝可不单是一个无限的实体，他还要对人类的历史出手干预。他回应祈求，揭示真理，制造奇迹，有时还要以人类的肉身显现自己。这个上帝的行为是有着复杂目的的。而能够按照复杂的目的行动，不正说明了这位行动者同样是复杂的吗？我注意到，斯温伯恩自己也在一些著作中采取了这个假设。比如他在

1989 年的一篇文章中指出，人类之所以能够具有复杂的信念和目标，原因在于我们具有复杂的脑。那么上帝要完成他的那些作为，是不是也需要比人类复杂好几个级别呢？他是不是要复杂到无限的程度呢？

听到这个问题，斯温伯恩那两根高高的眉毛微微皱起，但片刻之后就松开了。

"人类需要身体才能和世界发生关系，互惠互利，要做到这些还必须有复杂的脑。但上帝不需要身体和脑，他可以直接作用于世界。"他说。

我反驳道，如果上帝是为了某个目的创造的世界、如果他对创造物有过复杂的设计，那么他的心灵就必然包含复杂的思想。因此，他的那个神性的"脑"，即便完全没有形体，也依然是一个复杂的思想载体。难道不是这样么？

"从逻辑上说，并不一定要有任何类型的脑才能具有信念和目的。"斯温伯恩答道，"上帝是不需要脑就能创造万物的。"

可是，不管有没有脑，既然他能创造万物，难道就不需要一点简单性之外的东西？如果上帝的心灵中蕴含了关于世界的一切知识，那么他内心的复杂程度，不应该至少和世界的复杂程度相当么？

"这个么……"斯温伯恩摸着下巴沉吟道，"我明白你的意思了。但是你想想，我本人就能做到许多事情而不用思考是怎么做的——比如系鞋带。"

没错，我说，但是你之所以能系鞋带，原因是你的脑中有着复杂的神经回路。

"这么说当然没错。但是我能不假思索地系鞋带是一回事，我的脑子里有这样那样的活动又是另一回事。这是关于世界的两个不同真理,而且彼此间未必有什么联系。"

我本想抗议这个古怪的身心二元论,这个认为心理过程和脑的过程彼此独立的观点,但是我生怕自己已经把他惹得不耐烦了。

"我稍微换一种说法吧。"他继续说道,"打个比方:道金斯那样的人会说,科学绝对不会提出'全'假设,比如我们形容上帝的'全知''全能'之类,在科学里是绝对不容许的。那我们就来看看牛顿的引力理论好了。这个理论认为,宇宙中的每一个粒子都同时是施者和受者,它们对外施加引力,自身也受到引力。而且,它们作为施者的能力是无限的:每一个粒子都影响着宇宙中的任何一个其他粒子,无论两者的距离有多么遥远。可见,严肃的物理学家同样把无限的能力赋予了微小的粒子。把'全'属性赋予十分简单的对象,这在科学上是相当合理的做法。"

我们显然在简单性的问题上陷入了僵局。于是,我在他的证明里挑起了别的漏洞。

上帝的形象

"在我看来,你说的上帝更像是一条抽象的本体论原则,而不是宗教信徒祈求的那个天父形象。"我说,"或许真像你说的,的确有一个极其简单的实体能够解释宇宙的存在和本质,甚至它还可能具有一些人格特征。但是要把那个实体和信徒在教堂里崇拜的形象等同起来,那就有点牵强了。今天的种种宗教显然都起源于古代的泛灵论信仰,但后来科学的解释代替了魔法,那些信仰也就变得复杂起来。但是那些原始信仰里并没有什么超越性的实体。"

"我认为这么说是错误的。"斯温伯恩的语气变得突兀，神情也有些严肃起来，"我认为超越性向来就是有的。《新约》和部分《旧约》里写到的上帝是一位全能、全知、至善的造物主。从《耶利米书》开始，你就能读出有形世界证明了上帝具有超越性的想法。耶利米讲到上帝创造了'白日黑夜的约'，他的意思是日夜的规则交替显示了造物主的可靠。这实际上就是哲学家所谓的'设计论'，这是上帝存在的关键证明之一。早期的基督教、犹太教和伊斯兰教都有这样的超越性思想，他们只是说得不多而已，因为古时候的人们关心的不是有没有上帝，而是上帝是什么样子、又做了些什么。"

　　那么，一个不在这些宗教氛围之下成长的人，为什么也要相信这样一个上帝，这样一个关心我们的行动和命运的神呢？上帝为什么就不能是 18 世纪的有神论者信奉的那个抽象疏远的神，或者是斯宾诺莎的那个非人格的神呢？

　　"是这样的，"斯温伯恩答道，"那些人的看法都没有仔细考虑造物主的无限的善。要你说，一个善的上帝会怎么做？他不可能创造出一个宇宙就对它不管不顾了。放任孩子自己保护自己的父母不是什么好的父母。上帝应该会和他的创造物保持联系，如果事情出了差错，他还会帮忙纠正。他会愿意和他的创造物交往，但又不能做得太过明显。和一切好的父母一样，他会在干预太多和干预太少之间摇摆。他会想让人类摸索出自己的命运，让他们自己判断是非，而不是一个劲地出手干预。所以他会保持距离。但是另一方面，如果原罪太多，他还是会愿意帮人对付的，尤其是那些需要他帮助的人。他会倾听他们的祈祷，有时还会应答。"

　　我提到有的哲学家认为宇宙不是由一位人格神创造的，而是产生于一条抽象的善的原则。至少柏拉图就是这个观点。

"在哲学上,柏拉图式的善的原则是非常可疑的。"他说,"但我对它的意见是在基督教的方面:我认为这样一条抽象原则没法回答恶的问题。我们知道,这个世界上有邪恶和苦难。我有一个神义论*的看法,能够解释上帝为什么允许恶行发生。我认为他之所以允许恶行发生,是因为这样才能确保善行在逻辑上的可能,因为善源于我们的自由意志。上帝无所不能,凡是逻辑上可能的事他都能做到。但是要一方面赋予我们自由意志,一方面又保证我们始终正确地运用它,这在逻辑上就不可能了。"

　　斯温伯恩停下来喝了一小口茶水。当他再度启口时,语气已经庄重得近乎宣教了:"好的父母允许自己的孩子受苦,有时是为了他自己的利益,有时是为了别的孩子。而我认为,这样做的父母有义务分担孩子的痛苦。我举一个或许有些肤浅的例子:假如我的孩子需要一种供应短缺的特殊药物,而我也恰好有足够的药物供他使用。再假如邻家的孩子得了同样的病,也需要那种药物。如果我把药物分给邻居一些,剩下的就只够勉强救我的孩子活命了。大家都认为,为了让邻家的孩子也能活命,我的孩子受一点苦没有关系。但是如果我真的这样选择,我就有义务分担孩子的痛苦。上帝也有这样的义务。如果他使我们因为善而受了苦,到了一定的程度,他就有义务和我们一起受苦了。而一条抽象的善的原则是做不到这一点的。"

　　斯温伯恩的这个论点正经严肃,我却在他的声音中觉察到了一阵欢快的颤抖,他似乎对这通辩词很是得意。

　　"再有就是基督教里的赎罪教义。"他接着说道,"如果我的孩子们对彼此做了坏事,他们就同样伤害了我,因为我已经费了许多

---

　　* 神义论,神学分支,主要探讨恶为何存在的问题。

工夫预防这些坏事发生。同样的道理，人类伤害彼此，就是伤害上帝。那么上帝会怎么应对呢？说起来，如果我们伤害了别人，我们自己又会怎么应对呢？我们会赎罪。赎罪由四个部分组成：悔过、道歉、补偿、苦修。人类伤害上帝，主要是因为生活方式的错误。这又该如何补偿呢？我们或者没有时间，或者没有意愿去过完善的生活，因而不能完全补偿自己的过失。但是如果你不方便，补偿也可以请人代劳。在基督教的教义里，耶稣过着完善的生活，是我们追随的模范。我们就算过了坏的生活，也可以献出耶稣的生命来补偿自己的过失。这样一来，上帝就会明白我们对于这些过失的重视，并宽恕我们了。这就是基督教的赎罪教义，其中有阿奎那的贡献，也有安塞姆的贡献。上帝有善的本质，所以他一定会对他的创造物有所干预。这可以说是哲学和基督教之间的桥梁。"

斯温伯恩的逻辑自有其超凡之处。"为什么存在万物而非一无所有？"的问题不仅将这位哲学家引向上帝，也一直将他引向了耶稣基督这位历史人物。

我又一次注意到了他身后墙上悬挂的那个十字架。斯温伯恩是天主教徒吗？还是英国公教的成员？

"都不是，"他说，"我是东正教徒。"

"啊？"我脱口而出，一时不知该如何应对。

不过，无论从哪方面看，斯温伯恩都不能算做一个正统的基督徒。当我再度开口，我提出了一条广为接受的神学公理：上帝在时间之外，处于永恒之中，他只要看一眼宇宙就能明白它的整个历史。在阿奎那等经院哲学家看来，这种非时间性正是上帝完善的一个表现。

"我不同意这个看法，"斯温伯恩说，"我认为《圣经》的作者们也不同意。他们心里的上帝存在于时间之中的，我也这么认为。

认为上帝的眼里有先有后、认为'他先做了这个后做了那个'的说法是有意义的,这样的思想正在重新流行起来。"

我接着问他:为什么宗教哲学家在这些基本问题上常常不能达成一致?就拿他斯温伯恩和格伦鲍姆来说,一个认为上帝假说为世界的存在提供了科学上有效的解释,一个认为这个想法是荒唐可笑的。两个人之间为什么会有这样巨大的一条形而上学鸿沟呢?

"这又是一个有趣的问题。"斯温伯恩答道,"这个现象不仅仅在宗教哲学家中存在。在任何一个你说得出名字的哲学分支里,都有这样的严重分歧。这样的分歧是有实际后果的,人们会根据哲学论辩的结果改变自己对战争伦理、死刑和其他许多伦理问题的看法。但哲学又实在是一门深奥的学问,要在人一生的有限时间里想通那些艰巨的难题,未免是苛求了。而且,我们不仅在生命上有限度,在理性上也不够完善。偏见会渗进我们的哲学思考,尤其是当这些思考关系到我们的人生时。偏见使得我们对某些论辩考察得格外小心、格外细致,对其他论辩却视而不见。许多哲学家都是在严格的宗教家庭里长大的。他们在青少年时期发现自己的宗教信仰和显而易见的知识相抵触,于是都叛了教。再后来,就算有人向他们介绍了更加可信的宗教,他们也不会再相信了。"

对于斯温伯恩,上帝不单是他敬拜、遵从的超自然存在,也是解释链条的终端。他认为,对存在之谜的探索不能越过上帝。他也不认同充足理由律,不认为任何事物都是有解释的。在他看来,形而上学的任务就是找到解释世界的合适止步点、是将实在中尚无解释的部分减到最少。而那个止步点,应该是能够包含所有证据的最简单的假说。

上帝和原始事实

不过我还是忍不住问出了上帝本身为什么存在的问题。斯温伯恩刚才也承认,绝对的虚无才是"最自然"的状态:没有宇宙,也没有上帝。而且他也认为,一个只有宇宙而没有上帝的实在——也就是一个无神论者信奉的实在——至少是可以想象的。在这一点上,他和许多神学盟友产生了分歧。从安塞姆、笛卡尔到莱布尼茨,再到今天的哲学有神论者(比如圣母大学的阿尔文·普兰丁格),每一个都认为上帝的存在是一个必然事件。他们主张,上帝和我们这个偶然的宇宙不同,他是不可能不存在的,因为他包含了自身存在的充足理由。他们甚至坚信上帝的存在可以靠纯粹的逻辑证明出来。斯温伯恩却不同意这个观点。其他哲学有神论者谈论的是必然性,他谈论的却是简单性;他认为,简单性只能使一个假说大概为真,却不能确保它肯定为真。在他看来,我们完全可以否认上帝的存在而不违背逻辑。

那么,他可不可以更进一步,主张上帝的存在是一个"原始事实"呢?

"是的,我可以。"他答道,"我也的确是这么想的。上帝的存在不但没有解释,也不可能解释。上帝具有全能的属性。在他身上发生的任何事,都是经过他的许可才发生的。所以,如果有什么东西创造了上帝,它也一定是经过了上帝的许可才创造上帝的。"

这样的推理我倒是闻所未闻:"这么说,对于上帝为什么存在,你并不困惑喽——还是你也困惑?"

斯温伯恩呵呵一笑——这次终于放开了声音:"我看没有人会认为上帝是逻辑上必然的存在,至少在安塞姆提出他的本体论证明之后就没有了。基督教有2 000年的历史,安塞姆的那个证明也有1 000年了。在神学史上,那个证明是一个糟糕而又没有必要的转折,就连阿奎那也不怎么接受它。所以,认为上帝的存在不能用纯粹逻辑推出的,不止我一个。不过我的确认为上帝是一个绝对的存在,理由是他的存在不依赖任何别的东西。在这个意义上,他在本体论上是最终的,他是一切其他事物的最终解释。"

我请斯温伯恩考虑另外一种可能,哪怕是为了辩论的需要。我请他考虑:假设宇宙的存在本身就是一个原始事实,无需上帝的维持;如果是那样,那么按照他的逻辑,宇宙本身岂不就是必然的了,因为它的存在也不依赖任何别的东西。

"正是如此!"他答道。

所以,就算上帝假说比另外那个假说(一个复杂的宇宙无端地存在着)更有可能成立,它也还是不能彻底解决存在之谜。

"我必须承认,"斯温伯恩说道,"我的内心有一部分想要确切地证明上帝不可能不存在。但是我也明白,要解释一切在逻辑上是不可能的。你可以用B解释A、用C解释B、用D解释C,但是解释到最后,你只能找到一个最简单的假说,来把现实尽量多解释一些。到这一步,解释就到头了。要我说,智力到头的地方,上帝就出现了。至于上帝为什么存在,我答不上来。"

那么,斯温伯恩的那个上帝,如果我们可以问他自己,他答得上来吗?"我就是我",燃烧的灌木丛中*,一个声音向摩西宣布。那么,这个声音有没有问过自己"我是从哪里来的?"如果上帝的存在有一个解释,那么无所不知的上帝就应该知道它。而如果他的存在真的没有解释,如果他真的是一个至高无上的原始事实,他也

---

* 《旧约·出埃及记》中记载了摩西在燃烧的荆棘中听见上帝的声音。

智力到头的地方，上
帝就出现了。

应该知道;他会知道他自身的存在是偶然的,如斯温伯恩所说,是"可能性极低的"。如果真是那样,神的心灵会因为自己战胜了完美简单的虚无而困惑不解吗?

我没有向斯温伯恩追问这个有些不敬的问题。他的好意我已经承蒙了太久,他的茶水和饼干我也享用了不少,或许还有他的才智和耐心。日头已经匆匆落下,书房的窗口也昏暗了下来。该告辞了。我对他再三道谢,他则给了我几条建议,告诉我牛津的哪几家餐厅值得在今晚光顾。

走出公寓楼时,户外的鸟鸣早已停歇。我悠然踱回干道,再一次望见了不远处那座黑沉沉的东正教堂。它的样子显得格格不入,仿佛是拜占庭入侵了北牛津。斯温伯恩告诉我,他是个领圣餐的东正教徒。那么他也在那里朝拜吗?凭他那副僧侣般的仪态和修长而略带肃穆的面容,这位牛津的科学和宗教哲学家简直可以在一幅东正教堂的马赛克画中占据一角,和其他的拜占庭神学家们比邻了:

> 哦,智者们! 站在上帝的圣火中,
>
> 一如金壁画中的圣徒……*

唔,远处传来的可是"大教堂的锣声"?

不,那只是牛津的钟声在召我归去。回到高街,我走进了斯温伯恩推荐的一家餐馆,Quod Brasserie。里面坐了半满,生气盎然,和坐落在大都市的花神咖啡馆相比,透出了一种学术式的简陋。我独占一张桌子,点了一份烟熏鳕鱼、番茄色拉、半瓶香槟和一整

---

* 此处引用的是叶芝的诗歌《驶向拜占庭》。

瓶澳大利亚西拉酒,然后一边用餐,一边心不在焉地读起了当天的《卫报》。离开餐馆时已近午夜。我沿着空无一人的高街朝旅馆走去,全身笼罩在一股弥漫的满足感之中。存在之谜什么的,暂且就不要操心了。

间奏　至高无上的原始事实

理查德·斯温伯恩解答了一个谜,但是好像又引入了另外一个。他解释世界存在的方法是假设有一位上帝创造了世界,但是他也承认对上帝本身是无法解释的。上帝能够战胜最简单的虚无,在他看来是"可能性很低"的一件事。这就是有神论者的最佳表现了吗?他只能用一个无法解释的存在、一个最高的原始事实来为宇宙为什么存在定论吗?

传统的有神论哲学家可不这么想。他们认为上帝和世界是不同的,上帝的本性就决定了他的存在,他的自身就包含了他存在的原理。他们用许多术语表达了这个意思:上帝是"自因"(causi sui)、是"自我存在"(aseity)、是"最实在的存在"(ens realissimum)、是"必然的存在"(ens necessarium)。

然而这林林总总的说法,都有办法证明吗?

以"自因"说为例,它似乎暗示了上帝用什么法子创造了自己。然而,即便是中世纪的神学家们也不会接受这种大话。他们主张没有什么东西是可以自行产生的,无论那东西的法力有多高强,它在发挥因果力量之前都要首先存在才行。

说上帝自因,其实就是在说上帝没有原因。他的存在无需原因,因为他是必然的。或者换一种说法:他的存在无需解释,因为他已经解释了自身。

宇宙学证明

那么,这样一个自我解释的存在物要如何证明呢?一个传统的方法是上帝存在的宇宙学证明。这个证明源于亚里士多德,但它最成熟的版本是莱布尼茨提出的,具体如下:

宇宙是偶然的,是有可能不存在的。既然它已经存在了,那它的存在就一定有一个解释,一定是有别的什么东西造成了它的存在。假设那个东西也是偶然的,那么它的存在就也需要一个解释,以此类推。这根解释链条要么有终点,要么没有。如果它有终点,那么链条上的最后一个存在物就必定是自我解释的。如果它无限延长,那么这整根链条也还是需要解释,它必然是由链条之外的什么存在物造成的,而那个存在物又必然是自我解释的。无论如何,一个偶然世界的存在,最终都必须由一个自我解释的存在物来解释才行。

一旦确定了有这样一个自我解释的存在物,接着再在逻辑上做些修补,就能够推导出这个存在物符合传统的上帝形象了(牛顿的朋友、英国神学家塞缪尔·克拉克给出了具体证明)。首先,我们已经指出了一个自我解释的存在物必然存在。既然它必然存在,它就一定是始终存在、无所不在的,也就是说,它是永恒的、无限的。其次,它肯定还具有强大的力量,因为它能够使一个偶然的世界存在。此外,它还一定具有智慧,因为智慧存在于世界之上,因此也一定存在于世界的原因之中。又因为它是无限的,所以它一定无限强大、无限智慧。最后,它在道德上也一定是完善的,因为他具有无限的智慧,所以不会不明白什么是善;又因为他具有无限的力量,所以一定能够实践善举,不会力不从心。

上面的推理是为了显示宇宙学证明推出的必然存在一定是一个上帝般的存在,显然,这个推理是充斥着谬误的。那么宇宙学证明自身呢?它又有多大的效力呢?莱布尼茨的目的其实是从偶然推导出必然:如果有一个偶然的世界,如果一切都有解释,那么就一定有一个必然的存在者来解释这个偶然世界的存在。他的大前提是合理的:的确有一个世界,它看来也的确是偶然的。但是他的小前提、也就是他那个著名的充足理由律,看起来就比较可疑了。就连斯温伯恩也不认为任何事物都是有解释的。而一旦没有了这个小前提,整个宇宙学证明就崩溃了。

有效与否暂且不论,宇宙学证明还有一点古怪:它的逻辑是从经验的前提出发(我们对于真实宇宙的经验),推出一个必然的存在。然而,如果真有这样一个必然的存在,我们又何需用经验的前提来推导其存在呢?为什么就不能通过纯粹的逻辑直接推出它的存在?

凑巧的是,还真的有那么一种名声不佳的论证是这样来推导上帝存在的,它叫做"本体论证明"。和宇宙学证明不同的是,本体论证明不以世界的存在为前提,也不必假设万物都需要解释,而是完全依靠逻辑来证明上帝的存在。它主张,上帝的存在是逻辑的必然,因为他在一切方面都是完善的,而存在又比不存在要完善。

本体论证明

本体论证明的提出者是 11 世纪的圣安塞姆,他是一位意大利教士,后来成为了坎特伯雷大主教。据说这位教士是在一次晨祷时想到了这个证明的梗概。他的推理如下:按照定义,上帝是我们能够想象的最伟大、最完善的事物。权且假设上帝只是思想的对象只存在于我们的想象之中，那么我们就可以另外想象出一个对象，它和上帝在别的方面完全相同，除了一样，那就是它也存在于现实当中。由于存在于现实之中比存在于想象之中高明，所以这个另外的对象就要比上帝伟大——然而这个结论是荒谬的，因为上帝已经是最伟大的了。由此反证，上帝的不存在，在逻辑上是不可能的。"因此您的存在确凿无疑，我的主，我的上帝，您的不存在不可思议。"安塞姆就这样结束了他的证明和祷告。

本体论证明有效吗？就连信仰上帝的人，或许也会觉得它太过理想了。阿奎那不接受它。笛卡尔接受，但是表述的方法略有不同。莱布尼茨觉得它还需要一个额外的前提，那就是上帝是一个可能的存在者，他也轻松地给出了这个前提：他指出上帝的各种完善属性彼此相容、没有矛盾。叔本华则拒绝本体论证明，说它不过是一个"迷人的笑话"。罗素倒是在自传里写到了他年轻时如何被这个证明打动的故事：

> 我清楚地记得 1894 年的那一瞬间。当时我正走在三一巷上，忽然灵光一闪（我觉得是闪了一下），觉得本体论证明是有效的。我刚出门买了一罐烟草，正在回去的路上，我一下子把罐子抛到空中，惊呼了一声："老天！本体论证明是成立的！"

在后来的哲学生涯中，罗素意识到本体论证明毕竟还是无法成立的。不过他也承认："要感觉它肯定错了容易，要指出它错在哪里却难。"

罗素后来的观点得到了当代反神论者的支持，不过他们对本体论证明的批评却往往流于嘲弄。比如,理查德·道金斯就在《上帝错觉》一书中将本体论证明斥为"幼稚",说它"玩弄辞藻",然而他却懒得找出这个证明里的逻辑漏洞。在他看来,"关于宇宙的伟大真理居然来自一套文字游戏",除了说它荒谬可笑之外,实在没什么好说的了。

可是,本体论证明究竟错在哪里?安塞姆的推理,归纳起来有下面几条:

1. 上帝是可以想象的最高存在者。2. 实际的存在者比想象中的存在者高。因此:3. 上帝存在。

前提(1)没有什么好争论的,因为它体现了上帝的定义。前提(2)就有点蹊跷了。实际的存在,究竟比想象中的存在高出多少呢?比如我是实际存在的,设想有一位冰淇淋国的皇帝,我又比那位皇帝高多少呢?

我们来花点时间思考一下"只在想象中存在"是什么意思。这个说法虽然时有耳闻,但是如果照字面意思解释,它就会得出十分奇怪的结论。它暗示某个事物是真实的,但是只局限于一小块区域——我们的脑袋。表面看,这个局限于人脑的存在物是要比能在宇宙中显形的存在物低一等。但这么看是不对的:存在于我们头脑中的并不是事物本身,只是事物的观念,而观念和实物是截然不同的。(比如实际的独角兽可以骑,观念的独角兽却骑不了。)说一个东西"只在想象中存在"只是一种修辞,并不说明这个事物真的以某种有限的方式存在着。它实际的意思是:我们的头脑里有一个特定的观念/概念/意象,而这个观念/概念/意象并没有真实的事物与之对应。一个上帝的观念并不是一个不怎么完善的上帝,正如一幅水果的画并不是一只缺乏营养的水果。

我们再来换一种逻辑,权且把"想象中的存在"抛到脑后,单单承认存在比不存在完善。这样一来,具有一切完美属性的上帝就肯定存在了,不是吗?那么安塞姆的推理又有什么错呢?

对本体论证明最著名的反驳来自康德。康德宣布"存在"不是一个真正的谓语。换言之,"存在"并不是事物的一般属性,像"是红色"或者"有智慧"之类。凡是拒绝本体论证明的人都会引用这个反驳,比如道金斯。如果存在压根就不是一个属性,那么它也就谈不上是完美的属性了。

康德的这个"存在不是谓语"的宣言能够成立吗?某种意义上,"存在"的确是一个奇怪的属性:它是普遍的。和"是红色"或者"有智慧"不同,它是所有事物共有的。举一个不存在的东西好了。圣诞老人?说"圣诞老人不存在"并不是为某个实体赋予了"不存在"的属性,而只是说没有什么东西符合"心宽体胖、和精灵一起生活在北极、在圣诞夜向全世界的孩子分发玩具的男人"这些描述。就连"有一样不存在的东西"这个说法,都是自相矛盾的,因为"有一样……东西"所宣称的,正是"不存在"所否定的。

为什么存在是一种普遍具有的特征,它就没有资格成为一个属性了呢?这一点并不清楚。但是康德在说到"存在不是一个真正的谓语"时,他考虑的却是另外一个意思。他似乎是在表示,存在无法为一个概念添加什么内涵。他这样写道:"真实的一百块钱并不比可能的一百块钱多一个分币。"接着又补了一句:"然而真实的一百块钱对我的经济状况的影响,可要比一百块钱的概念大多了。"

康德的这个想法当然没错。就拿"美国参议院目前的成员"这个概念来说。这个概念的外延正好有 100 个人。假设给这个概念添加上"存在"这一属性,得到"美国参议院目前存在的成员"。再一看,新概念的外延是和旧概念完全是相同的那 100 个人!

所以说，在一个概念中加上"存在"，并不能使它增添一丝重量，也不能为这个概念定义的对象增加一点存在的几率。要不然，我们只要下一个恰当的定义，就可以使任何神奇的事物由不存在变为存在了。这个观点是由圣安塞姆最早的批评者、同处 11 世纪的教士高尼罗提出的。高尼罗指出，如果安塞姆的逻辑正确，我们就大可以证明大洋某处肯定存在着一座完善的"迷失岛"，因为真实存在必然是这座岛屿的完善属性之一。

那么从逻辑的角度来看，否定上帝的存在会造成什么结果呢？我们权且采取圣安塞姆的正统神学立场，把上帝定义成一个无限完善的存在者吧。我们还要另外给他一点偏袒，把"存在"也写进上帝的定义中去：

x 是上帝，当且仅当 x 无限完善，而且 x 存在。

于是"没有上帝"就可以翻译为：

没有一个 x，使得 x 无限完善，而且 x 存在。

然而这又等同于：

对于每一个 x，都有 x 并非无限完善，或者 x 不存在。

这个命题并不包含自相矛盾。实际上，它在一个所有实体都并非无限完善的世界里还是一个真命题——而且根据无神论者的说法，我们正是生活在这样的一个世界里。

不过，安塞姆之所以觉得否认上帝的存在是自相矛盾的，还是有他的道理。他认为我们口中的"上帝"不仅仅是一个描述（无限完善的存在者）的简写，它还是一个名称。如果上帝因为无限完善而存在，那它又怎么可能不存在呢？

要明白这种思考方式的漏洞，我们来考虑一个结构类似的描述:最老的活人。假设我们把这个最老的活人称为"玛土撒拉＊"（别管他的真名叫什么）。再试问:玛土撒拉活着吗？他当然活着了。因为按照定义,他就是个活人嘛,所以怎么可能不活着呢？但是,如果玛土撒拉不可能不活,那么他就不可能死。于是他就成了个长生不死的人！把一个名字贴在一个定义上,就是会引起这样的逻辑灾难。

可见,在经典的安塞姆意义上,本体论证明是无效的。即便上帝的定义之中已经包含了存在,那也不能说明就有一个存在物能够满足这个定义。那么事情就到此为止了吗？

不,似乎还没有。近几十年,本体论证明又以一种更强的形式卷土重来。这个新版本仰仗的是一种圣安塞姆做梦也想不到的新型逻辑:模态逻辑。它和普通逻辑相比效力更强。普通逻辑研究的是"是不是",模态逻辑研究的却是"该不该""会不会"以及"可不可能"——这是一套比普通逻辑强大得多的概念。

模态逻辑是由 20 世纪的几位顶尖逻辑学家发明的,其中包括库尔特·哥德尔和索尔·克里普克。哥德尔提出了大名鼎鼎的"不完备性定理",也正是他在模态逻辑中看见了复活、强化本体论证明的希望。这个念头他似乎在 40 年代初就有了,但是公之于世却是他在 1978 年逝世前的几年（他是绝食死的）。哥德尔本人相不相信他那个版本的本体论证明,我们不得而知,但是他对上帝的存在显然是抱着开放的态度。他曾经指出,"纯粹理性地说",有神论的世界观是可以和"所有已知的事实"相容的。

哥德尔不是唯一注意到模态逻辑的神学应用的人。除他之外,还有几个哲学家也独立提出了安塞姆论证的现代模态版本。

＊ 玛土撒拉,《圣经》中的长寿人物,活了九百多岁。

其中最有名的是圣母大学教授阿尔文·普兰丁格。普兰丁格用纯粹逻辑的方法证明上帝的存在，影响很大，就连《时代周刊》都对他投去目光，刊文称赞他"坚定不移的理智主义"，还称他是"研究上帝的首席哲学家"。

对于上帝存在的模态本体论证明可以是技术繁复、令人生畏的。比如哥德尔就用一系列形式化的公理和定理来表述这个证明，普兰丁格也在论文《必然性的本质》中花大量篇幅铺陈了证明的细节。不过，这个证明的要点却还是能够以相当简单的形式表达出来。

这个证明首先主张，一个真正伟大的存在者，其伟大是不会为偶然因素所影响的。这样一个存在者不仅现在伟大，就算环境和现在有所不同，它也一样伟大。以这个标准来看，拿破仑并不是真的伟大，因为他可能在童年时期患上流感，死在科西嘉岛，无法长大成人征服欧洲。甚至，他的父母当初要是改变了性生活的时间，他就可能根本不会存在了。

一个绝顶伟大的存在者，它的伟大在所有的可能世界中都达到了无以复加的地步。这样一个存在者要是存在，它就一定是全知、全能、至善的。而且没有一种可能的事态可以使这些绝顶的特质有分毫减损。因此，这样一个存在者不会只是偶然的，不会像拿破仑那样只在某些可能世界里存在。如果真有这样一位绝顶伟大的存在者，它就一定必然存在，在每一个可能世界里都存在。

简略起见，我们就把这个绝顶伟大的存在者称为"上帝"好了。说到这里都没什么问题。接着要紧的来了：那么上帝存在吗？"多半是不存在的。"像理查德·道金斯那样的无神论者会说。但是连道金斯也得退一步承认，上帝虽然多半不存在，但是存在一位上帝至少是可能的——就像太空里有一把围绕太阳转动的茶壶是可能的(虽然可能性很小)一样。

然而这却是无神论者的一次致命让步。承认了可能有一把围绕太阳转动的茶壶，就等于承认了在某个可能世界里真有一把茶壶围绕着太阳转动。同样的道理，承认了上帝可能存在，也就等于承认了在某个可能世界里真有一位上帝。而且上帝和茶壶毕竟不同：根据定义，上帝是一位绝顶伟大的存在者。不同于茶壶，他的伟大在不同的可能性中是恒定的——他的存在亦然。因此，如果上帝在某个可能的世界中存在，他就必然在所有可能的世界中都存在——其中也包括现实世界。换言之，如果上帝可能存在，他就必然存在。

这就是模态本体论证明得出的结论，相当激动人心。这也是一个完全有效的结论，至少在模态逻辑的框架内是如此(具体地说，它在模态逻辑学的行话称为"S5"的体系内是有效的)。它正如普兰丁格所说，"没有违背逻辑定律，没有造成概念混淆，也完全经得住康德的批评。"

和安塞姆的本体论证明不同，这个模态版本并未将存在当做一个谓词或者一种完善的属性。它的确是把必然的存在当做了一种完善的状态，但这完全是合理的。"存在"并不是什么了不起的属性——毕竟这个属性是随便什么东西都有的——但是"必然存在"就显得很了不起了。说你必然存在，就等于在说你的存在不依赖于别的事物，你的存在无可阻挡，你杜绝了被消灭的可能。最后，模态的本体论证明还有一个不可谓不重要的优点，那就是它有希望解答"为什么存在万物而非一无所有"的问题。它认为，如果上帝是可能的，那他就是必然的——再进一步，虚无就是不可能的了。

那么，上帝究竟是可能的吗？或者用模态本体论证明的术语来说,绝顶的伟大能够找到实例吗?我们不妨稍微考虑一下"绝顶伟大"是什么意思。一个绝顶伟大的存在者是这样一个存在者:它只要在一个可能的现实中存在,就一定在所有的现实中存在。和它相似的有这样存在者:如果它可以在世界上的某处找到,它就可以在世界上的任何一处找到,包括此处;还有这样的存在者:如果它在历史上的任何一个时刻存在,它就一定在历史上的所有时刻都存在,包括此时。照此类推,一个绝顶伟大的国王是这样一位国王:如果他在宇宙的任何角落拥有一个王国,他就统治了整个宇宙。一个绝顶伟大的人,只要他曾经活过,就永远不会死去。

显然,绝顶的伟大远远超出了我们熟悉的领域。那么我们又该如何知道这样一个东西可不可能呢?哥德尔设计了一个巧妙的论证来证明绝顶伟大的存在者在本质上不是自相矛盾的(在"最大的数"是自相矛盾的意义上)。他也因此推断这样一个存在者在逻辑上是可能的。而既然可能世界的范围覆盖了一切逻辑上的可能,那么其中就必然有一个世界包含了一个绝顶伟大的存在者。而如果这样一个存在者在任何一个可能世界中存在,那它就必然在每一个可能世界中存在——包括我们的世界,这个实际的世界。

不过,有一件事却会让本体论证明的拥趸们高兴不起来:上面的证明反过来也同样成立。说绝顶伟大的存在者不存在,在本质上同样不会造成自相矛盾。就连普兰丁格本人也为"没有绝顶伟大的存在者"这个属性起了个名字,叫"非绝顶性"。而且根据逻辑,一定有这样一个可能世界,在其中可以找到非绝顶性的实例——也就是说,其中是没有绝顶伟大性的。可是,上帝一旦在某一个可能世界中缺席,他就会在所有的可能世界中缺席——尤其是他也会在这个实际的世界中缺席。

真相到底是哪个?同样在模态逻辑的框架内,我们要是接受上帝可能存在的前提，就必须接受他必然存在的结论。反过来说，我们要是接受上帝可能不存在的前提，就必须接受他不可能存在的结论。这两个结论不可能都对。从纯粹逻辑的角度来看，上帝存在的可能并不比上帝不存在的可能更有说服力。难道说，我们只能靠抛硬币来决定接受哪一个前提吗？

鉴于这个有力的反证，普兰丁格也不得不有所退让，承认"一个正常有理性的人"很可能不接受"一个绝顶伟大的上帝是可能的"这一前提，至于"狡猾的无神论者"，更是会对它断然否认。而一旦没有了这个前提，那个本体论证明的现代版本也就自然随之瓦解。不过普兰丁格还是主张接受这个前提，以满足"简化"神学的需要——这就好比接受一个听起来离谱的量子理论前提，是为了简化物理学的需要。

然而模态本体论证明的批评者是不会让步的。牛津大学的哲学家（也是坚定的无神论者）约翰·麦基指出："'可能有那么一个无比伟大的东西'，这个前提表面上看确实没什么问题。"但是他接着就警告说，它实际上却是包藏祸心的："只要还没有相信传统的有神论是正确的，那么任何人都有权拒绝这个关键的前提。"他由此写道，这个证明虽然"在逻辑上是一番有趣的怪论"，但是"作为有神论的论据却毫无价值"。

这里面还隐藏着一个更深的问题："为什么存在万物而非一无所有"的问题，是单凭逻辑就能回答的吗？纯粹的思想能够保证实在必然压倒虚无吗？罗素认为："每一个哲学家都会说能的。因为哲学家的工作就是用思考而非观察来解释世界。"他还补充说，如果"能"是正确的答案，那就必然有一座从纯粹思想通往具体存在的"桥梁"。

那么，这座用本体论证明架设的桥梁有多么坚固？证明中主张的上帝是一个必然的存在者,他的存在是一个纯粹逻辑的真理、一个重言式*。然而重言式都是一些空洞的命题,它们的真假和实在的真实面貌没有关系,因此并没有解释实在的功能。

那么,这样一个重言式的神怎么可能成为我们周围这个偶然世界的源头呢?一个重言式又如何行使自由意志,创造出这么一个世界来呢?在必然性和偶然性之间架设桥梁,可并不比在虚无和存在之间架桥梁容易多少。

显然,理查德·斯温伯恩主张的上帝和本体论证明中的上帝并不相同。斯温伯恩的上帝不是纯粹逻辑的产物。他具有超越任何重言式的自由意志。他存在于时间之中。他甚至算不上绝顶伟大,至少没有本体论证明所要求的那样伟大,因为他虽然全知,却也有限度,比如他没法预知我们这些造物会如何运用我们的自由意志。对于一个偶然的世界,他的确是合适的本体论基础。然而他本身却缺乏本体论基础。他的本质中并不包含存在,他的存在也不是逻辑的必然。他完全可能不存在。这个世间完全可能没有上帝,什么都没有。

斯温伯恩之所以假设这样一个上帝,据他自己说是因为这是解释世界的存在及其存在方式的"最简单的止步点",因为上帝假说可以把现实中不能解释的部分压缩到最小。然而斯温伯恩在假设出一位上帝的同时,也加入了一个没有解释的新元素。康德说得对:上帝存在的宇宙学证明,只有靠本体论证明的支撑才能成立。一旦本体论证明失效,上帝就不再是一个必然的存在者,也因此不再是一个自我解释的存在者了。这样一来,小孩子那个看似天真的提问"可是妈妈,又是谁创造了上帝?"就依然是有效的了。

---

* 重言式,即同义反复,如"单身汉都没有结婚",重言式都是必然为真的命题。

不仅如此,其中还会产生一个引人入胜的新问题:有没有什么更加深刻的解释能够同时涵盖世界和上帝(如果有上帝的话)? 解释到底可以进展到多么深刻的地步?

我听说,在牛津一带还有一个人有资格回答这个问题。但是在向他求教之前,我自己好像还有一些事情需要解释。

07
CHAPTER

第七章

在多重宇宙中同时
并存的我们

我们对世界的解释，会不会是没有限度的？实在会不会是可以透彻理解的？再进一步，实在会不会已经决定了它自身是可以理解的？

你或许会说，这说法完全是一派空想，是一场认识论上的白日梦；只有傻子才会相信，实在会把一切秘密透露给我们这些居住其间的生物。

不过，我倒是知道有一个住在牛津一带的人真的相信这个，而且他也绝对不是个傻子。他的名字叫大卫·多奇，在许多人看来，他是当今的一位极具魄力且才华出众的科学思想家。曾经有一位资深记者这样写他："多奇对于实在是什么、什么东西存在、它们为什么存在的问题热情十足，在这方面，我不记得有别的科学家能超过他。"除了热情，多奇还有一项杰出成就也值得推崇：1985年，他证明了一台通用量子计算机在理论上是可能的——有了这样一台计算机，就能模拟物理上任何可能的现实了。

用计算机笼络量子力学的古怪威力，这个想法并非始于多奇。大约在20世纪80年代初，理查德·费曼就提出了这样的创见。当时的多奇刚从剑桥大学毕业，他主修数学，但是表现不佳，差点连学位都没拿到，毕业之后他来到美国，求教于约翰·惠勒和布莱斯·德威特等杰出物理学家。

多奇研究了量子场在弯曲时空中的行为，并在这个过程中迷上了量子力学的"多世界"解释。这个解释是休·艾弗雷特三世在

50 年代提出的。当时的艾弗雷特还是普林斯顿大学的研究生,后来去五角大楼做了战略规划师,1982 年与世长辞。按照他的解释,我们的宇宙只是数量庞大、形形色色的宇宙当中的一个。这些为数众多的宇宙组成了所谓"多重宇宙"(multiverse),正是它们之间幽灵般的互动,才产生了种种用其他理论无法解释的量子现象。

多奇想到,要是把量子力学应用到计算机科学,结果将会怎样呢?能不能诱导多重宇宙中的所有平行宇宙展开合作,共同完成一次运算?

他把研究的出发点定为了经典的可计算理论。那是"二战"爆发之前由英国人阿兰·图灵发明的理论。图灵提出了一种程序,它可以在一台"通用"计算机上运行,而这台通用计算机又能够精确模拟出任何一台专用计算机的输出。多奇把图灵的理念用量子力学的术语做了重新诠释,也由此为图灵的通用计算机概念构造出了一个量子版本——在其中,图灵的"通用计算机"变成了"单量子算子"(行话叫"哈密顿算符"),它可以发挥任何一部计算机的功能,无论是目前使用的传统计算机,还是费曼构想的量子计算机,只要是可以想象的运算机器,它统统可以代劳。多奇的通用量子计算机还有一个非凡的特性:从原则上说,它可以模拟任何在物理上可能的环境。它就是那台无比强大的"虚拟现实"机。

提出这个想法的时候,多奇才 20 岁出头(他 1953 年生于以色列),事后回忆,他却轻描淡写,说那个证明量子计算机可能成立的论辩"挺直白的"。他后来去加州理工向理查德·费曼介绍了自己的构想。当时的费曼已经罹患癌症,到 1988 年不治身亡。两人会面,多奇刚刚在黑板上写下证明的开头部分,抱病的费曼就从座椅上一跃而起,多奇吃了一惊,眼睁睁地看着他抓起粉笔,写完了证明的剩余部分。

在多奇看来,通用计算机不啻是理解实在的一把钥匙。这样一台机器能够生成一切物理上可能的世界,因此也将是物理知识的集大成者。单凭这一台装置,我们就可以对量子多重宇宙的任何部分做出精确的描绘或模拟。而且,这样一台机器是可以建造出来的。多奇进一步推断:既然它可以建造出来,那么在多重宇宙的某个地方,它就已经建造出来了。宇宙间确有全知的力量!

在多奇看来,这样的跳跃的推理一点不显得牵强。从美国回到英国之后,他接受了牛津大学克拉伦敦实验室的任命,在那里当起了研究物理学家。1997 年,他以一本《真实世界的脉络》阐发了自己的世界观。书中认为,要对实在获得深入的科学理解,单有量子力学和计算理论是不够的,另外还要加上演化理论(他把理查德·道金斯奉为智力楷模)。他还宣称,生命和思想决定了量子多重宇宙的基本结构。星座和星团之类的物理结构随着宇宙的变换而随机变换,然而头脑之中体现的知识结构,却因为一律是在演化中产生的,所以在不同的宇宙之间相差无几。从量子多重宇宙的整体来看,意识是一种影响深远的排序法则,仿佛一枚巨型晶体。

显然,多奇力求对他所谓的"真实世界的脉络"有一个完整的理解。那么,这个完整的理解中会包含存在之谜吗?它能够回答"为什么存在万物而非一无所有"吗?我兴致勃勃地想要探个究竟。我十几年前就在《华尔街日报》上评论过多奇的那本著作,现在回顾,依稀记得是给了好评。要接待我这样一个书迷,我想他应该是愿意的,尤其是这个书迷还要千山万水地赶去牛津赴会。于是我给他发去了一封电邮,不止介绍自己,也提到了多年前我在美国对他的大作发表的赞誉。

"我刚在谷歌上查了查,"多奇回复道,"就是说我'文风傲慢、逻辑跳脱'的那一篇么?"

糟糕。看来是我的记性出了差错。我自己也在谷歌上找到了那篇书评，他说的那句是这样写的："尽管文风傲慢、逻辑跳脱，但多奇的著作处处透出新颖，对于虚拟现实、时间、时间旅行、数学的确定性和自由意志，书中都提出了颠覆旧说的洞见。"全句读完，并不算坏。在书评里，我还说多奇"疯狂又恶劣，结交需谨慎"——这原本是形容拜伦的句子。我又给他发去了一封邮件，指出这句评语有点玩笑意味，看似贬低，实则恭维。

多奇再次回复："依我看，拜伦真的是疯狂又恶劣，结交他也真的需要谨慎，尤其因为他的思想刻意潦草。所以我不觉得和他相提并论算是恭维。"

事情不妙。根据我的经验，如果圆滑和奉承都不成功，就只有卑躬屈膝或许还能奏效了。于是我忙不迭地赔罪，哀求他能见我一面。

"没问题，我挺有兴趣和你聊聊。"他回复道，"但是有一个条件：请告诉我《真实世界的脉络》中，第一步逻辑跳脱出现在何处，第一处令你觉得文风傲慢的地方又是哪里。"

幸好，我把当初那份书评的校样也一并带到了牛津。我的旅馆坐落在逻辑道附近的高街上，客房仅斗室一间，我花了一下午藏身其中，提心吊胆地看着自己多年前在页边空白处写下的评语，想要从这些潦草的字迹中解读当年的心意。终于，我找到了一处我所认为的"逻辑跳脱"：多奇的"图灵法则"表明，物理上可能的运算步骤是没有上限的，由此推断，宇宙必然会在一场大挤压中塌缩——因为，只有这样激烈的下场，才能为无限的运算提供无限的能量。多奇于是结论：我们的宇宙必将迎来这样一场大挤压。可是在我看来，这个结论肯定错了。最新的宇宙学证据表明，我们这个宇宙的命运恰恰相反，它非但不会塌缩，反而将不断膨胀并最终

世界为何存在？
Why Does the World Exist?

扩散成一片寒冷的虚空。如果多奇的逻辑推出了相反的结论，那其中的某处就势必有一个未经证明的跳跃。

我在电邮里向他说明了这个意思。他承认我的批评有点道理，但是他又提到，我批评的观点是出现在书中相当靠后的地方。"这第一个逻辑跳脱，会不会是到了最后一章才出现的？"他这样问我。

不过他还是颇有雅量，邀我上门喝茶。我蓦地里有点多心，怀疑他会在茶水里下毒——作者报复无礼的书评人，谁曰不宜？——但犹豫片刻之后，我还是接受了邀请。

原来多奇住的不是牛津，而是牛津附近一个名叫海丁顿的村子。一位牛津的朋友告诉我说，J. R. R. 托尔金*和以赛亚·伯林**都曾在这个村里安家。我打定主意，徒步前往。穿过查威尔河上的玛格德林桥时，我稍作停留，俯瞰几个学生泛着平底舟懒懒地顺流而下。到了牛津城外，我又绕过一个中央环岛，循着蜿蜒的公路爬上了一座小丘。公路的一边竖着一道模样古旧的石墙，一个女人骑着自行车从我身边经过，车上捆着一段原木、几根树枝，我看了不由想起电视剧《双峰》中的"枯木妇人"。又走了一两英里，地势渐渐平缓，我看见前面有几座相互簇拥的小砖房，一家名叫"你好咖啡厅"的餐馆，还有一家多米诺比萨连锁店。这里就是海丁顿了。

我照着多奇给我的地址找到了一座两层小屋。它隐藏在几株枝杈横生的树木后面，屋前垂着三面国旗——英国、以色列和美国。屋外扔着一个旧电视机。我按了按门铃，没响。我又弯起指

---

* J. R. R. 托尔金，英国奇幻作家，著有《指环王》系列等。

** 以赛亚·伯林，英国思想家，著有《俄国思想家》等。

节,在磨砂玻璃上敲了两下。

片刻之后门开了,应门的是个男人,长相却是个男孩,他的模样实在年轻,两只眼睛大得像是鼹鼠,皮肤白得几乎透明,一头雪白的长发垂在肩上。在他身后,我看见了几大摞快要烂掉的纸,几把坏掉的网球拍,还有其他的零碎东西。我对多奇的禀性早有耳闻,就像一位科学记者所说的那样,他"为不修边幅设立了国际标准"。但是看眼前的情形,我觉得他更像在搞室内堆肥。

他招呼我进门,然后带我穿过一堆堆垃圾,走进了一个房间。房间里有一台大电视,还有一辆健身自行车。沙发上坐着一个年轻女子,她相貌姣好,一头金发略带红色,看起来简直像个少女,她正吃着一盘通心面和奶酪。多奇管她叫"罗莉"。罗莉在沙发上挪了挪,给我腾出了一块地方。我总算是和多奇说上话了,虽然那气氛有些低落。

"为什么存在万物而不是一无所有?"多奇说道,"我对这个问题的了解大概仅限于那个笑话吧。是怎么说的来着?哦对了——'就算真的一无所有,你也一样会发牢骚的!'"

我告诉他这个笑话来自西德尼·摩根贝塞,一位去世没有几年的美国哲学家。

"我没听说过这人。"他说。

可是,他怎么能对存在之谜这样漫不经心呢?他可是相信有不止一个世界的啊。根据他的观点,实在包含了一组数量庞大的世界,它们平行地存在着,共同构成一个多重宇宙。这个多重宇宙之于他,就相当于上帝之于斯温伯恩——它对我们观察到的周围世界,尤其是对量子力学的奇异现象,提供了最为简单的假设。如果多奇想得没错,支配多重宇宙的物理定律真的决定了它们自身可以理解,那么,它们就不该决定了整个实在也是可以理解的吗?

"我觉得实在不可能有一个最终的解释。"他摇头说道,"但是这并不代表我们对于实在的解释是有限度的。我们永远不会撞上一堵砖墙,上面写着'在此之后没有解释'。另一方面,我觉得我们也不会找到一堵砖墙,上面写着'这是万物的最终解释'。实际上,这两堵砖墙差不多是相同的。假如你真的掌握了那个最终解释——其实是不可能的——那跟着就会出现一个新的哲学问题:为什么这是最终的解释?为什么实在是这样而不是那样的?这个问题你永远答不完——等等,水好像开了!"

他走进厨房。罗莉冲我微微一笑,继续吃她的通心面。

过不多久,多奇手里拿着一个茶壶和一盘饼干走了进来。我问他是否对多重宇宙的存在有哪怕一丁点困惑。对他而言,"为什么存在万物而非一无所有",这到底是一个深刻的问题还是根本就问错了?

"嗯……"他的手指按上了太阳穴,"是一个深刻的问题……还是问错了呢……这么说吧,我不能排除实在可能真的有它的根基,但是就算那样,那个根基又为什么是根基呢?这个问题还是无法回答的。"

他抿了口茶,继续说道:"就拿那个'第一因'证明来说吧。那个证明认为,世界的存在一定要用某个最初的事件来解释。这简直是死脑筋嘛!认为一切事件都由时间上更早的事件引起,这种想法根本就不合逻辑,也不算是解释。你完全可以想象这样一种解释:在其中,一个事件是由发生在不同时间的几个事件引起的,过去的将来的都有。你还可以想象那样一种解释,它根本与时间无关,甚至与原因无关。你真正要回答的问题,不是以前发生过什么,而是某个事物为什么是它现在的样子。"

我小心翼翼地喝下一小口茶水——看来没有下毒。

多奇接着说道:"什么是'解释',我们不可能下一个一劳永逸的定义。实际上,科学解释上的重大进步,往往也会改变'解释'的意义。我最喜欢举的例子就是牛顿—伽利略革命。这场革命不仅产生了新的物理学定律,也改变了'什么是物理定律'的观念。在那之前,定律只管叙述发生了什么,比如开普勒定律就叙述了行星是如何沿着椭圆轨道围绕太阳转动的。可是牛顿的那些定律不同,它们不是关于行星或者椭圆的,它们是任何类似系统都会遵守的规律。这完全是另外一种解释,在他之前没有人想到过,也根本不会把这当做一种解释。过了两百年,达尔文又发动了另一场解释革命。在他之前,有人问到'这种动物为什么是这个形态'的时候,他们希望回答的人能就这种形态的性质说上两句——比如它是高效的,是上帝喜欢的,等等。可是在达尔文之后,这个问题的答案就不再关于这种形态的性质了,而是关于这种形态是如何演化出来的。这同样是一种新型的解释。"

多奇在说话的时候来回踱步,我却坐在沙发上没有动弹。罗莉也依然在我身边坐着,那盘通心面和奶酪已经吃完。

"我很喜欢讨论解释的流动性问题,"多奇的声音多了几分劲道,"我认为,要解决像自由意志和意识这样的问题,我们就需要一类新的解释。那些问题说穿了都是哲学问题,不是技术问题。要我说,在哲学对意识的理解取得进展之前,人工智能是不可能实现的。就像没有'复制子'的概念就造不出人工生命一样,在意识问题上,我们也还是没有类似的概念。界定不清的东西是无法编进程序的。"

这个观点着实新鲜,在我看来它并不符合人工智能学界占据主流的正统观点:这个领域的学者认为意识之谜会随着超级智能计算机的出现而消失,而这种计算机不久就会问世了。

说回多重宇宙。它是怎么来的？到底为什么会有一个"真实世界的脉络"？

"以我的思路来看，要回答这个问题，就必须找到一个包含了多重宇宙的更大的脉络。但这个问题也是没有最终答案的。"多奇答道。

那么，他知道那个更大的实在脉络会是什么形态吗？

"我还是先从可理解原则说起吧。"他说，"假设宇宙中有一个类星体，它离我们有几百万光年那么远。而我们的脑子里又有这个类星体的模型，这个模型有一些不同寻常的性质。也就是说，我们脑袋里不光有这个类星体的形象，还装着关于它的结构模型，而且这个模型的因果关系和数学关系都和那个类星体相同。那么现在，就出现了两件在物理上天差地别的东西——一件是一个类星体，是一个喷射着粒子流的黑洞；另一件是我们的脑，是一团化学泡沫——然而两者却都体现着同样的数学关系！"

真有意思，我插了一句，不过这和我们的主题又有什么关系呢？

"要让这两件东西相同，物理定律就必须具备一种非常特别的性质。它们要允许——要规定——自身是可以理解的。你还可以再前进一步：如果世界真的是可以理解的，我们也真的能够理解世界，那么，要理解人类的行为，你就必须理解一切！既然类星体的结构体现在人类科学家的脑子里，那么科学家的行为就依赖于类星体的行为。要想预告一位物理学家会在明年写出什么论文，你就必须对类星体有一定的了解。根据同样的逻辑，要想知道有关人的一切真相，你就必须知道关于万物的一切真相。"

说到这里，多奇顿了顿，似乎是在整理思路，片刻之后继续说道："我们努力追求解释，有了好的还想要更好的。正因为如此，我们永远不会得到最终的解释。任何貌似'最终解释'的解释，都是坏的解释，因为一旦宣告了'最终'，就无法证明它为什么正确了，也无法解释实在为什么是这样而不是那样的了。"

多奇一直认定量子理论是理解实在脉络的一把钥匙。于是我向他指出，量子理论似乎是允许无中生有的。比如，一个粒子和它的反粒子，就可以在真空中自发产生。有的物理学家据此推测，整个宇宙或许就是在一次真空涨落中诞生的，是从虚无"隧穿"到了存在。那么，量子理论可以解释为什么会有这样一个世界吗？

"完全不行！"多奇回答，"要对付存在问题，量子理论还是太狭隘了。你说的粒子和反粒子在真空中出现，这和存在从虚无中产生是完全不同的两码事。量子真空是一个具有复杂结构的东西，遵循着深奥复杂的物理定律。它绝对不是哲学意义上的'虚无'。它甚至不是你的银行账户上没有一分钱时的那种虚无——账户上没钱了，至少账户还在那里！而量子虚无甚至比一个空的银行账户更加不虚无，因为它还有结构，里面还有活动呢。"

也就是说，主宰量子多重宇宙的那些定律，是一点都不能解释多重宇宙何以存在的喽？

"不行，我们的物理定律，没有一条可以回答多重宇宙为什么存在的问题。定律不是派这个用场的。"说到这里，他回忆起了曾经的导师、伟大的约翰·惠勒打过的一个比方，"惠勒这样说过：你可以把最高级的物理定律统统写在几张纸上，再把这些纸摊到地板上，然后倒退几步，盯着它们说'飞'，它们是不会飞的，它们只会摊在那里。量子理论或许可以解释为什么会发生大爆炸，但它还是回答不了你感兴趣的那个问题、那个存在的问题。'存在'是一个复杂的概念，需要层层拆解。'为什么存在万物而非一无所有？'也是一个分了层的问题。就算找到了某一层次的答案，也还是有下一个层次需要操心……"

咔塔！录音机关上了。我不禁有些气馁:微型磁带已经转到了 B 面尽头,我们却还没有在存在之谜的解答上取得真正的进展。

然而这又有什么好奇怪的呢? 多奇早已在《真实世界的脉络》的头几页里写下了这样的句子:"我认为,我们现在还没有接近、将来也不可能接近理解一切的水平。"不过,他还是给我上了积极的一课,使我明白了实在比我们的想象大了许多。我们居住的这一部分非但渺小,而且可能根本无法反映整体的面貌,我们从中获得的观点,只能是褊狭而扭曲的。我们就像柏拉图那则著名寓言里的囚徒 *,被锁链囚禁在错觉的洞穴里。甚至有可能——虽然在多奇看来不大可能——我们是生活在一个虚拟现实之中,这个现实是由高我们一级的生物一手创造的,那些生物仿佛笛卡尔所说的魔鬼,故意在其中编写了错误的物理定律。不过,即便我们真是囚禁在这样一个褊狭、扭曲的实在之中,对真相的探索也终将把我们带到它虚拟的围墙之外。

多奇在《真实世界的脉络》中写道:"这个虚拟世界不单是要让囚徒观察不到外面的世界,它还必须具有这样的性质:解释其内部任何事物的理论,都不需要假设一个外面世界才能成立。换句话说,就解释而言,这个世界是自足的。然而在我看来,实在的任何一个部分都不会具备这样的性质,只有实在的全体还有这个可能。"

可是,如果实在的全体在解释上真是自足的,那么它就应该包

----

* 柏拉图在《理想国》中将没有掌握真理的人比作禁锢在洞穴中的囚徒,看着外面的物体投在洞壁上的影子就以为那是真实世界。笛卡尔质疑外部世界的存在,认为它可能是魔鬼制造的幻觉。

含对它自身为何存在、为何能够战胜虚无的解释。这样看来，希望还是有的。

向多奇辞行时我略感忧伤。虽然在相识之初气氛僵冷，但是随着交流的深入，他却渐渐流露出了宜人的性格和大方的才智。而端着通心面坐在我身边的罗莉也一直兴味盎然地旁听我们的对话，一双爱慕的眸子始终注视着多奇，那样子完全是一个天使。到后来，我甚至对周围高耸的垃圾堆都感到了自在——这又何尝不是一种高熵式的清扫呢？

就在我独自沿着公路走回牛津时，一线粉橘色的阳光穿破浮云，从地平线上照了过来。远方又一次敲响了几座学院的钟声。我试着将自己想象成多奇的那个多重宇宙中的一个居民。在数不清的平行宇宙里，我的无数个量子分身同样在沿着山路下行，同样听见了声声钟响，他们同样在晚冬的暮色之中，欣喜地眺望着瑰丽的落日。而且和我一样，他们也同样思索着多重宇宙为何存在的谜题。他们的想法——连同我的想法——全都体现在了一个物理结构之中，那个结构仿佛一枚高维晶体，在所有的平行宇宙之间散布延伸。在多奇的那张实在的巨网里，必定有某个分身比这里的我更进了一步，对那个最终的答案多了一些领悟。他的脑海中正闪过怎样的念头？又或许，存在之谜的答案是编写在那个晶体结构的整体之中，是任何一个量子宇宙的居民所不能理解的？

喇叭响处，一辆过往的公车将我从沉思中惊醒。刚刚那场虚幻的盛会蓦地从我眼前退散，一点痕迹都没留下。

　　哲学史上有这样一则逸事:伯特兰·罗素在一次演讲中向听众介绍宇宙学,中途却被一位老妇打断了。"你告诉我们的全是胡说,"老妇高声抗议,"世界其实是平的,它的底下撑着一头巨象,而那头巨象又站在一只乌龟的背壳上。"罗素耐着性子听完,然后问她那只乌龟的下面又是什么。老妇回答:"是叠在一起的一溜乌龟!"

　　回到对实在的理解,大卫·多奇可说就是一个赞同"一溜乌龟"的人。他坚决主张,我们对于新解释的求索永远没有尽头。宇宙间没有什么解释一切(也解释其自身)的最终原理,也没有一只能够背负一溜乌龟、又能背负自身的"超级乌龟"。

　　可是,他要是错了呢?要是宇宙间真有一条解释一切的最终原理,那原理会是什么样子呢?我们又如何知道自己有没有找到它呢?

　　亚里士多德在逻辑著作《后分析篇》中首次探讨了这个问题。他提出,一根解释的链条可以有三种走向。

　　第一种,解释的链条可以是环形的:A 为真因为 B 为真,B 为真又是因为 A 为真(这个环形可加以扩展,塞进许多解释用的真理:A 是因为 B,B 是因为 C……Y 是因为 Z,而 Z 又是因为 A)。但是环形的解释不是好的解释。说"A 是因为 B,B 又是因为 A",只不过是在兜着圈子说"A 是因为 A"。而真理是不能自己解释自己的。

　　第二种,解释的链条可以无限延伸:A1 真是因为 A2 真,A2 真是因为 A3 真,A3 真是因为 A4 真,如此类推,以至无穷。但这同样不是好的解释。亚里士多德指出,这种无限倒退无法为知识奠定根本的基础。

剩下的就只有第三种解释链条了,这根链条的环节有限:A1因为A2,A2因为A3,以此类推,直到最后的真理X。那么,这个X又是个怎样的真理呢?

这里又有两种可能。第一种,X可能是一个原始事实,根本无需解释。但是亚里士多德指出,如果X自身没有解释的支持,那么它也很难为其他的真理提供支持。第二种,X可能是一个逻辑上必然的真理,是非此不可的。在亚里士多德看来,这是解释的链条得以结束的唯一方式。排除了循环论证、无限倒退和无法证明的原始事实,剩下的就只有这一条路了。

亚里士多德固然伟大,可是,一个逻辑上必然的真理真的可以解释什么吗?尤其是,它真的可以解释一个逻辑上偶然的事实——比如存在这样一个世界吗?如果一个世界的存在真的可以从一个逻辑上必然的真理中演绎出来,那么这个世界的存在本身也就是逻辑上的必然了。然而事实并非如此:这个世界虽然存在,但它也有可能不存在;虚无也是一种逻辑上的可能,对此我们是无法否认的。要从纯粹的逻辑中推出存在,最有希望的就是上帝存在的本体论证明*,然而即便是那个证明,最终也只落得一场空而已。

所以,要求得对宇宙的整体理解,就不能用一个逻辑上必然的真理来充当解释链条的终端。如此一来,我们就只能又在那三个坏的解释当中选择了:循环论证、无限倒退、原始事实。三者之中,只有原始事实似乎还比较可以接受。只是,有什么办法可以使它

---

* 该证明详见第六章。

在解释链条的末端显得不那么武断吗？有什么办法可以让它变得不那么原始吗？

对这个问题，哈佛大学的哲学家罗伯特·诺齐克提了一个有趣的见解。他认为，只有一个办法能使一个解释包罗一切、无所遗漏，那就是使得解释链条上的最终真理，以某种方式解释其自身。可是，一个真理又怎么解释其自身呢？说"X 就是因为 X"，这只不过是一句逃避解释的遁词，算不得真正的解释。被孩子问到"天空为什么是蓝的"时回答"因为它就是蓝的"，哪个孩子也不会满意的，这等于把我们带回了循环论证这个坏东西。也正是这个原因，使得亚里士多德到理查德·斯温伯恩的哲学家们坚决主张任何事物都不能解释其自身——用行话来说，一个解释关系必须是"非自反的"。

然而诺奇克的见解可没有这么简单。他也同意"X 就是因为X"的解释不足效法。但是他同时指出，还有一个办法可以使一条真理导出其自身。假设我们的那条最深刻的原理——那条解释得了所有自然规律的原理——有着如下的形式：

任何具有性质 C 的定律都是真的。

我们把上述命题叫做"最深刻原理 P"。原理 P 解释了其他规律为真的原因：它们为真，因为它们都具有性质 C。那么，我们又该如何解释 P 为真的原因呢？好，我们假设 P 也具有性质 C。这么一来，P 的真就可以由 P 本身导出了！用诺齐克的术语来说，这样一条原理 P 就是"自我包含"的了。

诺齐克写道："自我包含是一个原理返回自身、推出自身、应用于自身、指称其自身的一种方法。"他也承认，自我包含的解释是"相当奇怪的，是一招戏法。"但是和其他几种方案（循环论证、无限倒退、原始事实）相比，它可要好得多了。

第七章
在多重宇宙中同时并存的我们

169

当然了,指出一条原理是自我包含的,并不等于就证明了这条原理是有效的。看看这个句子就清楚了:"每一句由十六个字组成的话都是对的。"我们把这个句子称为 S。S 正好由十六个字组成,它的真实性来源于其自身,因此是个自我包含的命题。但 S 显然是错误的。(这个就留给各位自行判断了。)另一个自我包含但同样错误的命题是"一切全称命题都是真的"。

不过,如果一个自我包含的命题确实为真,它倒的确可以解释自身为什么为真。(说穿了,解释不就是在一定规则之下的包含么?)诺齐克写道:"我已经指出,正确的最终原理将通过包含自身来解释自身。这条原理将是最最深刻的,深刻到了能够包含自身、推出自身的地步,它不会是悬而未决、欠缺解释的。"因此,作为解释链条的终端,一条自我包含的原理,肯定比一个原始事实优越。

只是,光凭"自我包含"这个性质,还是无法填补解释上的所有空缺。再来看看上面那个自我包含的句子 S:"每一句由十六个字组成的话都是对的。"S 是错的,但我们毕竟可以想象一个 S 在其中正确的世界,然而即便在那个世界里,我们也不会觉得 S 就够得上万物最终解释的资格。首先,它看起来太过武断:凭什么 S 就是对的,而其他与之矛盾的自我包含的句子就是错的呢?比如"每一句正好由十八个字组成的话都是对的",这句话为什么就是错的呢?其次,S 看起来就缺乏最终感。就算它真是对的,我们也还是要寻找更加深刻的理由来解释它所陈述的现象——为什么世界和语言之间,有着十六字必对的关系?

不过话说回来,虽然自我包含不能保证最终性,但它至少可以成为衡量最终性的一个标准。诺齐克认为,假如我们可以找到"一个深刻的自我包含命题,它深刻到了能够导出某个领域的一切知识,而且无论我们怎样尝试,都不能找到比它更基本、可以导出它的命题来",那么,我们就可以"小心翼翼地提出一个可以推翻的假设,那就是我们找到了最终的真理"。换句话说,我们或许找到了那只超级乌龟。

那么,诺齐克所说的这类自我包含的原理,能够为"为什么存在万物而非一无所有"提供答案吗?在大卫·多奇看来,这样的答案是不存在的,对宇宙的解释是没有尽头的。理查德·斯温伯恩则认为,我们所能做的,不过是找到在解释上最合适的"止步点"。那个点必须是一个最简单、最有力的假说,而在他看来,那就是上帝。不过斯温伯恩也不得不承认,上帝的存在是无法解释的,"因为任何事物当然都解释不了其自身"。和他们相比,诺齐克算是找到了一个使命题既能解释自身又看不出循环论证的办法。因此,比起斯温伯恩的那个最简说,他的这个自我包含说,似乎在解释上又进了一步。

然而,在种种自我包含的原理中,又有哪一个才能解释"为什么存在万物而非一无所有"呢?

诺齐克认为他或许已经有了答案。他提出了所谓的"富饶原则",这是所有的本体论原则中最自由的一个,它主张所有可能的世界都是真实存在的。实际上,这个原则并非诺齐克首创,同样的想法最早可以追溯到柏拉图的"丰饶原则",自柏拉图以降,它的不同版本就在思想史上层出不穷。诺齐克的新颖之处在于,他宣称富饶原则是一个自我包含的命题,因而能够证明它自身。他这样写道:"如果'一切可能性都成立'是一个深刻的事实,那么作为一种可能性,这个事实本身也成立,理由就是一切可能性都成立的深刻事实。"

一个由富饶原则支配的实在将是人类所能想象的最丰富最广袤的实在,但是它也会具有一个相当奇怪的结构。在那里,一切可能的世界都会存在,但它们都会作为"平行宇宙"而存在,在逻辑上彼此隔绝不通。其中的一些世界会极其浩瀚,极其复杂,其中最大的那一个,我们可以称之为"最大世界",它的内部又会包含所有的可能,在丰富程度上和构成整个实在的所有可能世界交相辉映。位于可能性另外一端的是"最小世界"或"零世界",它代表了任何东西都不存在的可能。位于这两个端点之间的,则是各种大小不一、繁简不同的可能世界:有的世界里只有一个电子和一个正电子围绕着彼此转动,有的世界和我们的世界大同小异,有的世界里居住着希腊众神,还有的世界完全由奶油芝士构成,等等。

如果富饶原则是对的,那就说明实在的内容要比我们的想象丰富了无数倍。和它相比,我们这个小小的宇宙就显得偏僻到极点了。这样的一个实在将能驱散存在之谜——至少诺齐克是这么认为的。而其中的最小世界,这个由富饶原则决定的可能性之一,就是我们的老朋友虚无。那么,到底为什么存在万物而非一无所有呢?"话不能这么说,"诺齐克答道,"应该说既存在万物,又一无所有。"

且慢——这里头的逻辑似乎出了点岔子:实在之中是不可能既有存在,又有虚无的。如果实在中本来就存在着一些什么,那么就算你再加进虚无,得到的也依然是存在。荒谬的还不止这一处。既然富饶原则宣布所有的可能都已经化作了现实,那我们就来看看下面的这种可能:

R:所有东西都是红的。

另一种可能:

非R:至少有一件东西不是红的。

根据富饶原则,R 和非 R 都成立——但这就自相矛盾了。而任何自相矛盾的命题都一定是错的。

对于这个反驳,诺齐克也做了答复。他指出,虽然 R 和非 R 这

在那里，一切可能的
世界都会存在。

两种可能都已经实现，但是"它们存在于彼此独立、互不交涉的领域之中"。我们大可以把它们想象成两颗行星，"行星红"和"行星非红"。这样一来，矛盾就避免了。然而这并不是避免矛盾的好法子。因为即使 R 和非 R 在各自不同的行星上成立，也不可能有一颗行星使得这两种可能同时成立。换言之，在所有可能的行星中，不可能有一颗"富饶行星"。就算所有可能的行星都已实现，也不可能有一颗实现了所有可能的行星。看来，富饶原则毕竟还算不上自我包含。对于诺齐克，这是个残酷的两难：他的这条最终原理，要么推出矛盾，要么不能自我包含。

一条自我包含的最终原理就仿佛一个既为村里所有人理发又为自己理发的理发师。这在逻辑上是完全没有问题的。有问题的是富饶原则，因为其中包庇了太多可能——包括那个只为所有不为自己理发者理发的悖论*式可能。由于这个致命的逻辑缺陷，富饶原则显然不适合充当那个最终解释。

那么，为实在寻找一条自我包含的原理就毫无希望了吗？可惜的是，对这个问题，诺齐克本人已经不能再有建树了（他在 2002 年因胃癌去世，终年 63 岁）。在许多哲学同行的眼里，诺齐克的这些本体论思考实在有些离谱，但是也许，它们其实都还不够离谱。如果哲学和它之前的神学一样，到今天都没能对存在之谜交出满意的答卷，那么我或许就该到别处去看看了。我想到了更加离谱的现代物理学。那里也许同样找不到我孜孜以求的解释上的"超级乌龟"，但是我曾经听理论物理学家把宇宙称为一顿"免费午餐"，那听起来似乎也很不错。

---

* 埋发帅悖论，由英国哲学家伯特兰·罗素提出，其内容是"一个只为所有不为自己理发者理发的人，他该不该为自己理发"。

08

CHAPTER

第八章

"宇宙就是那种时不时会冒出一个的东西"

科学无法回答那个最深刻的问题。一旦问出为什么存在万物而非一无所有,你就已经超越了科学的范畴。

——艾伦·桑德奇,现代天文学之父

科学对于存在之谜是无能为力的——至少时常有人这么宣称。世俗人文主义者(也是演化生物学家)朱利安·赫胥黎就坚持这个说法,他曾经写道:"常有人说科学的光辉已经驱散了神秘,剩下的只有逻辑和理智。这是相当错误的。科学的确揭开了许多现象的神秘面纱、使得人类获益匪浅,但是它也把一个基本而普遍的谜题推到了我们前面,那就是存在之谜……世界为什么存在?世界为什么有现在的这些成分?它为什么在物质、客观的一面之外,还有精神、主观的一面?我们对世界并不了解……但我们必须学着接受它,必须认识到它的存在和我们的存在是一个根本的谜。"

　　有人认为"为什么存在万物而非一无所有"的问题"太大",不能由科学解释。科学家能够揭示宇宙的物理结构,能够追查宇宙中的物体和力如何互为因果、彼此作用,能够阐明整个宇宙是怎样从一个状态演化到另一个的,但是要问起实在的最初源头,他们就无可奉告了。这个谜题最好是留给形而上学和神学来研究,或者留给诗歌来感叹,抑或是留给沉默。

　　只要人们还认为宇宙永恒,它的存在就不会叫科学家怎么苦恼。爱因斯坦在建立理论时就径直假设了宇宙永恒,还据此篡改了他的相对论公式。然而随着大爆炸的发现,一切都变了。原来在大约140亿年之前发生过一场宇宙大爆炸,而我们生活的世界就是爆炸之后稀释膨胀、逐渐冷却的余烬。那场原始的爆炸是如何发生的?在它之前又发生过什么——如果它有"之前"的话?这些显然都是科学问题,然而,科学家想要解答它们,就必然面临一道似乎不可逾越的屏障——所谓的"奇点"。

以广义相对论为例,这个理论在最大的尺度上支配着宇宙的演化。我们不妨就运用其中的定律,倒推至宇宙的开端。我们看着膨胀、冷却的宇宙朝相反的方向变化,目睹着其中的成分收缩、变热。到了 $t = 0$,也就是大爆炸的时刻,宇宙的温度、密度和曲率都增加到了无限。这时,相对论的公式就失去了效力,也失去了意义。我们抵达了奇点,这是时空本身的界限和边缘,是所有因果线会聚的一点。如果这个事件有什么原因,这个原因一定超越了时空,也超出了科学的范围。

科学的概念在大爆炸处失效,这一点令宇宙学家心烦意乱,他们提出了种种方案,想要避开那个最初的奇点。可是在 1970 年,物理学家史蒂芬·霍金和罗杰·彭罗斯却证明了这些努力都是徒劳。霍金和彭罗斯首先提出了两个合理的假设:一,引力总是吸引万物;二,宇宙中的物质密度和测量所得大致相当。从这两个假设出发,他们又用数学确凿地证明,宇宙的开端处肯定有过一个奇点。

这是否说明宇宙的起源将永远笼罩在未知当中? 倒也未必。这仅仅说明要透彻地理解大爆炸,就不能单靠"经典"的宇宙学。换句话说,宇宙学不能只以爱因斯坦的广义相对论为基础,而是还需要其他理论。

要知道是哪些理论,我们不妨思考一下宇宙诞生之后那一瞬间的情景:那一瞬间,整个可观察的宇宙都只有一个原子大小。在如此微小的尺度上,经典物理学已经不再适用,量子理论才是支配这个微型世界的学问。宇宙学家(霍金就是其中突出的一位)因此问道:如果把以前用来描述亚原子现象的量子理论运用到整个宇

世界为何存在?
Why Does the World Exist?

宙上去,结果将会怎样?于是,量子宇宙学随之诞生。照物理学家约翰·格里宾的说法,这门学问是"牛顿以来最深刻的科学发展"。

量子宇宙学似乎提供了一种绕过奇点的方法。经典宇宙学家历来认为大爆炸背后的奇点只有一个点的大小,它的体积正好为零。量子理论却不允许有定义得如此精准的状态。它认为,在最基本的层面上,自然是模糊的。它也排除了宇宙起源于一个精确时间的可能,排除了 $t = 0$。

不过,相比量子理论禁止的东西,它允许的东西却更有意思:它允许粒子在真空中自发产生,虽然只是短短地存在一瞬。这个无中生有的场景使得量子宇宙学家想到了一个诱人的可能:也许,这个宇宙本身就是按照量子力学的定律,从虚无中自己冒出来的。所以存在万物而非一无所有,用他们富于想象的术语来说,是因为虚无是不稳定的。

"虚无是不稳定的",物理学家的这个说法受到了一些哲学家的嘲笑,说他们在滥用语言。哲学家认为"虚无"二字并不命名任何物体,因此给它加上一个"不稳定"的属性是没有意义的。但是思考虚无还有另外一种方式:不当它是一个物体,而当它是对一个状态的描述。在物理学家看来,"虚无"描述的正是这样一个状态:其中没有粒子,且所有数学场的值均为零。

由此我们就可以发问:这样一个虚无的状态是可能的吗?换句话说,它在逻辑上符合物理学的原理吗?这些原理之中有一条尤为深刻,是我们在量子层面上理解自然的基础,那就是海森堡的测不准原理。这条原理认为,某些成对出现的属性(称为"正则共轭变量")之间有着特殊的联系,要对它们做精确的测量是不可能的。位置和动量就是这样一对属性:你对一个粒子的定位越是精确,对它的动量就了解得越少,反过来同样成立。另一对共轭变量是时间和能量：你越是精确地了解某个事件发生的时间长度，就越是不了解那段时间内的能量变化，反之亦然。

同样的道理，量子层面上的测不准原理也不容许我们同时确定一个场的数值和这个数值的变化率（好比你不能同时确定一只股票的价格和它价格的变动速度）。仔细想想，这几乎就已经排除了虚无的可能了：按照定义，虚无就是所有场的数值都始终为零的状态，然而测不准原理却告诉我们，如果一个场的数值已经确定，那么它的变动速率就是完全随机的。换言之，这个变动速率不可能也是零。于是，要在数学上描述一片没有变化的空无就会抵触量子力学。简要地说，虚无是不稳定的。

这会和宇宙的起源有什么关系吗？1969年，纽约市一位名叫艾德·特莱安的物理学家首先认识到了两者的关系。那一年，特莱安在哥伦比亚大学旁听一位来访的物理学名家的演讲，他开着小差，胡思乱想之际突然脱口而出："也许宇宙就是一场量子涨落！"据说话一出口，在座的几位诺奖得主都报以嘲笑。

但是特莱安有他的道理。宇宙中包含如此大量的物质，似乎不太可能是从虚无中产生的——单是在我们能够观测的这个小角落里就有一千亿个星系，而每一个星系又包含了一千亿颗恒星。爱因斯坦告诉我们，这些质量其实都是冻结的能量。而封锁在恒星和星系内部的巨大正能量，必须有引力的负能量与之抗衡。实际上，在一个"闭合"宇宙（即一个终将塌缩的宇宙）中，正负能量正好是互相抵消的。换言之，这样一个宇宙的能量总和为零。

整个宇宙的能量总和可能为零，这是一个惊人的猜想。爱因斯坦显然就为之震惊。一次他和物理学同行乔治·伽莫夫在普林斯顿大学散步，伽莫夫一路向他解说这个想法，爱因斯坦听了太受震动，"在半道上陡然止步"。伽莫夫回忆说："当时我们正在过街，有好几辆车停了下来,以免把我们撞倒。"

从量子力学的角度来看,一个能量为零的宇宙还有一种有趣的可能,而特莱安抓住的正是这个可能:假设宇宙的总能量果真为零,那么根据能量和时间的测不准原理,它在时间长度上的不确定性就会增加到无穷。也就是说,这样一个宇宙,一旦从虚无中产生,就会不断壮大,永世长存,就好比是从虚无的银行中借出的一笔永远不必偿还的贷款。至于是什么"造成"了这样一个宇宙的产生,那就完全是量子层面上的偶然了。特莱安后来说道:"关于宇宙为什么产生,我斗胆说上一句:宇宙就是那种时不时会冒出一个的东西。"

这算是从无中产生有吗?也不完全是。特莱安的宇宙起源说的确在能量和物质上毫无成本,在这个意义上,它似乎的确是"从虚无到存在"。然而特莱安的宇宙从中诞生的那个"量子真空",却绝对不是哲学家心目中的那种虚无。首先,它是一片空白的空间,而有了空间就不能算是虚无了。更何况,量子真空的空间也不真的是一片空白,它有着复杂的数学结构,如同橡胶一般弯曲收缩,它的内部充斥着能量场,虚粒子的活动如火如荼。量子真空是一个物体,它甚至可以说是一个小小的原始宇宙。那么,量子真空这样的东西又为什么会存在呢?对此物理学家艾伦·古思评论道:"说宇宙产生于空白的空间,并不比说宇宙孕育于一块橡胶更加深刻。这个说法或许没错,但它还是叫人疑惑这块橡胶是哪里来的。"

对这个"橡胶问题"研究最深的,是亚历克斯·维连金。维连金生于前苏联治下的乌克兰,他在那里获得物理学本科学位,然后在一家动物园找了份巡夜的工作。1976 年,维连金移居美国,一年出头就读出了物理学博士。如今的他在波士顿附近的塔夫茨大学教书,并担任塔夫茨宇宙学研究所的所长。他最著名的习惯是戴着墨镜出席研讨会,俨然时尚女皇安娜·温图尔*,这大概是因为他的眼睛对光线过敏的缘故。

维连金也认为宇宙是从虚无中诞生的,我在不多年前和他聊过几句,知道他所说的虚无是真正的虚无。"虚无就是什么也没有!"他颇为坚决地对我强调,"不光是没有物质,连空间都没有。也没有时间,什么都没有。"

那么,从物理学家的角度,又该如何定义这种纯粹虚无的状态呢?维连金的聪明之处就在这里:他要我把时空想象成一个球体的表面。这样一片时空是"闭合"的,因为它在弯曲之后连接自身;它的大小也是有限的,虽说没有边界。再想象这个球体不断缩小,仿佛一只气球正在漏气。它的半径越来越小,最后缩到了零。这时,球体的表面完全不见了,时空也跟着消失了——我们抵达了虚无。我们同时也得到了对虚无的精确定义:虚无是一片半径为零的闭合时空。这是科学概念所能表达的最完全、最彻底的虚无。从数学上说,它不仅是没有物质,就连地点和时间都没有。

从这个定义出发,维连金又做了一次有趣的计算。他运用量子理论的原理证明,从这个初始的虚无状态出发,一小块充斥着能量的真空可以自行"隧穿"到存在中来。这块真空小到什么地步?大概只有一厘米的百万亿分之一。但是根据计算,这个尺寸已经足够创造宇宙了。受到"暴胀"的负压力的驱使,这一小块能量真空会经历一阵急剧的膨胀。它会在短短两毫秒之内膨胀到极大的尺度,并在这个过程中倾吐出一个光和物质的火球——大爆炸来了!

---

* 安娜·温图尔,《Vogue》杂志美国版主编,电影《时尚女魔头》原型。

因此在维连金看来,从虚无到存在的转变包含两个步骤。第一步,是一小块真空从一片虚无中诞生;第二步,是这块真空膨胀为一片填满物质的空间,这片空间不断扩张,并最终形成我们今天所见的宇宙。这幅蓝图在科学上无懈可击,它的第一个步骤由量子力学的原理支配,它们是迄今最为可靠的科学原理;第二个步骤则由暴胀理论描述,它在20世纪80年代初期问世之后,不仅在理论上大获成功,也在实证观测中节节胜利——尤其是当COBE卫星观测到了大爆炸留下的宇宙背景辐射。

　　看来维连金的计算是正确的。不过说老实话,和他闲聊之际,我还是无法想象宇宙从无到有的场面:这个诞生了宇宙的假真空泡泡,它总得从什么地方产生吧?维连金的回答相当淘气,他要我想象这个泡泡是在一杯香槟酒里冒出来的,然后再去掉那杯香槟酒。

　　我如此想象着(这个意象并不怎么有说服力),心中却还是困惑:一杯香槟里的泡泡是在时间中形成的,而维连金的那个时空泡泡却是从虚无中产生的。而既然时间本身(连同空间)都在从无到有的转变中产生,那么这个转变就不可能是在时间中发生的。看来,这是一个逻辑上而非时间上的转变。如果维连金的想法没错,那么虚无从一开始就毫无胜算:物理学的定律已经规定了宇宙的存在是个大概率事件。不过话说回来,那些定律又是如何取得这样的本体论地位的呢?如果说它们在逻辑上先于世界,那它们又是写在什么地方的呢?

　　"你要是愿意,"维连金说,"可以认为它们是写在上帝心里的。"

　　也许,我在和维连金交谈之后心想,科学能做到的也就这么多了。科学可以证明,那些解释世上万物的定律也同样可以解释为什么会存在这样一个世界——也就是为什么存在万物而非一无所有。以前的经典物理学定律，连同爱因斯坦的广义相对论，都没有达到这个标准。它们可以解释宇宙的演化，却解释不了它的诞生；到了宇宙的开端处，它们就失效了。量子宇宙学则更进一步，照它的观点，宇宙的诞生只是又一个量子事件，并不需要什么第一推动的作用。它可以证明在本体论上，宇宙或许真的是一顿"免费午餐"。

然而从科学上说，量子宇宙学却不可能是宇宙的总结陈词。因为它还有一个漏洞，那就是引力如何与量子框架相结合的问题，这个问题到现在都无人能解。引力是决定宇宙整体布局的力。在大尺度上，爱因斯坦的广义相对论已经足够解释引力的作用，但是在大爆炸后的那一瞬间，当整个宇宙的质量都压缩在一个原子大小的空间里时，量子的测不准原理就会破坏广义相对论中的平滑空间，使之无法预测引力的作用。要了解宇宙如何诞生，我们就必须建立一个量子引力理论，并将广义相对论和量子力学"统一"在它的名义之下。霍金就是这样认为的。霍金在1980年接任剑桥大学的卢卡逊数学教席时，在就职演讲上说道："要描述早期宇宙，一个关于引力的量子理论是必不可少的。另外，要回答时间是否有起点的问题，也需要这样一个理论。"

30年后的今天，物理学家们还在寻找霍金当初构想的理论，一旦成功，他们就能将自然界中包括引力在内的所有力都归结到一个统一的数学框架中去。这个最终理论的最终形态，现在还不得而知。时下的物理学界把希望锁定在了所谓的"弦论"上。这个理论把所有物理实体一律解释成在高维空间中振动的细小能量弦。但是也有少数异议者在弦论之外另辟蹊径。还有若干物理学家认为，所谓的统一理论根本就是一场白日梦。

那么,这样一个最终理论(有人称之为"万有理论")又会在宇宙的起源上对我们有何启示呢?也许,它会比霍金和维连金他们主张的量子宇宙学更加深刻(比如弦论就能揭示在大爆炸之前、当时间和空间尚未产生,实在是怎样一幅景象)。这样一个理论能为世界的存在提供可信的依据吗?它能够为自身提供可信的依据吗?如果它真的是包罗万有,那就应该能够解释它自身为什么是真的。这个万有理论会是自我包含的吗?

　　据我所知,最有资格回答这个问题的思想家是史蒂芬·温伯格。在对最终理论的求索当中,还没有哪个物理学家的贡献比他更加重要。温伯格在1979年获得诺贝尔物理学奖,以嘉奖他在十年前统一了自然界四种基本力中的两种:电磁力和弱力(后者是放射性衰变的原因)。他的研究证明,这两种力其实只是更为基本的"弱电作用"在能量较低时的两种表现。由于这个贡献和其他相关的成就,温伯格成为了粒子物理学界当仁不让的"标准模型"之父。这个模型体现的是人类在微观层面上对于物理世界的最完整理解。

　　温伯格又是一位口才出众的科学解说人。他在1977年出版了《宇宙的最初三分钟》,将大爆炸之后的原始宇宙讲解得趣味盎然(也是在这本书的最后一页,他发表了那个后来成为众矢之的的宣言:"宇宙越是显得可以理解,就越是显得没有意义")。1993年,他又出版了《最终理论的梦想》,在其中本着哲学式的深刻,揭示了求索统一理论的危险之处。在他笔下,物理学家受到数学之美的指引,不断探索着更深一层的原理。终有一天,标准模型将和爱因斯坦的广义相对论融合,形成一个无所不包的最终理论。到那时,所有的解释都会辐合贯通,所有的"为什么"都将由一个最终的"因为"来解答。温伯格认为,当代物理学就快要发现这样一个理论了,他甚至坦言,自己对于这个前景有一点悲伤。他这样写道:"找到最终理论的我们或许会觉得懊悔,因为自然会减少惊讶和不解之谜,变得更加平淡。"

那么在温伯格看来,在那个最终理论之后,又有多少宇宙之谜能够留下呢? 他直言那个理论不可能解释一切。比如他认为,科学永远不可能解释道德真理的存在,因为科学的"实然"与伦理的"应然"之间有一条逻辑的沟壑。那么,科学能否解释世界的存在? 能不能说明存在为什么战胜了虚无呢?

我迫不及待地想对温伯格提出这些问题——应该说,是迫不及待地想同他会面。在当今的物理学家之中,再没有一人能使我如此景仰,也没有一人能够将观点表达得如此简洁(弗里曼·戴森*除外)。不仅如此,温伯格的相貌也卓尔不群——这一点可以从对他的报道中推测出来的。一个记者在和他会面后这样写道:"温伯格的面颊如山楂一般红润,眼睛有点像亚洲人,一头银发中间夹杂着一缕缕红丝,那样子就仿佛一位魁梧而高贵的仙人,大可以到《仲夏夜之梦》里去扮演仙王奥伯龙。"

于是,仿佛自己是尼克·博特姆**,我和温伯格取得了联系。他 1982 年开始在得州大学奥斯丁分校教书,此前在哈佛大学执掌希金斯物理讲座。我表明了自己想到奥斯丁朝圣,去听他讲讲存在之谜。对于我这个侵占时间的要求,他的回复相当客气:"如果你真的从纽约大老远赶来,我还要请你吃午饭呢。"看来,我心想,宇宙并不是唯一的免费午餐。

我以前从没去过奥斯丁,这旅程因而格外诱人。奥斯丁这地

世界为何存在?
Why Does the World Exist?

方有不少传闻,在我的印象里,它是先锋文化和浪荡生活的奇妙大本营,没有了它,得州就会落后得如同中世纪。在宗教信仰上,奥斯丁也似乎颇为进步。温伯格曾经痛斥宗教。("就算没了宗教,好人也会依然做好事,恶人也依然会做坏事。但是要让好人做坏事,那就非有宗教不可了。")于是我问他,在得克萨斯*这样一个浸礼会**的温床怎么可能开心,他却言之凿凿地说,城里的好多浸礼会信徒根本不是原教旨主义者,有些会众还相当开明,到了和一位论***教徒难以区分的地步。除了这些,奥斯丁还享有世界现场音乐之都的美名,这一点令我印象深刻,虽说我对独立摇滚并没有什么感情。

于是,我忙不迭买了飞往奥斯丁的航班,还在洲际酒店订好了房间,准备度一个启迪心智的宜人周末。不曾料想的是,这个计划,却将被我人生中突发的一小片虚无摧毁。

间奏　恶心

周六中午刚过,我的班机降落在了奥斯丁机场。春天刚到尾声,空气却已经湿热得叫人吃惊。我穿着一件亚麻外套,它带着亚麻的优雅褶皱,虽然透气,却还是令我感到有些不适。

去市中心的路上,我注意到街道上熙熙攘攘,分外繁忙,看来是有什么露天音乐节之类的即将开演。

---

　*　得克萨斯在美国各州中较为保守,宗教气氛浓厚。

　**　浸礼会,基督教新教宗派之一。

　***　一位论,基督教的另一分支,教义较为宽松自由,认为《圣经》也可能出错。

到酒店办完入住，我出门去老商业区兜风。这个时候，音乐会已经进行得如火如荼了。每一个街区都有车库乐队在表演闹哄哄的山区乡村摇滚，喝啤酒的人群在酒吧里挤进挤出，封锁的街道中央，烤肉滋滋作响。四周人声鼎沸，气味扑鼻。

我在烈日下穿过嘈杂的人群，想象自己是萨特的存在主义小说《恶心》中的主人公洛根丁。望着奥斯丁街头这些满满当当的声色人物，我也试着在心中勾起洛根丁对于存在之泛滥的厌恶之感——这黏稠浓密，这粗鄙下流，还有这荒谬的偶然性。这些人和事都是从哪里冒出来的？四周这团低劣的乱麻是怎么压倒纯净的虚无的？洛根丁孤零零地游走在布维尔市，看见黏糊糊的存在扑面而来，不由大喊："脏货！脏货！"我本来也可以这么愤世嫉俗一下，只是我的感受太弱，还不足以发出这样痛心疾首的呼号。再说了，周围的人个个都是一副乐在其中的样子，我又何必自寻烦恼呢？

傍晚时分，奥斯丁的街巷稍微安静了一些。我问酒店门房哪里可以吃到好的晚餐，他推荐了一家名叫"湖滨烧烤"的餐馆。餐馆位于瓢虫湖畔，那是一片狭长如河的湖泊，以林登·约翰逊总统已故的夫人*命名，湖水潺潺，从城中流过。

进得餐馆，我碰见了一群身着正装的中学生。今天是奥斯丁的学校举行毕业舞会的日子，孩子们都要在赴会前大吃一顿。我在几周后才得知温伯格当晚也在那里就餐，只是领班把我们带进了不同的房间。后来证明，那也是我和他的世界线**最接近的

---

* 林登·约翰逊的夫人 C. A. T. 约翰逊，小名"瓢虫"。

** 世界线是爱因斯坦提出的概念，指物体在时空中的运动轨迹。——来自百度百科

一晚。

才到黄昏，我就已经在那群将要参加舞会的孩子中间用餐完毕了。走到门外，我看见了一大群较为沉默的路人正聚在瓢虫湖上的一座桥边，似乎在等待着什么。我向其中的一人打听，他指了指桥底。"是蝙蝠，"他压低了声音说，"再过几分钟就都要起飞了，每天傍晚都飞，很有看头。"

我定睛向黑色的桥底望去，果然见到了一大片倒挂的蝙蝠，总数据说有一百多万，都是"墨西哥无尾蝠"。每逢天气晴好的傍晚，比如今天，游客和当地人就会在湖边排成一列，等待着目睹捕食昆虫的蝠群将天空染成一片漆黑的壮丽时刻。

我反正无事可做，于是坐到青草萋萋的湖岸边，也跟着等了起来。时间一分分过去，蝠群却始终不起飞。一条小船突突驶过，蝠群还是不见动静。天色渐渐暗了下来，失望的人群开始散去。我也从草地上起身返回酒店，一路上寻思着明天就要拜会温伯格，今天却未能如愿，这看来不是什么好兆头。

走进房门时，电话上的指示灯正在一闪一闪。有人给我留了口信。是帮我看狗的那对夫妇。我养了一条长毛腊肠犬，名叫蓝佐。我立刻回了电话。对方语气凝重，告诉我蓝佐今天白天突发抽搐。当时他们正在宾夕法尼亚州乡下的农庄度周末，蓝佐在农庄的养鸡场里玩耍着，突然间哀号一声，瘫软在地。他们用一块湿冷的毛巾裹住他半昏迷的身子，驱车将他送到了附近一家动物医院的急诊室里。

我想象着蓝佐在黑暗中孤零零躺在一只陌生狗窝里的情景，他或许已经命在旦夕，残存的意识却还在纳闷主人去了哪里。我别无选择。在和几家航空公司讨价还价了个把小时之后，我订到了第二天一早飞回纽约的机票。我给温伯格写了一封深深抱憾的邮件,告诉他我"家有急事",明天不能共进午餐了。然后我一头栽倒在床上,听着房间里的冷气时开时关,心神不宁地睡了一夜。

翌日早晨,我给那家动物医院打去电话,他们说蓝佐看起来好些了。他吃了一点东西,甚至还张嘴去咬一个兽医。我听了备受鼓舞,转机的乏味也变得可以忍受了。然而,等我熬过漫长的一天,终于和爱犬重逢的时候,我的乐观情绪却消失了:他的病情非常严重。

接下来的 X 光检查证实了我最担心的状况:兽医告诉我,蓝佐的肺和肝脏都有癌症的迹象。癌细胞多半已经扩散到他的脑部,并造成抽搐。看他的样子,似乎已经眼不能看、鼻不能闻,可见皮层中负责视觉和嗅觉的部分都已经毁坏。

蓝佐那曾经丰富的犬类感官世界,现在已经退入了虚无。他能做的只有踉跄地绕圈,一边发出痛苦的哀号。只有在我将他抱进怀里的时候,他的痛苦才似乎能减轻一些。

于是,我在接下来的十天里始终抱着他。偶尔他也会舔舔我的手掌,甚至摇摇尾巴,但他的健康明显是一天不如一天了。他吃不下东西,睡不着觉,整夜痛苦地哀鸣。当最强的止痛药都无济于事,我知道只有一条路可以走了。

实施安乐死的时候,我始终陪在手术室里。整个过程大约半个小时。蓝佐先是被打了一针镇静剂,扭动和呜咽随即停止了。他的身子横躺在手术台上,几天来终于获得了第一次平静,模样也一下子比他 14 岁的年龄小了不少。他缓缓呼吸,眼睛虽然看不见,却依然睁着。接着,医生又在他的爪子里插进一根导管,准备注射致命的药物。

主持手术的兽医颇像年轻时的戈迪·霍恩*。准备注射的时候,她、她助手和我三个人轮流安抚着蓝佐。我心里难过,但不想在她们面前哭出来。

幸好我有一个窍门,可以在这类情形中保持外表冷静。它要用到一个关于素数的定理,这个定理简单优美,最早由费马提出:先挑一个素数,除以 4,看余数是否为 1。如果是,那么根据定理,这个素数就一定可以写成两个数字的平方之和。比如 13,除以 4 余 1,可以表示成 4+9,而 4 和 9 也的确是两个数字的平方。我的窍门,就是情绪激动难耐的时候在脑袋里用这条定理挨个计算素数。我首先检查一个数字是否是素数,是否除以 4 余 1,要是合格,再把这个数字拆成两个数的平方。小的数字还容易计算,结果一目了然,比如 29 就是一个素数,除以 4 后余数为 1,它也显然可以分解成 4 和 25 的和。可是到了 100 以上,如果没有纸笔帮忙,这两步运算就颇费脑筋了。比如 193,就需要花些工夫才能确定它是合适的素数,可以运用定理;就算确定了这一点,你也还要花个几秒钟才能算出它是 49 和 144 的和。

我忍住眼泪默算到 193 时,女兽医给蓝佐注射了致命的一针。针剂会麻痹他的神经系统,并止住他那颗小小的心脏。药物作用很快。针管刚刚清空,蓝佐就猛吸了一口气。"这是他的最后一口气了。"兽医说。接着,他把气吐了出来,不动了。乖狗狗。

女兽医和助手走到门外,好让我和蓝佐的那具没有生命的躯体独处一会儿。我掰开他的嘴,看了看他的牙齿;他活着的时候是绝不许我这样做的。接着,我伸手为他阖上了眼睛。几分钟后,我走出房间,去付账单,有一项费用是对所有实施了安乐死的

---

* 戈迪·霍恩,美国女演员。

狗做"集体火化"。付完钱,我独自步行回家,手上只剩下蓝佐的毛毯。

第二天,我打电话到史蒂芬·温伯格在奥斯丁的家里,向他讨教世界为什么存在。

第九章

物理学的圣杯
——最终理论的梦想

"这么说你不喜欢湖滨烧烤？我倒觉得那里的饭菜相当不错，在奥斯丁算是贵的，用纽约的标准就不算什么了。哦，对了，我一点也不记得我们要谈什么了。"

　　说话的正是史蒂芬·温伯格。他的嗓音在电话里听起来低沉洪亮，还有一种反讽的冷淡。

　　我提醒他说，我正在写一本关于为什么存在万物而非一无所有的书。

　　"这个主题真不错。"他说到"不错"时嗓音抬高了一些。

　　这句赞许我挺受用。但是对于这个问题，他的感想和维特根斯坦在内的许多人相同吗？他对于存在万物一事感到敬畏吗？他认为存在这样一个世界是一件了不得的事吗？

　　"在我看来，这个问题是一个更大问题的一部分，"温伯格说道，"那就是'万物为什么是它们现在的样子？'这是我们科学家想要回答的问题，我们的手段是发现深刻的定律。不过我们现在还没有找到我所谓的'最终理论'。哪一天找到了，也许就会对'万物为什么存在'这个问题有所启发。也许自然规律规定了必须得存在点什么。比如，这些规律可能不允许有空白的空间，因为那是个不稳定的状态。但就算是那样，也还是不能打消疑惑，因为你还可以追问'为什么规律是这样的而不是那样的'。我认为人类是注定摆脱不了这种神秘感的。我也不觉得相信上帝能有什么帮助。我以前就说过这个意思，现在再说一遍：如果说'上帝'有什么特定的形象——比方说慈爱的、小心眼的或者别的什么——那就会出现'上帝为什么是这样而不是那样'的问题。反过来,如果说'上帝'没有什么特定的形象,那为什么还要用'上帝'这个字眼呢？所以我觉得宗教是帮不上忙的。我们遇到的是一个理解不了的谜,这是身为人类的不幸。"

温伯格似乎也不认为自己的物理学同行能为宇宙的起源理出什么头绪来。"我对这个是很怀疑的。"他说,"因为我们还没有真正理解物理学。广义相对论会在接近大爆炸时那种极端的温度和密度条件下失效。也有人搬出一些定理,说它们可以描述不可避免的奇点,比如霍金定理什么的,我对那些人也一律是怀疑的。那些定理的确有价值,因为它们能够推算出在某个时刻,比如在一颗恒星塌缩的时刻,我们的理论将不再适用。但是除此之外,你就不能再多说什么了。我们现在还是知道得太少了。"

相较于我在过去一年里听到的种种狂想,温伯格在知识上的谦逊令我耳目一新。我感觉电话彼端的这个人有着蒙田和苏格拉底式的睿智。那么,对于那些大胆解释存在的同行,他又作何评价呢？我向他提了亚历克斯·维连金的想法,即现在的宇宙也许是从一小块"假真空"里膨胀出来的,是从一片虚无中"量子隧穿"到了存在。在他看来,这算是物理学还是形而上学？

"维连金人很聪明,想法也很精彩。"温伯格说,"问题是,我们现在还没法断定他说的是对是错。我们不单是没有观测数据——连理论都没有。"

等我们有了理论——物理学的终极理论——我们就能够科学地断言宇宙是如何产生的了。只是,那个理论也可以解释宇宙为什么存在吗？

"现在还很难说。"温伯格承认,"这取决于那个终极理论是什

世界为何存在？
Why Does the World Exist?

么样子。它可能会是牛顿的那种理论,在牛顿那里,物理定律和初始状态之间是有明确界限的。比如,他的物理学对太阳系的初始状态没有任何表示。他这是刻意为之——他认为初始状态是上帝安排的。"

如果那个终极理论中包含无法解释的初始状态(有人称之为"边界条件"),那么就算它能够完全解释宇宙的演化,宇宙的起源也依然会是一团迷雾。这个初始状态是由谁规定的、由什么规定的?我想到了伟大的阿兰·图灵*的一条临终遗言:科学是一道微分方程,宗教是一个边界条件。

"如果终极理论真是那样的,我一定会感到失望。"温伯格继续说道,"霍金他们希望终极理论能把所有的初始状态都一并解释了,不要给宇宙的起源留下任何随意性。但这是否能做到,现在还不好说。"

那么,我提议,我们不妨乐观一些,权且假设那个终极理论的确能解释宇宙的一切,包括它的初始状态。但即便是那样,也还是会剩下一个问题:终极理论为什么是这样的?它描绘的为什么是一个量子通过某些力相互作用的世界?或者是一个能量弦振动的世界?或者是一个随便什么的世界?显然,终极理论不可能完全是由逻辑决定的,因为实在可以呈现好几种逻辑上自洽的面貌。但是也许,只有一种逻辑上自洽的终极理论,才能描绘一个足够丰富乃至包罗了我们这些有意识的观察者的实在。

"如果真是那样就太有趣了。"温伯格说,"那样的话真会令人惊叹的吧?我刚刚和康奈尔大学的一个哲学家通了信,讨论所谓的

---

* 阿兰·图灵,英国逻辑学家、密码专家,在"二战"中破译德军密码,后自杀身亡。

人择原理。如果我理解得没错，那位哲学家认为宇宙必须要在内部演化出观察者——换句话说，一个缺少有意识的观察者的宇宙，在逻辑上就是矛盾的。因此，他对我们的宇宙格外适合生命这一点并不感到意外。但是在我看来，宇宙这么适合生命可真是够奇怪的。要解释这个现象，除了神学，就只有多重宇宙理论了——也就是说，宇宙包含许多部分，每一个部分的自然规律都不相同，各种常数的值也不同，比如支配宇宙膨胀的所谓'宇宙常数'。如果一个多重宇宙包含了许多宇宙，其中的大多数都对生命不利，有一两个却适合生命繁衍，那么，我们出现在一个适合生命的宇宙里也就没有什么好奇怪的了。"

然而，我向他指出，这又会产生一个新的问题：为什么会存在这样一组数量庞大的宇宙？

"我没有说多重宇宙可以解决所有的哲学问题，它只是可以让我们对这个宇宙正好适合生命和意识这件事不再觉得神秘。但就算是那样，我们也还是要面临一个问题，那就是为什么自然规律会制造出一个包含了我们这个宇宙的多重宇宙。我认为这个谜题是根本没有答案的。你要是相信一个理论能够创造一个世界，那就有点像是相信圣安塞姆对上帝存在的本体论证明了——安塞姆问别人：你能够想象一个你能想象的最完美的东西吗？如果你傻乎乎地回答了'能'，他就会接着告诉你说，由于存在就是一种完美，所以你想象的那个东西一定存在，因为如果它不存在，你就能想象出一个比它更完美的东西，那东西和原来的东西相同，区别只是它存在！这个证明被推翻了好几次，又复兴了好几次。圣母大学有个叫阿尔文·普兰丁格的现代神学家号称自己发明了一个滴水不漏的安塞姆证明。我个人认为那全是胡说八道。你显然不能从想象一个事物推导出那个事物真的存在。自然规律也显然不能要求它们描述的东西一定为真。没有一个理论可以告诉你它描绘的东西一定是存在的。"

那么，我说，也许最有希望解释存在的是量子理论。它不仅解释了世界上的事件，而且和它推翻的经典理论不同，它还要解释这个世界是如何产生的。根据量子的测不准原理，宇宙的种子必定会从虚空跃入存在。因此，这个在世界内部适用的理论，或许同样可以从外部支撑世界的存在。

"没错，那或许是会给它加点分数。"温伯格说，"但是有一点我还觉得不太满意：量子力学其实是一座空的舞台，它本身并没有告诉你任何东西。这也是我为什么觉得卡尔·波普*说的科学理论必须可以证伪是错误的：量子力学就是不可证伪的，因为它没有做出任何预测。量子力学是一个相当笼统的框架，你可以在这个框架里构建理论，然后再做预测。牛顿的物理学不是在量子力学的框架里构建出来的，但所有的现代理论都是。而且，量子力学本身也没有对宇宙自发产生的事情表态。要回答这个问题，你就需要用其他的理论来嫁接量子力学。"

那么，我们今天的理论究竟发展到了什么地步呢？

"要我说，还相当的不尽如人意。长远来看，我们想要一个真正的统一理论——不光是量子力学加上一点别的东西，而是一个吸收了所有理论的不可分割的整体。我们到现在还没有看到这样一个理论。不错，我们是有了量子引力论、量子电动力学，还有标准模型等，但那些都不过是在量子的舞台上添加几个演员罢了。最终的理论仍然遥遥无期。"

＊ 卡尔·波普，英国科学哲学家，主张科学理论必须可以证伪，否则就不是科学。

我提起弦论,温伯格的嗓音里随即流露出一丝忧伤。

"我本来是希望弦论可以早出成果的,"他说,"但事实令人失望。我不是要附和那些说弦论坏话的人,我到现在都认为弦论是我们跨出已知世界的最佳尝试,只是它的发展还没有达到我们的预期。弦论的公式可以算出许许多多个解,大概有 10 的 500 次方个。如果这每一个解都在自然中实现,那么弦论就会提供一个自然的多重宇宙,而且是一个相当庞大的多重宇宙——庞大到了人择原理完全可以成立的地步。"

温伯格所说的,正是弦论家所谓的"弦景观"。那是一个由大量"口袋宇宙"组成的庞大集群,其中的每一个都体现着弦论公式的一个可能解。这些口袋宇宙彼此间有着一些基本差异,比如空间的维度、组成物质的粒子、力的强度,等等。其中大半都是缺乏生机的"死宇宙",没有生命,没有意识;但是也有少数几个却刚好具备智能观察者出现的条件,而这些观察者又反过来对世界刚好适合他们生存感到了诧异。在有的物理学家看来,弦论中的这个弦景观令人振奋,还有的则蔑然视之,认为它只不过是一种归谬论证。

"对了,"温伯格接着说道,"对多重宇宙还有一种看法,完全是从哲学的角度出发。它是罗伯特·诺齐克提出的——哈佛的哲学家,已经过世了。诺齐克有一条哲学原则,认为凡是你可以想象其存在的东西,都是真实存在的。"

没错,我接口说——"富饶原则"。

"就是那个。诺齐克设想了大量不同的可能世界,它们在因果上彼此隔断,物理定律也完全不同。某一个世界里通行牛顿力学,另一个世界里只有两枚粒子围绕着彼此永久转动,还有一个世界里什么都没有。诺齐克是这样来证明富饶原则的:他指出这个原则有一种宜人的自洽性。这个原则认为所有的可能都已经实现了,而由于它本身也是这些可能里的一种,所以它本身肯定也已经实现了。"

我反驳说,富饶原则根本谈不上自洽,它在本体论上过于铺张了,是会推出矛盾的。它就好比是所有集合组成的集合——因为它本身就是一个集合,所以必然会包含自身。好了,既然有集合可以包含自身,我们也就可以设想一个由所有不包含自身的集合组成的集合。我们把这个集合称为 R。那么,R 包含它自身吗?如果包含,那么根据定义,它就不包含它自身;如果不包含,那么根据定义,它又包含了它自身。这不就矛盾!(温伯格当然立刻听出这是罗素悖论。)我接着指出富饶原则里也有一个类似的逻辑缺陷:如果所有的可能性都已实现,并且有的可能性包含自身,有的不包含,那么"所有排除了自身的可能性都已实现"的可能性,也一定是实现了的。而这个可能性是自相矛盾的,就像所有不包含自身的集合组成的集合那样。

说到这里,温伯格和我就"一种可能性排除另外一种"是什么意思展开了漫长的辩论。但我们最后都承认,这场辩论不过是个"形而上学的乐子",于是就此打住。我们接着又随便聊了几句纽约的生活——那是温伯格出生的地方,他的父母都是移民,他在 1933 年出生,后来上了布朗克斯理工中学,他坦言自己"好些年"没回去了。说完这些,我和这位物理学标准模型之父的交谈也就此结束了。

这次交谈加深了我对存在之谜的见解了吗?有一件事说来令我意外,那就是温伯格这样富于怀疑精神和科学头脑的人,居然会接纳富饶原则这个铺张的形而上学观念。我又去重读了他的那本《最终理论的梦想》,想看看他对这个问题有什么说法。他是这样写的:富饶原则"假设了许多完全不同的宇宙,它们各自遵循完全不同的物理定律。然而,如果这些别的宇宙是我们根本接触不到,也无法了解的,那么说它们存在似乎也没有什么意义;除了能够避免别人问起它们为什么不存在。这里的困难,在于我们想要逻辑地处理一个不太能够用逻辑论辩解决的问题,那就是我们该对什么表现惊奇,又该对什么淡然处之"。

看来温伯格相信,物理学家要想满足这种惊奇,最好的办法就是找到物理学中的那座圣杯,那个终极理论。他写道:"这个理想可能会在一两百年之后实现。到了那时,我认为物理学家的解释能力就达到了极限。"

温伯格设想的那个终极理论应该能够在澄清宇宙的起源上远远超越现有的物理学。比如,它也许可以揭示时间和空间起源于我们目前还不了解的某些更为基本的实体。不过,即使有了那样一个终极理论,我们也还是很难想象它可以解答为什么存在一个宇宙而非一无所有的问题:难道说物理定律会以某种方式告知虚无,说它的内部包孕着实在? 如果真是那样,这些定律又寄身何处呢? 难道它们像上帝的意志一般孤悬在世界的上方,在那里下达存在的命令? 抑或是它们就在世界内部,不过是对于世间一切事物的总结?

霍金和维连金这样的宇宙学家有时接受第一种可能,但接受之余又感到困惑。比如维连金认为,宇宙可能是借助"量子隧穿"从虚无抵达存在的,但是他谈到隧穿时也发出过这样的疑问:"支配隧穿的基本定律,和宇宙诞生后描述其演化的基本定律是完全相同的。可见这些定律应该在宇宙诞生之前就'在那里了'。这是否说明这些定律不仅仅是对于现实的描述,更有着自身独立的存在? 那么在没有空间、时间和物质的情况下,它们又是记录在哪一种介质上的呢？这些定律又是以数学公式的形式表达的。如果说数学的载体是心智，那么是否说明心智的存在要先于宇宙？"至于那是谁的心智，维连金就此缄口。

霍金也承认，他对物理定律在本体论上的地位和效力感到不解："是什么在那些公式中注入了活力，并且创造出了一个宇宙来供它们支配？难道说那个最终的统一理论是如此强大，以至于造成了它自身的存在？"

如果物理学的最终定律真的像柏拉图的理念一般永恒超然，具有遗世独立的实在性，那也只会引出一个新的谜题——严格地说是两个。第一个就是困扰霍金的谜题：这些定律的本体论效力，它们的"活力"是从何而来的？它们是如何创造世界的？又是如何迫使万物遵从的？即使是柏拉图也需要一位超凡的匠人、一个"造物主"来按照理念设计的蓝图塑造世界。

第二个谜题更加基本：如果物理定律本身就具有超然的实在性，那么超然实在的为什么就是这样一组定律呢？为什么不是别的什么定律，或者更简单些，根本没有定律？如果说物理定律本身就是存在，那它们就解释不了为什么存在万物而非一无所有了，因为它们自身就需要解释。

我们再考虑一下另外那种可能：物理定律并不具有本体论地位。按照这个观点，这些定律并非孤悬于世界上方，也没有先于世界而存在。相反，它们只是对世间万物规律的最普遍也最可能正确的归纳。也就是说，行星围绕太阳公转并不是因为它们"遵守"了引力定律，而是引力定律（现在应该说是替换了引力定律的广义相对论）归纳了自然界中的一个常见模式，一个包含了行星运转的模式。

假如物理定律真的不过是对世间事物的总结，就连那些最深刻的、组成终极理论的定律也不例外,那么这些定律又怎么能够解释世界呢?也许它们并不能够。维特根斯坦就是这么认为的。他在《逻辑哲学论》中这样写道:"整个对于世界的现代观念都建立在一个错觉之上,即所谓的自然规律是对自然现象的解释。于是今天的人们在自然规律面前止步,把它们看做是不可违抗的力量,就像古人对上帝和命运的态度一般。"

温伯格显然并不赞同维特根斯坦的这个质疑:物理学家可不是牧师或者先知,他们是真的能够解释世界的。他们在冥思苦想、恍然大悟之后所做的事,就是在解释世界。在温伯格看来,给一个事件以科学的解释,就是指出这个事件如何与物理学原理中内含的某个常见模式相符合。而进一步解释那个原理,就是指出它可以从一个更加基本的原理中演绎出来(比如,许多分子的化学性质都可以从更加深刻的量子力学和静电吸引的原理中演绎出来,演绎的过程之中,这些分子的性质也随之得到了解释)。根据温伯格的设想,有朝一日,所有科学解释的箭头都会指向同一块基石,它无比深刻,无比全面,它就是终极理论。

可以想见,未来的物理学家或许能将宇宙存在本身也囊括到这幅宏伟的演绎图景中去。也许有了终极理论,他们就能推算出一个暴胀多重宇宙的种子必然会通过量子隧穿从虚无抵达存在。但是那又怎样呢?那就能解释为什么存在万物而非一无所有了吗?不,那只能证明那些描述世界内部秩序的定律与虚无是互不相容的(比如,海森堡的测不准原理就规定了一个场的数值和它的变化速度不能同时为零,因此整个世界不可能是一片不变的虚无)。对于形而上学上的乐观派来说,这个结果或许不算坏。它说明世界在某种意义上是自我包含的,因为世界内部的秩序规定了世界本身的存在,至少也是使得世界的存在成为了可能。但是对

世界为何存在?
Why Does the World Exist?

爱挑刺人来说,这就比较像是一个恶性循环了。因为从逻辑上说,世界应该早于它内部的规律而存在,因此这些规律并不能回过头去解释世界为什么存在。

和温伯格的一席谈话加深了我对科学解释的理解,却也使我就此认同了他的一个观点,那就是科学解释无法消除存在之谜。为什么存在万物而非一无所有?这个问题是连那个终极理论也无法处理的。即使有霍金、特莱安、维连金等一众宇宙学家的奇思妙想,这个问题的答案(如果有的话)也只能到别处去找,到理论物理的领地之外去探求。

探求的结果会一无所获吗?也许会。但是它也会因此显得更加高贵,会带上一种知其不可而为之的气魄。就像温伯格在《宇宙的最初三分钟》结尾处所写的那样:"只有少数几件事能将人类的生活从闹剧中解脱出来,并赋予人生些许悲剧的优雅,探索宇宙就是其中之一。"

间奏　为什么会有这么多世界?

存在一个世界就够神秘的了,再加上许多个世界呢?有了如此泛滥的存在,找到最终解释的希望似乎就更渺茫了。我们已经有了两个难解之谜,"为什么存在世界"和"为什么是这个世界",现在似乎还要加上第三个:"为什么存在这么多个世界?"

然而,这个多世界假说在我拜访的一些思想家看来却似乎颇对胃口。比如温伯格,虽然他对许多事情一律怀疑,但是对这个假说却接受得相当干脆。还有(对事情不那么怀疑的)大卫·多奇。这两位都觉得,如果真有多重宇宙,我们这个宇宙的一些深刻特征就会少一些神秘,本来无法解释的量子行为(在多奇看来)将会得到解释,而它适合生命发展的神秘性质(在温伯格看来)也会有个说法。

和他们不同,理查德·斯温伯恩却对这个鼓吹"上万亿个其他宇宙"的假说予以了谴责,说它是"非理性的巅峰"。持批评态度的不止他一个。揭穿过无数骗局的科普大家马丁·加德纳也坚称:"没有丝毫证据表明我们的宇宙之外还有别的宇宙。"他还说多重宇宙理论是"没有意义的妄想"。物理学家保罗·戴维斯*更是将这场辩论带上了《纽约时报》的评论版,他曾公开批评说:"为解释我们这个宇宙的反常特性而假想出无数个隐形宇宙,这样的做法就跟假想出一位造物主一样的刻意。"他指出,两种假设都是"用信仰跳过逻辑"。

我们应不应该相信多重宇宙?我们的取舍又和"为什么存在万物而非一无所有"的问题有什么关系?

在回答这两个问题之前,首先要在语意上做些澄清。如果宇宙指的是"存在的一切",那么按照定义,宇宙不就只有一个了吗?这么说也没问题。但是当物理学家和哲学家把两个不同的时空区域称为"两个宇宙"时,他们一般指的是这两个区域:(1)极其辽阔;(2)在因果上互相独立,因而(3)彼此不能直接观测到对方。如果这两个区域还符合下面的这一条,那它们就更可以称做是两个宇宙了:(4)具有截然不同的性质,比如其中的一个有三个空间维度,另一个有十七个。最后再说一种激动人心的可能:两个时空区域可以算做不同的宇宙,如果(5)它们是相互"平行"的,也就是说,它们包含了同一批实体的不同版本,比如,它们可能各自包含

---

* 保罗·戴维斯,物理学家、科普作家,著有《上帝与新物理学》等。

世界为何存在?
Why Does the World Exist?

了一个你。在以上一种或几种意义上主张存在许多个宇宙的思想家,一般都用"多重宇宙"(有的则用"宏宇宙")来指称这许多个宇宙组成的整体。

那么,他们为什么相信有多重宇宙呢?

多重宇宙的证明

既然按照定义,其他宇宙是无法直接观测到的,那么证明它们存在的担子就落在了主张它们存在的人肩上。鼓吹多重宇宙的阵营主要提出了两种证明。

第一种,也是较为合理的一种,是认为其他宇宙的存在,可以从我们这个宇宙的特性以及最能解释那些特性的理论中推导出来。比如对宇宙背景辐射(即大爆炸留下的回声)的测量显示,我们周围的空间是无限的,其中随机分布着物质。由此可以推断,一切可能的物质组合都必定在其他什么地方存在着,包括我们这个世界以及其中一切精确或不甚精确的副本。粗粗一算,在大约10的28次方米(或者英里、埃或光年——数字太大,用什么单位已经无关紧要)之外,应该就有一个你的精确副本。但由于光速有限,这些平行世界(连同其中你我的副本)彼此遥不可及,只要宇宙继续加速膨胀,我们和他们就永远无法沟通。

还有一种更为铺张的多重宇宙观,是由所谓的"混沌暴胀"理论推导出来的。这个理论由俄国物理学家安德烈·林德在20世纪80年代提出,目的是解释我们的宇宙为什么像现在这样的辽阔、均一、平坦、低熵;另外他还预言,大爆炸将会频频发生。根据暴胀理论的图景,多重宇宙中酝酿着不计其数、彼此隔绝的"泡泡宇宙"。这些泡泡宇宙并非由虚无跃入实在,而是产生于一片既有的混沌之中。

显然，暴胀多重宇宙对为什么存在万物而非一无所有的谜题并无启发，但是诚如温伯格所说，它倒是为另外一道谜题即我们的存在之谜，提供了简洁的答案。暴胀宇宙学认为，自然规律在整个多重宇宙内部大致相同，只是规律中的细节，比如基本力的强度、粒子的相对质量、空间的维度等，在各个宇宙中有着随机的差异（造成这些随机差异的是不同的泡泡宇宙在诞生之际的量子涨落）。如果真的存在大量宇宙，如果它们在物理学的细节上有着随机差异，如果我们的宇宙真的仅仅是其中之一，那么有几个宇宙正好具备哺育智慧生物的条件，也就完全是意料之中的事了。再结合人择原理的老生常谈——我们既然已经存在，就必定存在于一个适宜生命的宇宙之中——我们的宇宙为生命所做的种种"设置"，也就显得不足为奇了；我们也根本不需要假设一个上帝来回答"为什么我们存在"的问题。

总之，如果科学观测能够证明其他宇宙的存在，那么作为附带的好处，关于我们这个宇宙的若干谜题也就能随之打消了。这也正是温伯格的主张。然而有的思想家却要把这个推理调个头。他们坚称，正是为了打消某些谜题，其他宇宙是非存在不可的。这就是支持多重宇宙的第二种证明，也是较差的一种，因为它并没有任何实证观测作为依据。

这个证明的一个版本是为了解释量子理论而提出的。先来看一个著名的悖论，薛定谔的猫：不幸的猫咪被关在盒子里，由于不同可能性的量子叠加，猫咪既生也死。按照量子理论的"多世界"解释，薛定谔的思想实验其实是把宇宙分解成了两个平行的复本，其中一个里面的猫活着，还有 个里面的猫死了（两个复本里都有你）。有不少杰出的物理学家赞同多世界解释，比如费曼、默

世界为何存在?
Why Does the World Exist?

里·盖尔曼和霍金,他们宣称宇宙每一秒钟都在分裂,如今已经分裂出了10的100次方个平行宇宙,其中每一个都同样真实,然而,量子理论决定了这些平行世界之间只有最微渺的联系,因此其他世界的存在是无法通过实验观察到的。

另一个多重宇宙的逆向证明是由已故的普林斯顿大学哲学家大卫·刘易斯提出的。刘易斯宣称所有逻辑上可能的宇宙都是真实的,且真实程度都和我们平常所说的"真实世界"一般无二。他的这个宣言震惊了哲学界的同行们。刘易斯为什么这样认为?他自己解释说,因为这样就能爽快地解决一大批哲学问题。以反事实命题为例,有人说"如果肯尼迪没去达拉斯,越战就会提前结束"*,这个命题到底是什么意思?在刘易斯看来,只有存在一个和真实世界十分相似的可能世界,在其中肯尼斯没去达拉斯,而且越战提前结束了,这个反事实命题才能成立。刘易斯的可能世界同样适用于任何以"如果猪会飞"开头的命题。

多重宇宙的反驳

用如此可疑的证明支持多重宇宙,引来的反驳也同样可疑——比如下面三种:

反驳一:这不是科学。保罗·戴维斯和马丁·加德纳都指出,"存在多重宇宙"的说法没有实证内涵,因而只是空洞的形而上学。不过有些假设多重宇宙的理论倒真的推出了可以验证的预测,比如混沌暴胀理论,而且这些预言也真的得到了现有证据的支持。未来十年,对微波背景辐射和大尺度物质分布的精确观测可能进一步证

---

* 肯尼迪在访问达拉斯时遇刺身亡,有观点认为,肯尼迪此前已经准备结束越战,但因为遇刺而未能实施。

他们宣称宇宙每一秒钟都在分裂……其中每一个都同样真实。

实这些理论——或者推翻它们。这样看来,这还真的是科学。

反驳二:"其他宇宙"应该用奥卡姆剃刀剔除。戴维斯和加德纳都抱怨多重宇宙的概念太过铺张。加德纳曾经写道:"假设只有一个宇宙、一个造物主的理论,显然要比假设有亿万个宇宙的理论简单无数倍、可信无数倍。"但真是这样的吗?我们的宇宙是在一次大爆炸中产生的,正如加拿大哲学家约翰·莱斯利所指出,假如创造宇宙的装置上贴着"本装置只运行一次"的标签,那倒反而显得太离奇了。要说简单,一个打印出一整列数字的电脑程序,肯定要比一个只打印出一个漫长数字的电脑程序来得简单。

反驳三:如果真有多重宇宙,我们的世界就会降格为一个《黑客帝国》式的虚拟世界。这个反驳又是保罗·戴维斯提出的,也显然是所有反驳中最为古怪的一个。戴维斯认为,如果真有许多个宇宙,其中的一些就会演化出技术先进并能用电脑建立虚拟世界的文明。这些虚拟世界无穷无尽,在数量上将会大大超过组成多重宇宙的真实宇宙。那么,如果真的存在多重宇宙,我们就极有可能是处在这样一个虚拟的宇宙而非真实的物理宇宙之中。戴维斯写道,如果多重宇宙理论是正确的,"那就根本无法证明我们的世界、也就是诸位正在阅读本文的世界,是真实不虚的"。戴维斯是想用这个理由来反证多重宇宙的荒谬,然而他的证明实在糟糕,其中至少有两个破绽:第一,如果它能成立,那就会排除我们这个宇宙中存在技术先进的文明的可能,因为那些文明同样会制造出大量虚拟世界。第二,"我们处于虚拟之中"的假设本身就是没有实证内涵的。它要怎么证实或者证伪?正如希拉里·普特南*指出

---

* 希拉里·普特南,美国哲学家,曾提出"缸中之脑"假说,用反证法证明人类不可能处于计算机虚拟之中。

的那样,我们甚至一谈到它就会陷入矛盾,因为我们的语言只能指称位于这个所谓虚拟世界"内部"的事物。

多重宇宙的种类

在那些把多重宇宙当一回事的人中间,最大的分歧或许还在于"多重宇宙"的概念究竟有多少个版本。比如"量子多重宇宙"和"暴胀多重宇宙",彼此是否等同?如前文所述,量子多重宇宙是为了解释量子的奇异性质发明的,它由物理学家休·艾弗莱特三世在20世纪50年代以"多世界解释"的名义提出。这个解释认为,一次量子测量的不同结果对应于不同的平行宇宙,而这些平行宇宙又并存于一个更大的实在之中。相比之下,暴胀多重宇宙的提出则是出于宇宙学的考虑。它包含了不计其数个泡泡宇宙,每一个都通过其自身的大爆炸,从一片原始的混沌之中产生出来。

组成暴胀多重宇宙的各个世界被广袤的空间分隔了开来,这些空间膨胀得比光还快,因而无法逾越。相比之下,组成量子多重宇宙的世界就是被……唔,没人说得清楚它们是被什么东西分隔开来的。量子世界在原有的世界上"分叉"产生,这个意象说明,它们在某种意义上是接近的。而且,这些平行世界之间还有微弱的碰撞(比如在双缝实验里),这也说明它们相距不远。

明白了这些区别,你或许会觉得这是两类不同的多重宇宙。然而出人意料的是,有些杰出的物理学家却乐于将两者等同起来。弦论的发明者之一莱奥纳德·聚斯金就是其中的一位。他这样说过:"乍一看,艾弗莱特的多世界(多重宇宙)和永恒暴胀的宇宙是相当不同的概念,不过我倒觉得两者可能是一回事。"

聚斯金对两种显然不同的多重宇宙等而视之,这一点令我觉得无法理解,于是我特地向温伯格提了这件事。"我也不能理解。"他答道,"我和其他人讨论过这个,他们也都理解不了。"温伯格本人倾向于量子力学的多世界解释,并且他认为这个解释和暴胀多重宇宙说是"完全垂直的"——换言之,两者根本不能像聚斯金说的那样等同。"我不同意聚斯金的这个说法。"他告诉我,"也不知道他为什么要那样说。"

无论物理学家提出的多重宇宙是一种还是几种,它们都是偶然而非必然的。它们当中并不包含解释自身为什么存在的理由。此外,多重宇宙中包含的单个世界虽然在面貌上有着随机的不同,但是它们全都遵循着同样的自然规律,而且不知道为什么,这些规律也都符合某种特定的形式。因此,即便是最为铺张的多重宇宙,也还是留下了一对尚未解决的基本问题:第一,为什么规律是这样的? 第二,为什么非要有一个体现这些规律的多重宇宙而不是一无所有?

"这里很可能有尚待发现的秘密。"伟大的 19 世纪美国实用主义哲学家 C. S. 皮尔士曾如是说——这位哲学家还曾语带讥诮地感叹道,宇宙"不像黑莓那样繁多"真是一件憾事。现在看来,这个秘密单靠物理学是发现不了了。有鉴于此,一些物理学家玩味起了(有人干脆接受了)一种关于实在的神秘思想,它可以向上追溯到柏拉图,或许还可以一直追溯到毕达哥拉斯。

10
CHAPTER

第十章

作为数学家的上帝

只见神秘朝着数学飞翔
徒然！它们瞪目、晕眩、咆哮而亡
——亚历山大·蒲柏《愚人记》

神秘主义和数学的关系源远流长。是毕达哥拉斯的神秘教派在古时候发明了数学，并把它塑造成了一门演绎的科学。毕达哥拉斯宣告了"一切皆数"——这不是在打比方，他是真的认为这个世界是由数学构成的。正因为如此，他的信徒会把数字当做神明的礼物崇拜，也就不足为怪了。（他们还相信灵魂转世，并认为吃豆子是邪恶的。）

2 500 年后的今天，数学依然笼罩着一股神秘气息。大多数当代数学家（一般的估计是三分之二，具体数字还有争议）都相信一种天国，这个天国的居民不是天使和圣人，而是数学家研究的那些完美、永恒的对象：n 维球体、无穷数、－1 的平方根，等等。不仅如此，他们还相信自己能凭借某种超感知觉，和这个永恒实体的王国密切沟通。抱有这个幻想的数学家称为"柏拉图主义者"，因为他们的数学天国和柏拉图在《理想国》中描绘的超然王国十分相似。柏拉图写道，几何学家常常谈论浑圆的圆形和笔直的直线，然而这样完美的实体在我们感官所及的世界里是找不到的。他相信数字也是如此，比如数字 2，照理说应该由一对完全相等的事物组成，然而在感官的世界里，没有两个事物是完全相等的。

柏拉图于是认为：数学家构想的种种对象必然存在于另外一个世界，一个永恒而超然的世界之中。今天的柏拉图主义数学家都同意这个说法，其中的佼佼者是阿兰·科纳，他在法兰西公学院执掌分析和几何学讲座，他曾经断言："独立于人的意识之外，有一个原始不变的数学实在。"另一位当代的柏拉图主义者是勒内·托姆,他在20世纪70年代提出了"突变论",一举成名,他也曾经宣布:"数学家应该勇于接受自己最深刻的信念,要承认数学理念确实独立于思考它们的心灵而存在。"

由此不难理解,柏拉图主义在数学家眼中是十分诱人的。这种主义认为,数学家研究的实体不单单是人类心灵的构造物:这些实体是被人发现的,不是由人发明的。数学家好比先知,能够看见抽象理念组成的柏拉图式宇宙,而低一等的凡人就看不见了。逻辑学巨匠库尔特·哥德尔就是一位坚定的柏拉图主义者,他说数学家对于自己的研究对象"确实具有一种类似知觉的体验";"虽然那和真正的知觉体验相去甚远"。他还确信,数学家知觉到的这个柏拉图世界,并不是他们的集体幻觉。他曾经宣称:"像接受感官知觉一样接受数学直觉,我看是没什么问题的。"(哥德尔还相信鬼魂的存在,那是要另当别论的。)

许多物理学家也为柏拉图的想法所吸引。在他们看来,数学实体不仅"真的在那儿",永恒、客观、不变,而且它们还主宰着物理宇宙。要不然,我们又该怎么解释物理学家尤金·维格纳*的那句名言,即"数学在自然科学中具有不可思议的有效性"呢?事实一再证明,数学之美是物理学真理的可靠指引,即便在缺乏经验证据的情况下也是如此。理查德·费曼说过:"真理可以凭美丽和简洁辨认出来,你如果对了,一看就是对的。"如果伽利略说得没错,"自然之书是用数学的语言写成",那么唯一的解释就是自然界的本质就是数学。天文学家詹姆士·金斯说得更加形象:"上帝是一位数学家。"

不过在虔诚的柏拉图主义者看来,搬出上帝却实在有点多余:既

---

* 尤金·维格纳,物理学家,控制论创始人,曾获诺贝尔奖。

然数学本身就能创造并维系一个宇宙,谁还需要一位创世者呢？数学显得如此真实,而世界又显得如此数学。那么,数学能够解答存在之谜吗？如果柏拉图主义者想的没错,数学实体真的存在,那它们的存在就一定是必然的、永恒的。也许是这个永恒的数学世界实在丰富,乃至其中的一部分流溢出来形成了物理宇宙,而这个宇宙又实在复杂,乃至孕育出了能够与柏拉图世界沟通的有意识的生物。

这样一幅画卷是美妙的。然而,除了那些整天异想天开的人之外,还会有谁把这幅画卷当一回事吗？

根据我的印象,至少有一位思维严谨的思想家是这样的,他就是罗杰·彭罗斯爵士,牛津大学荣誉教授,曾经执掌罗斯·波尔数学教席。彭罗斯是一位地位崇高的物理学家,不少同行对他赞誉有加,比如基普·索恩就说过,高等数学和物理学一度长期绝交,是彭罗斯将两者重新拉拢到了一起。彭罗斯在 20 世纪 60 年代与霍金共事,他用高超的数学技巧证明,宇宙从大爆炸中膨胀出来的过程,就是恒星塌缩成黑洞过程的精确反演;换言之,宇宙的开端必然是一个奇点。到了 70 年代,他又提出了"宇宙审查假说",主张每个奇点周围都包裹着一片"视界",这片视界保护着宇宙的其他部分,使它们的物理定律不至于失效。彭罗斯还是"扭量理论"的先驱人物,这是一个优美的新理论,旨在将广义相对论和量子力学相互调和。1994 年,因为他的种种成就,伊丽莎白女王授予了他骑士头衔。

在数理之外,彭罗斯还对各种奇异事物怀有强烈的兴趣。念研究生的时候,他迷上了所谓的"不可能物体"——也就是形状怪异,似乎违背了三维空间逻辑的物体。他自己也构造出了一个不可能物体,现在称为"彭罗斯三角",这个三角启发了画家艾舍尔,他据此创造了两幅著名的版画,一幅是《升和降》,描绘一队教士沿着一道首尾相接的楼梯无休止地往上（往下？）攀爬，另一幅是《瀑布》，描绘一道环形水流源源不断地向下冲刷（我有一次听哲学家阿瑟·丹托说，每一所大学的哲学系都应该在系办公室里挂一幅不可能物体的画像，好唤起一种形而上学的羞愧）。

我知道，彭罗斯是一位不加掩饰的柏拉图主义者。多年以来，他在著作和演讲中一再声明，说他把数学实体看做是和珠穆朗玛峰一样真实、一样独立于思维的存在。对柏拉图这个名字，他也从不讳言。比如在 1989 年的著作《皇帝的新脑》中，他就这样写道："在我看来，每当心灵觉察到了一个数学观念，它就和柏拉图的那个数学概念的世界发生了接触。在这个柏拉图式的接触中，不同数学家心中的意象未必相同，但是他们却能彼此沟通，其原因就在于每一个数学家都和永恒存在的柏拉图世界有了直接的联系！"

不过真正勾起我兴趣的，却是彭罗斯偶然说起的一个意思：他说，我们的这个世界只是他那个柏拉图世界的冰山一角。第一次读到这个观点是在他的第二本写给大众的书里，书名叫《意识的阴影》，出版于 1994 年，它和之前的那本《皇帝的新脑》一样，虽然艰深难懂，但是居然也成了畅销书。《阴影》一开篇，彭罗斯就引用哥德尔不完备定理，证明人脑在数学上的发现能力超过任何一部可能的计算机。他接着主张，这种能力在本质上是量子的，要理解这种能力，只有等物理学家找到了当代物理学的圣杯——量子引力论之后方能实现。这样一个理论不仅能解释量子世界和经典世界的奇妙差异，还能揭示人脑是如何突破机械运算的限度并获得意识的。

彭罗斯对意识的看法并没有打动几个脑科学家。已故的弗朗西斯·克里克*就曾气呼呼地嘲讽他说："他认为量子引力是神秘

---

* 弗朗西斯·克里克，DNA 双螺旋结构的发现者之一，晚年转向脑科学研究。

世界为何存在？
Why Does the World Exist?

每一所大学的哲学系办公室都应该挂一幅不可能物
体的画像，好唤起一种形而上学的羞愧。

的,意识也是神秘的,所以用一个来解释另一个岂不妙哉。"然而彭罗斯的观点并没有那么简单。《意识的阴影》这个标题一语双关,它一方面暗示:我们脑细胞的电活动,虽然被许多人当做了我们精神活动的原因,但其实不过是由脑中更深一层的量子过程投下的"阴影",那些量子活动才是意识的真正源泉。

另一方面,"阴影"二字又呼应了柏拉图的看法,具体地说,是柏拉图在《理想国》第七卷写到的洞穴比喻。在那里,柏拉图把凡人比作囚犯,他们锁在一个洞穴之中,能够看见的只有眼前的石壁。那面石壁上晃动着各种影子,囚犯们以为那就是现实,他们完全没有意识到自己身后还有一个真实事物组成的世界,那个世界才是这些影像的来源。假如有一名囚犯获得解放、离开洞穴,他最初会被外面的光芒照得什么都看不见。然而一旦适应了光线,他就会逐渐理解周围的新环境。那么,如果他再返回洞穴,把真相告诉同伴呢?已经习惯了阳光的他会适应不了洞穴的黑暗,并因此看不见同伴们误以为现实的阴影。当他说起洞外的真实世界,会在囚犯中"引起大笑",他们会说他"去外面转了一圈,把眼睛弄坏了",还会说"外面根本没什么好去的"。

洞穴比喻中的那个外部世界代表永恒的理念王国,其中居住着真正的实在。柏拉图认为,这个王国的居民包括"善"和"美"的抽象,还有数学研究的完美对象。彭罗斯也认为,我们当做实在的东西,不过是由这样一个王国的"阴影"组成的。他这是不是在照搬新柏拉图主义的神秘思想?还是他对量子理论、相对论、奇点、黑洞、高等数学和意识的本质都有了独一无二的理解,因此对于存在之谜也有了非凡的洞见?

这一次,我不必远行就能听他的开示。一天我在纽约大学数学楼的大堂里等电梯,正好看见一则通告说彭罗斯即将到曼哈顿访问。他是应邀来做系列演讲的，主题是他对理论物理的贡献。我回家打了个电话给他在牛津大学出版社的宣传人员，问他们能否给我安排一次访问。两天后，那位宣传员回电话说，"罗杰爵士"同意拨一点时间出来和我谈谈哲学。

巧得很，彭罗斯就下榻在华盛顿广场西侧的一幢豪华公寓楼里，距我在格林尼治村的住处只有几步之遥。到了约定的日子，我穿过广场朝公寓楼走去。户外春意盎然，广场上人来人往，一派喧嚣，这里是一支临时组建的爵士乐队，正为草地上休憩的人群演奏乐曲，那里是一位未来的鲍勃·迪伦，正弹奏吉他动情地唱着歌。广场中央的大喷泉旁，几个街舞少年正为一群兴致盎然的欧洲游客表演即兴体操；而附近的一场跑狗比赛中，几条狗儿正在腾跃嬉闹。

我从西北角走出了广场，那里有几个骗子摆着棋局，正等着哪个天真的路人停下步子下一局、输点钱。我抬头望着离此地不远的老厄尔酒店，想起了不知在哪里读到的一则逸事：相传几十年前，妈妈与爸爸合唱团就是在那里写出了脍炙人口的《加州梦》。于是，当我走进彭罗斯下榻的公寓楼时，脑袋里自然就响起了那段旋律。酒店内部的装潢略带摩尔风格，身着制服的门卫叫我乘电梯去顶层的豪华套间。

三个世界

应门的正是罗杰爵士本人，他身材小巧，一头浓密的红褐色头发，看起来比实际岁数年轻了不少。（他是 1931 年出生的。）他的这套公寓相当豪华，有点战前的老纽约派头：高高的天花板上装饰着精美的凹凸形，大大的竖铰链窗外就是华盛顿广场的葱郁树冠。

我们寒暄了几句，我指了指窗外的一棵硕大榆树，据说那是曼哈顿最老的树木，我告诉罗杰爵士，说大家都管它叫"绞刑树"，因为它曾经在18世纪后期用来处决犯人。听到这则唐突的消息，他和气地点了点头，然后款款步入厨房去为我泡一杯咖啡。

我在沙发上坐定，心里闪过了一个疑问：难道除我之外，大家都认为咖啡因饮料比酒精更有助于思考存在之谜么？

罗杰爵士从厨房返回的时候，我问他是不是真的相信有一个柏拉图世界、一个超然于物质世界之外的世界？从形而上学上的角度来看，假设出两个世界是不是有点太铺张了？

听到我的质疑，他兴奋了起来。"其实是有三个世界，"他说，"三个！而且互相之间是隔绝的。其中一个是柏拉图世界，一个是物质世界，还有一个是精神世界，也就是有意识的知觉构成的世界。这三个世界的关系很神秘。我一直在思考的谜题，主要是精神世界和物质世界的关系：某一类结构复杂的物体——我们的脑——是如何产生意识的？但是在数学物理学家看来，另外一个谜题同样深刻，那就是柏拉图世界和物质世界的关系：要对世界的运行有最深刻的理解，我们就不得不求助于数学，就好像物质世界是用数学创造出来似的！"

看来，他不仅是一个柏拉图主义者，还是一个毕达哥拉斯主义者！至少，他是在玩味毕达哥拉斯的那个"一切皆数"的教条。我注意到，三个世界中，还有两个的关系他尚未提及：他谈到了精神世界和物质世界的联系，也说起了物质世界和抽象数学理念的柏拉图世界的联系，那么，柏拉图世界和精神世界的联系又如何呢？我们的心灵是如何与这些无形的柏拉图式理念产生接触的？如果要获得关于数学实体的知识，我们就必须如哥德尔所说，以某种方式"知觉"到它们。而知觉到一个对象，一般就代表了和这个对象建立因果关系,比如我知觉到垫子上的一只猫,就是因为那只猫身上发射的光子打在了我的视网膜上。然而,柏拉图式的理念不能和垫子上的猫相提并论,它们并不存在于时间和空间之中,在它们和我们之间也没有往来穿梭的光子,我们因此是无法知觉到它们的。既然我们无法知觉到这些数学对象,我们又是怎么获得关于它们的知识的呢?

柏拉图认为,这些知识来自前世,得自于我们出生之前,灵魂和理念的直接接触。因此,我们对于数学的知识(连同对于美和善的知识),都是对我们获得肉身之前的那段经历的"回忆"。如今已经没有人再把这个观点当一回事了,可是有什么别的理论可以代替它吗?彭罗斯在书中写道,人在思考数学对象的时候,他们的意识会以某种形式"闯入"柏拉图世界。然而人的意识取决于人脑中的发生的物质过程,这些过程如何会受到一个非物质实体的影响,这一点实在是令人费解。

我对彭罗斯提出了这个疑问,他皱起眉头,沉默了片刻说:"我知道哲学家喜欢操心这个问题,我倒是不大明白他们到底在说什么。柏拉图世界是客观存在的,我们可以与它联络。说到底,构成我们大脑的物质,本身就和数学的柏拉图世界密切相关。"

他的意思是,我们之所以能够知觉到数学实在,是因为我们的脑就是那个实在的一部分?

"比这个要复杂一些。"罗杰爵士纠正了我的说法,"这三个世界——物质世界、意识世界和柏拉图世界——每一个都是从另外一个的一小部分当中涌现出来的,而且都是最完善的部分。拿人脑来说,放眼整个物质宇宙,我们的脑只是微乎其微的一小部分,然而它也是其中结构最完善的部分。相比于人脑的复杂,一个星系只不过是一个没有生命的团块。人脑是物质世界中最精妙的部分,也正是这个部分孕育出了精神世界,即意识的世界。同样的道理,意识世界里也只有一小部分和柏拉图世界相连,但那却是最纯粹的部分,是负责思考数学真理的部分。最后,在柏拉图世界里,又只有一小部分数学是用来描述整个物质世界的——但它们也是其中最有力量、最不寻常的部分!"

听了这一番话,我不由心说他真是一位道地的数学物理学家。然而,这部分"最有力量、最不寻常"的数学,这些彭罗斯念兹在兹的知识,是否就能完全凭借自身的力量创造出一个物质世界?数学本身是否就具有本体论效力呢?

"对,差不太多。"罗杰爵士回答,"哲学家也许是对枝节问题太操心了,反而没有留意到那个最大的谜题:柏拉图世界是如何'主宰'物质世界的?"

他稍停片刻,沉思之后补充了一句:"也不是说我就能解开这个谜题。"

我们接着又闲聊了几句哥德尔的不完备定理、量子计算、人工智能、动物有没有意识的问题。("我不知道海星有没有意识,"他说,"但意识总该有一些可以观察的标准吧。")然后,我对罗杰爵士的拜访就结束了。离开他那个豪华套间里的柏拉图世界,我乘上高速电梯,不一会儿就降到了下方那个稍纵即逝的感官表象的世界。我沿着来路穿过华盛顿广场,走过"绞刑树"下,走过骗子棋局,走过中央喷泉周围的拥挤人群,又一次置身于市井之中,我的四周是混乱而生猛的动态,色彩夺目,气味刺鼻,怪音不绝于耳。芸芸众生!我暗自感叹,他们哪里知道宁静永恒的柏拉图世界?无论他们是旅游客、卖艺者、小摊贩还是青少年无政府主义者,甚至是纽约大学的文化研究学教授,正抄近路穿过广场去学校讲课,他们的意识都不曾触及那个抽象数学构成的超然世界,那个实在的真正源头。室外虽然阳光普照，但是没有人知道自己正被镣铐禁锢在柏拉图的洞穴之中，注定在影子的世界里苟活。他们看不到实在的真正知识，因为那些知识只对理解了永恒理念的真正哲人开放——比如彭罗斯。

但是渐渐地，罗杰爵士对我施加的符咒开始散去了。我开始思索，柏拉图的天国中那些庄严的数学抽象，怎么可能制造出华盛顿广场的这派勃勃生机？那样的抽象，难道真的蕴含了"为什么存在万物而非一无所有"这道谜题的答案？

彭罗斯为我绘制的是一幅自我创造、自我维持的存在画卷，那简直像是一个奇迹。这幅画卷包含了三个世界：柏拉图世界、物质世界、精神世界。其中的每一个都以某种方式创造出了另一个。柏拉图世界用数学的魔力创造了物质世界，物质世界用脑化学的魔力创造了精神世界，而精神世界又用意识直觉的魔力创造了柏拉图世界——接着柏拉图世界又反过来创造物质世界，物质世界再创造精神世界，往复轮回，生生不息。这是一个自我维持的因果循环——数学创造物质，物质创造精神，精神创造数学。在这个循环中，三个世界相互扶持，一起在虚无的深渊上空盘旋不息，仿佛彭罗斯发明的某个不可能图形。

不过，它们虽然看起来相互依存，但是在本体论上，三者的地位却不平等。在彭罗斯看来，柏拉图世界才是实在的根本。他在《意识的阴影》中写道："我认为，由完美理念构成的世界是第一位的，它的存在几乎是逻辑的必然，而另外两个世界都不过是它的影子罢了。"换句话说，柏拉图世界是单凭逻辑就必然存在的，而另外两个世界——即物质和精神的世界——都只是偶然的存在，是柏拉图世界投影出来的副产品。这，就是彭罗斯对于存在之谜的解答。

三个世界相互扶持，一起在虚
无的深渊上空盘旋不息。

这也使我产生了两个疑惑：首先，柏拉图世界的存在真的是单凭逻辑就足以保证的吗？其次，即便如此，又是什么使它投下了阴影？

对这第一个疑惑，我不由地注意到彭罗斯在下笔时似乎也有些心虚：他说柏拉图世界的存在"几乎是逻辑的必然"。为什么用了"几乎"两字？逻辑的必然是无所谓程度的，是就是，不是就不是。他还一再强调，数学的柏拉图世界"永恒存在"，它的实在性"深刻持久"，但是同样的说法也可以用来形容上帝——如果有上帝的话。区别在于，上帝并不是一个逻辑上必然的存在，对它的存在可以否定，而且不会引出矛盾。那么在这一点上，数学对象为什么就高出上帝一等呢？

数学对象必然存在？

纯粹数学的对象必然存在，这据说是一个"古老而可敬"的信仰，但是仔细考察之后，它又并不怎么站得住脚。这个信仰似乎有两个前提：(1) 数学真理是逻辑的必然，(2) 一部分数学真理宣告了某些抽象对象的存在；比如欧几里得《几何原本》中的命题20，就宣告了有无穷多个素数的存在。这个命题显然是一条存在宣言，而且在逻辑上似乎也能成立，欧几里得甚至证明，否定它就会导致谬误：假设素数是有限的，那么把这些素数全部相乘再加1，就可以得到一个比所有素数都大却不能被它们除尽的新素数——矛盾了！

欧几里得这个证明素数无穷的反证法，有人说是数学史上第一则真正优美的证明。然而，这个证明是否就能使人相信，数字是永恒的柏拉图实体？也未必。事实上，这个证明本身就已经预设了数字的存在。欧几里得只是证明，如果有一类事物数量无穷且行为如同数字 1、2、3……那么其中就一定有一类事物数量无穷且行为如同素数。我们不妨认为，整个数学就是由这样的"如果……那么"命题构成的——如果如此这般的结构满足了某些条件，那么这个结构就一定满足某些别的条件。这些"如果……那么"命题固然是逻辑上的必然，但是从中并不能推导出任何对象的存在，无论那对象是抽象的还是具体的。以命题"2 + 2 = 4"为例，它告诉你：如果你有两只独角兽，再加两只独角兽，那么你就有了四只独角兽。但即便在一个没有独角兽的世界里，这个"如果……那么"的命题也依然为真——甚至在一个什么都没有的世界里，它也依然是真的。

数学其实是由种种复杂的虚构组成的。有些虚构在物质世界里有其对应，这部分我们就称之为"应用数学"。而另外一些，比如假设更高无限性的那些，就纯粹是假设了。数学家可以创造一个个假想的宇宙，唯一的制约就是创造出来的产物要在逻辑上一致——还要美。（伟大的英国数论家 G. H. 哈代就曾宣称："'假想的宇宙'比结构愚蠢的所谓'真实'宇宙美好多了。"）一组公理只要不推出矛盾，它们就至少有可能描绘了某种事物。正因为如此，无穷理论的创始人乔治·康托才会说出"数学的本质是自由"。

因此，数学对象的存在并非像彭罗斯认为的那样，是为逻辑所规定的。它们仅仅是为逻辑所允许的——这实在是一个弱得多的结论。然而对一些更为激进的现代柏拉图主义者来说，有这个允许就足够了。那些人认为，只要自洽就足以保证数学上的存在；换句话说，只要一组公理不推出矛盾，它们所描述的世界就不单是可能的，而且是真实的。

麦克斯·泰格马克就是这样一个激进的柏拉图主义者，他是一位年轻的瑞典裔美国宇宙学家,目前在麻省理工学院教书。他和彭罗斯一样,也认为宇宙的本质是数学,也和彭罗斯一样,相信数学实体是抽象不变的。但是比罗杰爵士更进一步,他主张每一个能够自洽描述的数学结构,都在物质存在的意义上存在着;这些抽象结构中的每一个都构成了一个平行世界,这些平行世界又一起构成了一个数学上的多重宇宙。泰格马克写道:"这个多重宇宙的元素并不存在于同一片空间之中,而是存在于空间和时间之外。"这些元素可以看做是一些"静态雕塑","体现了支配它们的物理定律中的数学结构"。

泰格马克的这种极端柏拉图主义为存在之谜提供了一个非常廉价的解答。他自己也承认,这说到底不过是诺齐克那条"富饶原则"的数学版本。富饶原则认为,实在包含着一切逻辑上的可能,它极尽丰富多样,任何可能的事物都一定存在——存在因此得以战胜虚无。这条原则之所以令泰格马克难以抗拒,似乎是因为数学家都长了一根古怪的脑筋,特别容易接受某些本体论命题。比如泰格马克写道,数学结构"有一种怪诞的真实感"。它们不合常规,却成果累累;它们出人意表,还反过头来"咬"我们几口;它们的产出,超过了我们的投入。如果有什么东西感觉如此真实,那它就一定是真实的。

可是,我们就一定要被这种"真实感"左右吗?

泰格马克和彭罗斯或许是受了它的左右,但是另一位物理学大师理查德·费曼却显然没有。有一次旁人问他数学对象是否独立存在,他不屑地回答:"只是感觉起来这样而已。"

对于这种数学浪漫主义,伯特兰·罗素的立场更为严苛。1907年,三十多岁的青年罗素写过一篇热情洋溢的文章,赞颂数学的超然壮美。他写道:"只要研究得法,就会发现数学不单包含真理,而且流露出至高的美——它美得冷静质朴,如同雕塑。"但是后来年近九旬时,他却认为早年的那篇颂辞"大半是在胡说"。老年罗素是这样写的:"我现在看来,数学的主题已经不像以前那样超凡脱俗了。虽然很不情愿,但是我渐渐觉得数学里包含的都是重言式。对一个智力极高的心灵而言,它们怕是会显得微不足道、会像'四足动物是动物'这个陈述一样的琐碎。"

彭罗斯和泰格马克等人的柏拉图主义情怀要如何在罗素的刻薄评语中继续成立?如果逻辑和感觉都无法保证数学理念的永恒存在,科学或许还能助一臂之力。毕竟,我们用来描绘世界的一流科学理论中都包含了大量数学。以爱因斯坦的广义相对论为例,为了描述宇宙中的物质和能量分布如何决定时空的形状,爱因斯坦的理论引用了大量数学实体,譬如"函数""流形""张量",等等。我们要是接受了相对论,难道就不该跟着接受这些实体么?如果缺了它们就无法科学地理解世界,那么一味否认它们的存在,难道就不是智力上的自欺欺人么?

简单来说,这就是对数学存在的所谓"不可或缺证明",它最初是由威拉德·范·奥曼·奎因提出的。奎因是 20 世纪美国哲学祭酒,他曾经发表过一句著名的宣言:"存在就是作为一个变量的值。"他还是一位彻底的"自然主义"哲学家,在他看来,科学是存在的最后仲裁者。如果科学不可避免地指向某些数学抽象,那么这些抽象就是存在的。它们虽然无法直接观测,但是我们需要它们来解释我们观测到的现象。正如一位哲学家所说:"我们相信数字及其他数学对象的理由,和我们相信恐龙及暗物质的理由是一样的。"

有人认为,不可或缺证明是唯一值得认真对待的数学存在证明。但即便这个证明真的有效,它也不能为彭罗斯和泰格马克这样的柏拉图主义者带去多少慰藉，因为它剥夺了数学理念的超然地位。理念不再是理念，而是降格成了解释观察结果的理论假设，它们变得和亚原子粒子之类的物质实体平起平坐，因为两者都出现在了同样的解释之中。如果数学本身就是世界脉络的一部分，它还怎么担当起创造世界的大任呢？

柏拉图主义者还要面对更坏的消息：数学对于科学，或许根本不是不可或缺的。我们或许无需借助抽象的数学实体就能解释物质世界的运作，就像我们无需借助上帝一样。

第一个提出这种可能的是美国哲学家哈特利·菲尔德。他在1980年的著作《不带数字的科学》中，将表面上渗透着数学的牛顿引力理论重新表述，改造成了一套和数学实体毫无关系的理论。这套不带数字的牛顿理论可以做出和原来的理论完全一样的预测，虽说过程要迂回不少。

如果对于科学的这种"唯名化"改造（也就是剥开理论上的数学桎梏）可以推广到量子力学和相对论，那就可以证明奎因是错的了：数学并非"不可或缺"，数学的抽象也不必在我们对物质世界的理解中担负任何功用，数学仅仅是一套高明的解说方法，它在实践中很管用（因为可以缩短推理过程），在理论上却可有可无。对于智力更高的外星生物而言，它说不定完全没有必要。到那时，我们就会发现数字和其他数学抽象根本不是永恒、超然的，而仅仅是人间的造物。我们大可以将它们从我们的本体论中抛弃，就像罗素《数学家的噩梦》*中的那位主人公一样、高呼一声"滚开！你们不过是符号的权宜！"

---

* 《数学家的噩梦》，罗素创作的短篇小说，其中表达了对于柏拉图主义数学观的反对。

那么,这是否就说明了用柏拉图主义来解答存在之谜是行不通的呢?倒也未必。回想一下,彭罗斯的柏拉图式蓝图里还缺了一样东西。他说物质世界和意识世界都是数学的柏拉图世界投下的"阴影"。那么在这个比喻当中,使得理念投下阴影的光源又是什么呢?罗杰爵士也承认,数学抽象如何创造了另外两个世界,这个问题"是一个谜"。按理说,这些抽象在因果上应该是消极的,既不施,也不受。那么这些消极的规律,无论它们是如何的完善永恒,又是怎样发挥功用、创造出一个世界来的呢?

柏拉图本人的理论中就没有这个漏洞。他认为有一个光源,一个比喻意义上的太阳,那就是善的理念。在柏拉图的形而上学中,善超越了其他低等理念,包括这样那样的数学理念,它甚至超越了存在的理念。柏拉图在《理想国》第六卷中借苏格拉底之口告诉我们:"善本身不是存在,而是在地位和能力上都高于存在的东西。"正是善的理念"将存在赋予了万物",这不是像基督教的上帝那样出于自由选择,而是出于逻辑的必然。善就是本体论的太阳,它把存在的阳光投向较低的理念,而那些理念又投下各自的阴影,最终创造出了我们生活于其中的世界。

因此,在柏拉图看来,善就是阳光一般的实在之源。我们应不应该把这当成是诗意有余、理性不足的观点摒弃?用它来解决存在之谜,好像比彭罗斯的数学柏拉图主义还靠不住:抽象的善,怎么可能承担创造世界的责任,而创造出来的世界又怎能充斥着不善呢?但是我惊讶地发现,还真的有一个思想家完全同意这个观点。更令我惊讶的是,他居然还说服了当今几位一流的哲学家,使他们也相信了他的观点是有几分道理的。可是不知道为什么,当我知道了他住在加拿大时,我却并不觉得惊讶。

看来,数学的柏拉图主义还是无法为存在提供最终的答案,然而它的缺陷却使人不禁对实在的本质愈发深思。

在最基本的层面上,实在是由什么构成的呢? 对这个问题,亚里士多德给出了经典的回答:

$$实在 = 质料 + 形式$$

他的这个公式被称为"形式质料说"(hylomorphism),由希腊字hyle(东西,材料)和morph(形状,结构)构成。依照这个公式,事物只要不是由形式和质料构成的,就根本不存在。缺乏形式的质料是混沌——古希腊人认为,混沌等于虚无。而缺乏质料的形式只不过是存在的幽灵,它在本体论上是缥缈的,就像柴郡猫的笑。

真是这样的吗?

万物皆形式

过去几百年里,科学一直在削弱亚里士多德对于实在的这个理解。我们的科学解释越是先进,"质料"的作用就越是显得淡薄。对自然的非物质化始于牛顿,他的引力理论提到了颇为神秘的"超距作用"。在牛顿的体系当中,太阳隔着空荡荡的空间对地球施加引力。无论这两个天体之间的作用遵循什么机理,似乎都没有什么"质料"居间(牛顿本人对这一点是有所保留的,他宣布"Hypotheses non fingo"——"我不做假设")。

如果说牛顿在最大的尺度上对太阳系和更大的天体做了非物

质化处理,那么现代物理学就是在最小的尺度上对原子和更小的物体做了同样的事。1844 年,迈克尔·法拉第提出物质只能由作用于其上的力来辨认,他因此问道:"我们又凭什么认为物质存在呢?"他继而主张,组成物理实在的不是物质,而是场——也就是由点和数字定义的纯粹的数学结构。到了 20 世纪初,科学家发现,历来被当做固体典范的原子,其实主要的成分是空间。后来的量子理论又指出,原子的组成部分——电子、质子和中子——更像是一簇簇抽象属性的集合,而不是一只只微小的台球。随着解释的不断深入,从前认为是质料的东西,后来都变成了纯粹的形式。就在不久之前,这股延续了几个世纪的非物质化浪潮又攀上了新的境界:弦论认为,物质可以通过纯粹的几何学构造出来。

按照日常的理解,"不可穿透"乃是物质世界的基本属性,然而科学指出,就连这个属性都是由数学造成的错觉。我们为什么不会掉到地板下面去?约翰生博士*踢到的石块为什么反弹?因为两个固体不能穿透彼此。但它们之所以不能,并不是因为固体具有什么内在的质料性。真正的原因在数字上。要将两个原子挤压到一起,你就必须将其中的电子都转化为数字上相等的量子状态。然而量子力学中的"泡利不相容原理"却禁止你这么做,根据这条原理,两个电子只有自旋相反,才能重叠到一起。

至于单个原子的坚固性,说到底同样是数学使然。是什么阻止了原子中的电子坠入原子核?说起来,如果这些电子真的坠入了原子核,我们就可以知道每一个电子的位置(就在原子中心)和它们的运动速度了(为零)。而那样就违反了海森堡的测不准原

---

* 约翰生博士,18 世纪英国字典编撰家,在听说"存在就是被感知"的理论后踢了一块石头,以此反驳。

世界为何存在?
Why Does the World Exist?

理,因为这条原理不允许同时测定一个粒子的位置和动量。

因此,我们周围的日常物体,无论是桌子、椅子、石块还是别的,它们的固态其实都是泡利不相容原理和海森堡测不准原理共同作用的结果。换句话说,它们是可以用一对抽象的数学关系来解释的。就像诗人理查德·威尔伯写的那样:"踢吧,约翰生,踢断脚骨头吧,但石头的质料仍然如云似雾。"

说到底,科学解释实在的成分,靠的是阐述它们彼此的关系,至于这些成分的质料性,则是科学不予考虑的。比如科学告诉我们一枚电子具有如此这般的质量和电荷,但是如此这般的数值不过是指出了这枚电子受到其他粒子或力作用的方式。科学还告诉我们质量和能量等同,但是它并没有告诉我们能量究竟是什么——除了说它是一个数字的量、如果计算精确就能在所有的物理过程中守恒之类。伯特兰·罗素在1927年的著作《物的分析》中指出,谈到构成世界的实体的内在本质,科学无话可说。科学只能为我们指明一张巨大的关系网络,其中尽是形式,没有质料。构成物理世界的实体就像是一个棋局中的棋子,要紧的是它们根据一套规则的移动方式,而不是制作它们的材料。

顺便提一句:物理学家对于实在的看法,其实和现代语言学之父费尔迪南·德·索绪尔在一百多年前对语言的看法十分相似。索绪尔指出语言是一个纯粹关系的系统,词语并没有内在的本质,我们说话时发出的种种声响,其内在属性完全不影响我们的沟通,重要的乃是这些声音的相对关系所构成的系统。索绪尔写道:"语言中只有不含积极要素的差别",指的就是这个意思。这个将形式凌驾于质料之上的思想启发了结构主义运动,这场运动在20世纪50年代后期将法国国内的存在主义思潮扫到了一边,人类学领域的克洛德·列维-斯特劳斯和文学研究领域的罗兰·巴特都接受了这个思想。如果将它扩展到整个宇宙，结果不妨称之为"宇宙结构主义"。

如果实在真的只是纯粹的形式，那就会辟出几条全新的思路。其中的一条就是彭罗斯和泰格马克的思路。在他们看来，实在的本质是数学，因为数学本来就是关于形式的科学，它对质料既无了解，也不关心。在数学家眼里，形式相同而质料不同的世界是完全一样的。他们称这样的世界是"同构的"（isomorphic），这个词由希腊字 iso（相同）和 morpe（形式、结构）组成。如果宇宙就是彻头彻尾的形式，那么它就可以用数学做出完整的描述。而如果数学形式的存在具有客观性，那么宇宙就必然是这些形式当中的一种。泰格马克在说到"一切数学形式都在物理上存在"时，指的似乎就是这个意思。如果实在并没有根本的质料，那么数学上的形式也就相当于是物理上的存在了。如果骨骼已经够用，还要血肉做什么呢？

万物皆信息

还有一种非质料的实在观认为，构成实在的不是数学、而是信息。这个观点可以用已故的物理学家约翰·惠勒的一句口号概括："万物源于比特"（惠勒曾与爱因斯坦共事，还做过费曼的老师，他很善于创造新词，像"黑洞""虫洞"和"量子泡沫"都出自他的手笔）。

为什么说万物源于比特？因为说到底，科学告诉我们的只是各种差别，比如物质/能量分布的差别如何导致了时空形状的差别，或者粒子电荷的差别如何导致了它受力和施力的差别。因此，宇宙的状态可以就看做是纯粹的信息状态。英国天体物理学家阿瑟·艾丁顿爵士说过:"对于物理学研究对象的本质,我们的了解完全局限在仪表盘的指针读数上。"至于这些信息状态得以实现的"载体",无论它具体是什么,都对物理现象的解释无关紧要,因此可以完全抛弃,用奥卡姆剃刀一剃了之。世界不过是大量纯粹的差别,并没有什么基本的实体。只要有了信息("比特"),也就有了存在("万物")。

有些"万物源于比特"的支持者对这个逻辑进一步引申,将宇宙看成了一场巨大的计算机模拟。艾德·弗雷金和史蒂芬·沃弗拉姆就主张这个观点,他们把宇宙假设成一台"细胞自动机",认为它用一段简单的程序生成了复杂的物理现象。将宇宙看做计算机的观点,最激进的鼓吹者要数美国物理学家弗兰克·提普勒。但是提普勒的观点又有一点特殊:他根本不用假设一台实际的计算机,他眼中的宇宙全是软件,没有硬件。归根到底,一场计算机模拟就是一段程序的运行;而程序,说穿了就是一条规则,负责将输入的一串数字转化成另外一串数字输出。因此,任何计算机模拟——比如对于物理宇宙的模拟——对应的都只是一串串的数字序列、是纯粹的数学实体。而如果数学实体具有永恒的柏拉图式存在,那么根据提普勒的观点,世界的存在就已经得到了充分的解释。"在最基础的本体论层面上,物理宇宙就是一个概念。"他这样宣称。

那么,作为这个概念一部分的虚拟生物,比如我们,又如何呢?这些生物会意识到时间只是错觉,自己只是冻结在一卷永恒的柏拉图式录像带中的比特吗?提普勒认为不会,这些生物根本意识不到自身的实在不过是"一串数字"。不过说来也怪,虽然这些生物和万物一样都是这个数学概念的一部分,但这个数学概念却又是从他们虚拟的精神状态中产生出来的。提普勒于是写道:"我们所说的存在正是这个意思：能够思想和感受的生物，凭借思想和感受创造了自己的存在。"

宇宙是一条抽象程序，万物源于比特，这个想法使一些思想家感到了一种异样的美。它似乎也符合科学表现自然的方式——将自然视为一张数学关系的网络。不过，自然就只是这样而已吗？世界真的没有根本的质料吗？形式真的就是一切吗？

质料还是存在的

至少，实在的有一方面是不能囊括到这幅形而上学的图景中去的——那就是我们的意识。一阵刺痛的感觉、一只橙子的味道、一把大提琴的声响、一片玫瑰色的晨曦，这类质的体验在哲学中称为"感质"（qualia，拉丁语，单数为 quale），它们不单是在因果网络中扮演角色，而且还具有一种内在的本质。至少，托马斯·内格尔等哲学家是这样看的。内格尔写道："有意识的精神过程具有一些主观的性质，这些性质不是纯粹物理学的原因和结果。经过提炼的思想形式固然可以处理表象背后的物理世界，但是对那些主观的性质它却无法捕捉。"

对于这个观点，澳大利亚哲学家弗兰克·杰克逊做了生动的表达。他要读者想象一个名叫玛丽的科学家，她掌握了有关色彩的一切知识，包括我们感知色彩的神经生物过程、光线的物理学、色谱的构成等等。但是接着想象，玛丽的一生都在黑白环境中渡过，从未亲眼见过色彩。尽管玛丽对色彩有完整的科学认识，但还是有一件事是她不知道的，那就是色彩到底是什么样子。她不知道看见红色是什么感觉。可见，这个感觉当中有一种主观的、质的东西，是不能由客观的、量的科学事实来概括的。

另外,实在的主观方面似乎也不能由计算机模拟来捕捉。有一种称为"功能主义"的理论,认为精神状态的实质就是计算状态。根据这种理论,定义精神状态的不是它的内在本质,而是它在计算机流程图中所处的位置,是它和知觉输入、和其他精神状态、和行为输出之间的因果关系。比如疼痛,就可以定义为一种由组织损伤引起、导致退缩行为、外加一些"哎哟"之类特定声音的状态。功能主义认为,这样一个表达因果联系的流程完全可以移植到一个软件中去,只要在计算机上一运行,就能够模拟出疼痛的感觉了。

然而,这样的模拟是否就能复制出疼痛对于我们最真实的一面——那种痛苦的感觉呢?在哲学家约翰·塞尔看来,这个观点,"坦白地说,是相当离谱的"。他感叹道:"一个头脑正常的人,为什么居然会认为对精神状态的计算机模拟当中有真的精神状态呢?"他要读者假想这个对痛感的模拟是在一台由旧啤酒罐、绳子和风车组成的计算机上运行的。这样一个系统,我们真能相信它可以感觉到痛吗?

哲学家内德·布洛克也提出了一个类似的思维实验。他请读者想象由全中国的人口来模拟脑的程序:每个中国人模仿一个脑细胞的活动(中国的人口总数只有人脑细胞数的百分之一左右,但这不是重点),细胞间的突触连接则由他们用手机联系来模仿。如果中国人这样模仿了脑的软件,那么中国是否就会产生超乎个人之上的意识状态?比如,它能体验到薄荷的滋味吗?

哲学家设计这些思维实验,目的是要我们明白意识不止是单纯的信息处理那么简单。如果他们想得没错,那么科学在将世界描绘成一幕幕信息状态的同时,也将实在的一部分给遗漏掉了——那个主观的、无法还原的质的部分。

当然,你也可以干脆否认实在中有这样一个主观的部分,也真有哲学家这么做了,丹尼尔·丹尼特*就是其中之一。丹尼特拒绝承认意识中包含任何质的成分。在他看来,所谓的"感质"不过是哲学上的一个迷信。如果有什么东西无法用纯粹量的、关系的术语描述,那它就根本不是实在的一部分。他声称:"据说有那么一种特殊的内在的质,它不仅是私人的,还具有内在价值,而且它不能证实、不能研究,但是在我看来,这么说不过是在宣扬蒙昧。"

这种全盘否定的态度令塞尔和内格尔等人不能置信,因为它似乎是故意对意识的本质视而不见。内格尔写道:"世界根本不是某个高度抽象的观点所认识的世界"——他说的正是科学的观点。

由于意识的内在本质,我们得以相信世界不单是纯粹的形式。然而除了意识,还有一个更加普遍的理由使人对这种唯形式论产生怀疑,觉得单靠它未必能够描绘实在。这个理由很简单:形式本身并不足以构成真正的存在。就像英国唯心派哲学家 T. L. S. 斯普利格所说的那样:"具有形式的东西肯定不仅仅是形式。"或许亚里士多德毕竟是对的:我们的确还需要质料,是质料使得形式得以存在,得以实现。

但如果真是那样,我们又该如何探索实在的基本质料呢?如前文所述,科学不过揭示了质料之间的关系,并没有透露量的差异背后有什么质的不同。我们的科学知识,用斯普利格的话来说,"就好比是一个天生的聋子在学习乐谱之后对一段乐曲的认识"。

不过,的确有一部分实在,是我们不需要科学的居间就能够了解的,那就是我们自己的意识。我们能够从内部直接体验到意识状态的内在性质。对于它们,我们具有哲学家所说的"特许接触"。我们对它们的存在是再确定不过的。

---

* 丹尼尔·丹尼特,美国当代哲学家,著有《意识的解释》《心我论》等。

说到这里就引出了一个有趣的可能:我们通过科学间接了解的那部分实在,即物理的部分,和我们通过内省直接了解的那部分实在、即意识的部分,两者或许还具有相同的内在本质。换句话说,或许整个实在,包括其主观方面和客观方面,都是由同样的基本质料构成的。这样一个假说是够简单也够舒服了,但是它是不是有点离谱呢?伯特兰·罗素就不认为,他在《物的分析》中其实就得出了这个结论。大物理学家阿瑟·艾丁顿爵士也不认为,他在1928年的著作《自然界的本质》中宣称:"世界的素材是精神素材。"(顺带一提,"精神素材"的说法是威廉·詹姆士在1890年的著作《心理学原理》的第一卷中创造的)

　　不管离不离谱,把精神素材当做实在的基本质料,都会得出一个十分离奇的结论:如果它正确,那么物理宇宙中就一定充满了意识。主观的体验将不再局限于我们这种生物的脑,而是会出现在每一块物质当中,大到星系黑洞,小到夸克中微子,中间的花朵石块,每一样都有意识。

　　认为实在中充斥着意识的观点称为"泛心论",它令人想起万物有灵的信仰,即认为树木溪流皆有灵性。这个信仰虽然原始,却也勾起了不少当代哲学家的兴趣。托马斯·内格尔在几十年前就曾证明,泛心论看似愚蠢,其实却是某些合理前提推出的必然结果:我们的脑由物质粒子构成,这些粒子排列成一定的形状就会产生主观的思想和感受,而这些主观体验单凭物理性质概括不了。(品尝一颗草莓的美妙体验怎能还原成几条物理学公式?)而像脑这样复杂的系统,它的性质不是凭空产生的,而是必然来自组成系统的基本成分。所以,这些基本成分也一定具有主观的性质,这些性质组装得法,就产生了我们脑中的思想和感受。再进一步,像电子、质子、中子这些构成人脑的成分,和构成世上其他万物的成分并无不同。既然如此,那么整个宇宙也就必定包含一小块一小块的意识了。

除了内格尔,还有一位当代思想者也对泛心论持严肃态度,他就是澳大利亚哲学家大卫·查默斯。泛心论之所以吸引查默斯,是因为它有望将两个形而上学的问题,即质料问题和意识问题,合并成一个。它不仅用基本的质料——精神素材——为物理学描述的纯粹形式填充了血肉,而且它还解释了原本暗淡的物理世界何以会充满如此多彩的意识:意识并不是某些粒子恰好排列成某个形状时从宇宙中神秘地"涌现"出来的,而是从一开始就存在于宇宙之中,这些粒子本身就是一点一点的意识。也就是说,心灵的主观信息状态和物理世界的客观信息状态背后,隐藏的是一个统一的本体,用查默斯的一句口号来概括,就是"体验是内部的信息,物理学是外部的信息"。

你或许觉得,这桩形而上学的买卖好得都不像是真的。的确,泛心论自有其缺陷,最大的那个不妨叫做"组合问题":这么多一小点一小点的精神素材,是如何组装出一个更大的心灵来的呢?就拿你的脑来说,它是由大量基本粒子构成的,而按照泛心论的说法,每一个基本粒子中都包含着一个原始的意识,有着自己的(多半是非常简单的)精神状态。那么,到底是什么使得这些微观心灵组合出了你脑袋里的那个宏观心灵呢?

对于威廉·詹姆士,组合问题是接受泛心论的一道障碍。他困惑地问道:"许多个意识又如何能够同时是一个意识呢?"他还用一个例子生动地表达了这个问题:"找一句由十二个单词组成的句子,再找十二个人,对他们每人说一个单词,然后让这十二个人排成一列或挤成一群,再叫他们每个人都专心思索自己的那个单词。这时,人群中并不会出现对于整句句子的意识……个人的心灵不会组合成更高的心灵。"

詹姆士的观点得到了泛心论的不少当代反对者的响应。他们质疑道:如果不知道电子和质子之类的东西如何组装出了完整的人类意识,那么假设这些东西具有心灵又有什么意义呢?

不过,也有一些无畏的思想者自认为解决了组合问题。说来或许意外,他们的线索竟然来自量子理论。量子有一个奇怪的特性,叫做"纠缠"。当两个相距遥远的粒子间发生了量子纠缠,它们就失去了独立的身份,变成了一个统一的系统。其中的一个发生改变,另一个即使相距数光年之遥,却也能立即感应。这是经典物理学中没有的概念。当量子发生纠缠,整体就大于了部分之和。这与我们平常对于世界的认识大相径庭,就连爱因斯坦都称之为"幽灵作用"。

量子理论一般应用于粒子和场构成的物理世界,然而将它应用于精神素材构成的心理世界,似乎也并无不妥。由此产生的"量子心理学",甚至可以用来解释意识的统一性,而这统一性,正是笛卡尔和康德眼中精神实体的独特标志。如果物理实体可以抛弃独立性、组成一个单一的整体,那么我们至少可以想象,原始的精神实体也可能放弃独立,并且像詹姆士所说的那样,"组合成更高的心灵"。可见,量子纠缠至少可以为组合问题的解答提供一条线索。

罗杰·彭罗斯也曾运用量子原理解释人脑中的物理活动是如何产生意识的。他在《意识的阴影》中写道:"要产生统一独立的心灵……脑的相当一部分就必须具有某种量子相干性。"他后来还更进一步,倒向了泛心论的观点,认为构成脑和宇宙万物的原子,本身就是由精神素材构成的。他在一次演讲中谈到这个问题时宣布:"我认为,具有这种性质的东西是非常必要的。"

泛心论不是人人都喜欢。约翰·塞尔就说它"荒谬"，根本懒得驳斥。但是泛心论有一个好处不容否认，那就是本体论上的节俭。它认为宇宙归根到底是由一种质料构成的，因此是一种一元论的实在观。你要是想解决实在之谜，一元论是一个方便的形而上学立场，因为它只要求你解释为什么会有一种实体。相比之下，二元论者的任务就比较艰巨了：他们必须同时解释为什么会有物质，又为什么会有心灵。

　　那么，精神素材是否就真是实在的基本素材呢？实在是否不过是（也不少于）一个巨大而无限复杂的思想，甚至是一个梦呢？为了给这个听起来相当离谱的结论增加一点权威，我翻开了一本我到现在都觉得无懈可击的书：《魔鬼辞典》。我在其中找到了下面这则巧妙的定义：

　　实在〈名词〉：一个疯狂哲学家的梦境

11
CHAPTER

第十一章

宇宙来自善的召唤

"说起来，我是有一个最中意的答案，我还为它自豪呢。可后来，我却发现柏拉图在 2 500 年前就已经想到了同样的答案，当时可真是又恐惧又反感！"

这个拥有答案的人，这个在青少年时代就相信自己的答案前无古人的人，是一位举止温婉、语气轻柔的思辨宇宙学家，他的名字叫约翰·莱斯利。

"思辨宇宙学家"是一个分布广泛但规模不大的组织，它包括了一百来位具有哲学倾向的科学家和精通科学的哲学家，主要成员有英国的现任皇家天文学家马丁·里斯男爵，斯坦福大学的物理学家、暴胀理论的发明人安德烈·林德，澳大利亚实在主义哲学的掌门人杰克·斯马特，还有曾在剑桥大学担任粒子物理学家、后来变身圣公会牧师的约翰·波金霍恩爵士。在这个广泛而多样的群体当中，约翰·莱斯利是具有崇高威望的一位，因为他不仅大胆提出了自己的宇宙学猜想，还对它做了巧妙的辩护。莱斯利是个土生土长的英格兰人，于 20 世纪 60 年代在牛津大学获得硕士学位，后来迁居加拿大，在那里的圭尔夫大学教了 30 年哲学，并最终获选成为皇家学会会员。他在学术生涯中源源不断地写出了一系列书籍和文章，将严谨的技术和奔放的幻想熔于一炉。在 1989 年的著作《多宇宙》里，他对宇宙促成生命繁衍的假说做了细致入微的分析，并由此推出多重宇宙的存在。在 1996 年的《世界尽头》中，他证明纯粹的概率论会推出一番"末日"景象，在其中人类会立即灭绝。在 2007 年的《捍卫不朽》中,他又借用现代物理学的概念(尤其是爱因斯坦的相对论和量子纠缠理论)论证,虽然在生物学上人人要死,但是在另外一个非常真实的意义上,我们却都能永生。顺便再提一桩趣事:莱斯利还发明过一种叫做"人质棋"的游戏,它是国际象棋和日本将棋的结合,有一位国际象棋大师称赞它是"可以用标准棋具来下的最有趣、最刺激的象棋变种"。

撇开这些成就,莱斯利表示最想被人记住的还是他对"为什么存在万物而非一无所有"这个谜题的解答——虽然他也承认,柏拉图已经抢了先。(但是怀特海*不也说了么?"一切哲学都是对柏拉图的注解。")莱斯利将自己的解答称为"极端的价值主宰论"(extreme axiarchism),因为它认为实在是为抽象价值所主宰的——其中的"axia"是希腊语"价值"的意思,"archein"则意为"主宰"。

因为善,所以存在

"关于为什么存在万物而非一无所有,这个问题你是世界上的头号权威。"对话伊始,我就这样说道。莱斯利的房子坐落在加拿大西岸,他坐在自家的起居室里和我交谈,身穿一件暖和的圆领羊毛衫,抵御着晚秋的寒意;而我则在思想的海洋中游弋。

"关于世界为什么存在,我怀疑没有人可以称为权威。"他把手一挥,在眼镜后面眨了眨眼,"要说权威,我只是对现有的种种猜测比较熟悉罢了。不过我不是没有自己的想法,我也说过,那想法可以追溯到柏拉图。柏拉图认为有一系列必然存在的可能,我认为他说得不错。"

---

* 怀特海,近代英国哲学家、数学家,曾与罗素合著《数学原理》。

必然存在的可能？

"是这样的，"莱斯利解释道，"就算世界上什么都不存在，也一定会有各种逻辑上的可能。比如，就算没有苹果，'苹果'这个概念在逻辑上也是成立的，而'结了婚的单身汉'就无法成立了。又比如，如果有两组苹果，每组两个，那么总共就一定有四个苹果，这一点也是无可置疑的。就算世间一无所有，像这类条件式的真理，这类'如果甲那么乙'的真理，也仍然成立。"

好吧，我说，可是，你又怎么从这些可能，这些所谓'如果甲那么乙'的真理中，得出真实的存在呢？

"是这样，"他继续说道，"柏拉图研究了这些真理，他认识到其中的一些不仅仅是'如果甲那么乙'式的真理。假如有一个空的宇宙，里面什么都没有，那么这个空的宇宙一定比一个人人受尽苦难的宇宙好得多。于是这里头就有一个伦理上的要求：它要求宇宙的空无状态继续，而不是被另一个充满无限苦难的宇宙所代替。然而，在相反的方向上或许还有一个伦理要求，那就是要求这个空的宇宙被一个善的宇宙、一个充满了幸福和美的宇宙所取代。在柏拉图看来，伦理要求有一个善的宇宙，这一点就足以将这个宇宙创造出来了。"

莱斯利的话令我想起了柏拉图的《理想国》，他的确在其中宣布善的理念"为万物赋予了存在"。照莱斯利的说法，他本人对于存在之谜的解答，其实就是柏拉图那个宣言的现代版本。

我试着掩饰起语气中的怀疑，继续问道："你的意思，宇宙爆炸诞生，都是因为有一个抽象的善的要求？"

莱斯利神态平静、不动声色。"如果你接受了这个世界总体而言是一个善的世界，那么你就至少可以开始思考它是由善的要求创造出来的理论了。"他说，"自柏拉图的时代，这个理论已经说服了许多人。在相信上帝的人看来，它甚至也为上帝的存在提供了解释：上帝之所以存在，是因为伦理上需要这么一个完美的存在者。善可以解释存在的想法已经有了相当漫长的历史——我也说了，知道了这一点我很失望，因为我希望这完全是我的创见。"

莱斯利的措辞柔和精准，还微微透出一丝愉快，但是从他那个柏拉图式的创世故事里，我却仿佛隐约听出了一些反讽。要是他真的主张宇宙是为了响应道德上善的需要才诞生的，又该怎么解释宇宙为何如此令人失望呢？为什么无论从道德和审美的角度来看，宇宙不是邪恶无边，就是无聊透顶呢？

莱斯利接下来的一番话，让我意识到他对宇宙的理解大大超出了我们一般人的知识。

首先，如果存在的原因是善的需要，那么它就一定是精神性的。换句话说，存在从根本上一定是由精神、由意识构成的。其中的道理在莱斯利看来很简单：某一件事物要具有自身的价值，而不仅仅是作为达到某个目的的手段，它就必须具有统一性，而不能是独立存在的各个部件的简单组合。不错，你是可以把没有价值的部件组装成具有实用价值的东西——比如一台电视机，它具有实用价值，因为它可以为看电视的人带来乐趣。然而乐趣这种体验却是一个意识状态，它具有统一性，它的统一性超出了各个部件的机械组合。这就是为什么这样一种有意识的体验能够获得内在价值的原因。和伯特兰·罗素一同创立现代分析哲学的 G. E. 摩尔率先强调了这种统一性，他提出了"有机统一"的概念，并指出正因为有它，内在价值才得以存在。和有机统一相对的是简单的结构统一，比如一辆汽车或者一堆沙子的统一。摩尔认为，真正的有机统一只能在意识中方能实现。（正如威廉·詹姆士所说："无论对象有多么复杂，关于对象的想法都是一整个难以分割的意识状态。"）因此，如果世界真是应善的需要而生，那么它在根本上就一定是由意识组成的。

以上就是我在阅读莱斯利的早期著作，比如 1997 年的那本《价值与存在》之后得出的点滴印象。令我始料未及的是，这些年里，他的宇宙观又经历了一次巨幅膨胀。

他告诉我说："当我思考宇宙，我认为宇宙是由数目无穷的无限心灵构成的，其中的每一个都知道一切值得知道的事情，而这些事情中就包含我们这个宇宙的结构。"

因此，包含了千亿个星系的物理宇宙，其实不过是这些无限心灵之中的一个冥想出来的产物。这就是莱斯利要告诉我的意思。这一点对于宇宙的居民——我们，还有我们的意识状态——也一样适用。然而我的问题依然存在：如果这一切都是来自某个无限心灵的构想，那么世界上为什么还会有邪恶、苦难、灾难和丑陋呢？我们为什么会生活在这样一个黑暗的世界里呢？

"一个无限的心灵可以构想出许多结构，我们的宇宙只是其中的一个。"他这样答道，"这个心灵知道无数个宇宙的结构，而我们的这一个不太可能刚好是其中最好的。最好的要从大处去找：数目庞大的许多宇宙，作为构想的模式共存于一个无限的心灵之中，而你偏爱的那个十全十美的宇宙，或许就是这些构想的模式之一。至于我们的这个宇宙，我怀疑，在这个无限心灵构想出来的无数个世界当中，就善的程度来说，是相当靠后的。不过在我看来，要找到一个彻底没有存在价值的世界，你还得再往后数很远才行。"

说到这里，莱斯利呵呵一笑，但随即就恢复了肃穆的神态。他请我设想卢浮宫作为比喻：就像一个无限的心灵可以容纳许多个宇宙，卢浮宫也可以容纳许多件艺术品。其中的一件，比如蒙娜丽莎，是最好的。然而，如果卢浮宫的展品全是蒙娜丽莎的复制品、而没有大量水准较低的作品烘托，它就不会像现在这样富有趣味了。一家最好的博物馆在拥有顶尖的艺术品之外，还应该收藏各种较为逊色的作品，只要那些作品具有一些救赎人心的美学价值——也就是说，只要它们不是坏的作品就行了。同样的道理，最好的无限心灵里也构想着各式各样的宇宙模式，这些宇宙的净价值都是正的，好到最好的可能世界、差到品质一般、善只比恶多一点点的可能世界。大体而言，这些五花八门的世界，每一个都比纯粹的虚无要好，它们合在一起，就形成了最有价值的实在，而这样一个实在就会在柏拉图式的善的要求之下，从虚无中诞生出来。

莱斯利以前回答过对他的宇宙图景最常见的反对，即恶的问题：我们的这个世界显然不是蒙娜丽莎，它被残暴、痛苦、武断和荒凉所污秽。然而，虽然有种种道德和审美上的缺陷，这个世界却还是竭力为整个实在贡献了一点净价值，就像一个二流艺术家的一幅平庸画作能够为卢浮宫的藏品增添一点净价值一样。因此，我们的世界是有资格在那个更大的实在中占据一席之地，有资格被某个无限的心灵构想出来的。

但是对他的价值主宰论，还有一个更加严重的反驳：为什么一个无限的心灵（或者类似的什么东西）会被一个善的要求召唤到现实中来呢？换句话说，为什么"应当存在"就能导致"实际存在"呢？这样一条原理在现实世界中似乎并不成立：如果有个穷孩子就快饿死了，那么最善的局面莫过于出现一碗米饭挽救他的生命。但是我们从来没有见过一碗米饭为了一个孩子凭空出现的事。那么，我们又凭什么相信一整个宇宙会这样凭空出现呢？

当我向莱斯利提出这个反驳，他发出了一声长长的叹息。

"像我这样的人，"他说道，"像我这样接受柏拉图式的宇宙观、相信宇宙存在是因为它应该存在的人，我们并不认为一切道德上的要求都能得到满足。我们知道这里头是有冲突的。如果这是一个井井有条，根据自然规律运行的世界——这样的世界很优雅、很有趣——那就不可能突然奇迹似地出现一碗米饭。再说，有孩子没饭吃，这很可能是有人滥用自由的结果。一个善的世界是主体能够自由决策的世界，而一旦有了这个自由，主体就可能做出坏的决策。"

我也知道善的需要可能彼此冲突，其中的有些需要可能被另一些压倒。问题是，善为什么就能够实现自身呢？它为什么和，比如"红"不同呢？"红"显然没有实现自身的倾向，不然的话，一切就都是红色的了。

"理查德·道金斯有一次表达过类似的意思。他问我：像'善性'这么微不足道的性质，怎么能够解释世界的存在呢？还不如用'香奈儿五号性'来解释呢。我嘛，并不认为善只是一个平凡的性质，可以像香水或者涂料那样随随便便地贴在事物上面。善是必然的存在，绝不是微不足道的。谁要是不明白这一点，就说明他还没摸到伦理学的门呢。"

想象一个善的可能——比如一个美丽和谐、幸福满溢的宇宙。如果这样的可能成了真，它的存在就会具有道德上的必然性。柏拉图就是这么认为的：他认为一件事物之所以存在，是因为它的存在符合善的需要。善和必然存在之间的联系不是逻辑的联系，但它是一种必然的联系——至少，像莱斯利这样服膺柏拉图的思想者是这么认为的。我们其他人或许是缺乏他们的才智，因此无法理解为什么是那样。在我们看来，价值要创造实物，只有靠着某种机制的协助方才可能——就像莱斯利说的那样，需要"各种力量的协作，比如活塞推动、电磁场牵引或者是有人发挥意志等"。然而，这样的机制还是无法解释一个世界的存在。它无法解释为什么存

一件事物之所以存在，是因为
它的存在符合善的需要。

在万物而非一无所有,因为它自身也是万物的一分子,需要解释。由于理解的局限,我们只能满足于这个洞见:即道德的需要和创世的力量指向同一个目标,那就是存在。柏拉图认为两者间有着必然联系的想法不是逻辑上的必然真理,但它同样不是一个荒谬的概念。至少莱斯利如此坚称。

我对他说,这个问题或许可以反过来思考:即便对于善的抽象需要没有为宇宙的存在提供充足的理由,它至少也提供了部分理由。只要没有相反的理由来否定世界的存在,善本身或许就足以保证存在盖过虚无了。毕竟从物理学上说,宇宙的诞生似乎是不需要什么成本的:负的引力势能可以和物质内部封存的正能量相互抵消,总和为零。

莱斯利对这个思路相当欢迎:"只要没有虚无的力量对抗事物的存在,那么任何支持存在的有效理由就都可以促使万物诞生。你或许可以假想出一个魔鬼来反对万物的存在,但问题是,那个魔鬼又是从哪儿来的呢?"

那么,海德格尔又如何?他不就认为有一股抽象的虚无之力吗?他不是就提出了"虚无的虚无化"一说吗?

"或许他这么认为,可是我不。"莱斯利答道,"如果你认真读过海德格尔,你会发现他对存在的解释是非常模糊的。神学家汉斯·昆对他做了解读,说他认为'上帝'这个词不过是对产生世界的创造性伦理原则的简称。所以说,海德格尔很可能也是柏拉图—莱斯利阵营的呢!"

莱斯利虽然也大谈神学味浓重的"神圣心灵",可是他对传统的上帝概念却并不认同。他说:"如果我的观点没错,那就存在无限数目的无限心灵,它们中的每一个都知道一切值得知道的事情,你要是愿意,大可以把其中的每一个都叫做'上帝',也可以认为上帝是这些无限心灵组成的集体，你甚至可以说，上帝是它们背后的抽象原则。"

我回忆起了正统基督教哲学家理查德·斯温伯恩在牛津对我说过的一个观点。斯温伯恩坚称，上帝不可能是一个抽象原则，因为抽象原则是没法经历苦难的。而当我们人类在为一个善的原因经受苦难时，我们的创造者有义务同我们一起受苦，就像家长有义务和孩子一起受苦一样。如果世界不是由一个能与我们分担痛苦的上帝所创造，它就不会像现在这么善了——这就是斯温伯恩的主张。而一个抽象的善的原则是做不到这一点的。

"唔……"莱斯利缓缓说道，"这听起来倒像是在论证一个最高受虐狂的存在。有一种看法认为，苦难越多，世界就越好，这种看法我是难以接受的。而基督教的许多教条里都体现了这种看法：张三犯了罪，你却把李四钉上十字架赎罪，结果一切都变好了，诸如此类。"

或许，莱斯利更像是斯宾诺莎那样的泛神论者：斯宾诺莎的上帝不是传统的犹太—基督教所说的那个人格神，他把上帝看做是一个无限而独立自存的实体，其中包含了整个宇宙。

"许多人认为斯宾诺莎说的并不是上帝，"莱斯利说，"他们称他为无神论者。如果你要把我也称作无神论者，我没意见。像'有神论''无神论'和'上帝'之类的字眼已经变动了太多，现在已经几乎没有意义了。这个论那个论的，谁还在乎？不过我倒的确自认为是一个斯宾诺莎主义者，原因有两点。第一，我认为斯宾诺莎说得对，我们的确都是一个无限心灵中的一小部分。他说科学描述的物质世界是神圣思维的一个模式，我也同意。但是我还认为，斯宾诺莎其实也是一个柏拉图主义者。当然了，这并不是对他的一般看法。在他的《伦理学》里，斯宾诺莎主张世界的存在是一个逻辑上的必然,但《伦理学》并不是他最好的作品。他最好的作品是较早的一部,《神、人及其幸福简论》。在那本书里,他清楚地提出了价值创造万物的观点:世界存在,因为那是善的。到了《伦理学》,他开始设法用几何学的方法证明一切,他要证明一定存在一个无限的实体,这个论证表面看来符合逻辑,其实却不怎么可信。不过前后一贯只是普通人的优点,斯宾诺莎是个才智超群的人,他是常常自相矛盾的。"

无论是柏拉图主义还是斯宾诺莎主义,在我看来,莱斯利的实在观都具有一种美感:那是本体论的白日梦所呈现出来的美。不过,虽然他的论证严密,反驳起批评来也总是振振有词,但是他的价值主宰论真能为万物的存在提供最终解释吗?

我后来发现,还真有许多思想者把他的理论当一回事,其中不乏已故的牛津哲学家(也是坚定的无神论者)约翰·麦基。麦基写过一本有力的著作来反驳上帝的存在,书名叫《有神论的奇迹》,其中有一章名为《取代上帝》,全部用来讨论莱斯利的价值主宰论。麦基写道:"价值主宰论认为,光是对某一事物的道德需求,就足以将这件事物唤入现实,这种需求不用任何人或心灵的知晓、并且用行动来帮它实现。乍一看,这样的观点是奇怪而矛盾的。但实际上,其中正可以体现极端价值主宰论的强大威力。"他接着写道,"只有用莱斯利的理论才能回答一切形式的宇宙学证明背后的那个问题,即'为什么存在万物?'或者'为什么存在世界、而非一无所有?'"

麦基指出,任何诉诸"第一因"的解释都无法回答这个最终的存在问题,因为那样的解释只会进一步引出那个第一因为何存在的问题;无论那个第一因是上帝、一块不稳定的假真空还是其他更加奇异的实体,这个追问都无可避免。而莱斯利对世界存在的解释就没有这个缺陷。他提出的善的客观需求并不是一个原因，而是一个事实，而且是一个必然的事实，无需再做任何解释。善不是一个从虚无中创造存在的主体或者机制。它是世界存在而非虚无的理由。不过说到最后，麦基对莱斯利的价值主宰论毕竟心存疑虑。对于"有价值的事物能够自动诞生"的说法，他也不完全信服。

我也不。我对莱斯利说，形而上学是好的，可是他的这个关于世界存在的思辨性主张，又有什么过硬的证据吗？

他的反应带着难掩的愤怒："我就不明白了，为什么老有人说'听着，你的观点没有证据'？我说，听好了，我有一条相当有力的证据，那就是存在这么一个世界，而不是一场虚空。这难道还不算证据么？为何存在万物而非一无所有，这是一个亟须解释的事实。对这个事实，我提出了我的柏拉图主义理论，我的竞争者呢？他们提出了什么？"

好吧，他说得有点道理。至少到现在，我听过的其他解释——量子宇宙学的也好，数学必然性的也罢，上帝创世的也行——还没有哪一种是站得住脚的。这样看来，柏拉图式的善似乎是唯一的候选答案了。

不过，莱斯利的话似乎还是有点循环论证的意思：他认为世界因善而存在，可我们又怎么知道善能创造一个世界呢？因为存在这样一个世界嘛！要使价值主宰论不仅仅是空洞的同义反复，莱斯利就必须举出些额外的证据，不能仅仅诉诸世界存在这个事实。

他还真的举出了额外的证据。

"还有一个证据，就是这个世界充满了遵循秩序的模式。"他说，"宇宙为什么遵守因果律？为什么这些因果律是如此简单，而不是复杂得多？在上个世纪，科学哲学家曾经怀疑宇宙在因果上的秩序性是无法解释的，但它显然又需要一个解释。毕竟，秩序是罕见的,是出乎意料的。宇宙大可以是一团混沌,而不是现在这样的精致有序。那么是什么使得基本粒子做着数学上优美的旋转?在我这样的柏拉图主义者看来,为什么存在这样的规律性,和为什么存在万物而非一无所有的解释是一样的——都是因为道德的要求。"

"因果上的秩序性",其价值似乎偏向审美,而不是道德,我插了一句。

"我从来就不认为这两者之间有什么区别。"莱斯利说道,"一切价值都是关于什么应当存在的。对了,我的柏拉图主义理论还有第三条证据:自然界的基本常数刚好适合智慧生物的产生。"

我反驳说,宇宙的这个适宜生命的特性,用科学不就可以解释了么?假设我们这个宇宙就像物理学家史蒂芬·温伯格所说,只是一个多重宇宙中的一部分。再假设自然常数在这个多重宇宙的不同部分都各不相同。那么根据人择原理,我们这个宇宙的常数演化出了我们这样的生物,这不就是很自然的事了吗?有了多重宇宙,就不再需要柏拉图了!

"对这个我可以做几点反驳。"莱斯利说,"多重宇宙假说确实和价值主宰假说互不相容,但是两者都可以由宇宙适合智慧生物这件事来证明。我跟你说个小小的寓言,是关于消失的财宝的:你在一个荒漠岛屿上埋下了一箱珍宝,岛上的其他人只有张三和李四两个。有一天,你回到自己埋下珍宝箱的地方,想把它挖出来。可是箱子已经不见了!箱子不在原处的事实增加了张三是个小偷的概率,但是它也同样增加了对立的假说,也就是李四是个小偷的概率。同样的道理,宇宙适合智慧生物的事实加大了多重宇宙假说成立的概率,但它也同样加大了价值主宰假说成立的概率。"

接下来他又提出了一个巧妙得多的观点,而且就我所知,这个观点是前所未有的：他认为，多重宇宙假说并没有真正解决宇宙适合智慧生物的谜题。

"别忘了，"莱斯利说道，"要让宇宙演化出生命，每一个宇宙常数就都需要根据不同的理由分别设置。比如电磁力的强度就要落在一个狭窄的区间之内，这样才能使得：第一，物质区别于辐射，从而有构成生物的材料；第二，夸克不会变成轻子，不然就不会有原子产生；第三，质子不会衰变过快，不然就不会有原子剩下，更别提有生物会在衰变产生的辐射中幸存了；第四，质子间不会剧烈排斥，不然就不会有化学反应，也不会产生像我们这样依赖化学反应的生物……"

他继续说了第五、第六、第七、第八个理由，每一个都在技术上愈加复杂。

"好了，"列举完毕，他继续说道，"控制电磁力强度的开关只能扭一下，它又是怎么同时满足这么多要求的呢？这似乎不是多重宇宙模型能够解决的问题吧。多重宇宙模型只说了电磁力的强度在不同的宇宙之间随机变换。但是要达到一个适宜生命诞生的强度，物理学的基本定律就一定得恰到好处。换句话说，这些定律——顺便说一句，它们应该在多重宇宙的任何地方都是一样的——这些定律本身一定得包含智慧生物得以产生的潜力；而那正是一个无限的心灵会乐于构想的定律。"

莱斯利的价值主宰论真是相当干净的一个理论。无论你怎样看待它的那些艰深假设——柏拉图式的善的实在、价值的创世能力等——你都不得不赞叹它作为虚构理论的完整和连贯。而我也的确对它赞叹有加。但是我并没有被它打动。它没有触及我内心的深处，没有平息我对于最终解释的渴求。我甚至怀疑，莱斯利本人对它又有几许钟情。对于自己的这个理论，他可曾感受到任何

世界为何存在？
Why Does the World Exist?

类似宗教信仰的情怀？

"唔……这个嘛……"他结巴起来，似乎是内心在经受煎熬，"一想到这个我就觉得不好意思：按理说，我是应该被自己的理论吸引的——它难道不是正确的吗？但其实它不过是一张空头支票，我很不喜欢这样。我对这个柏拉图式的创世理论没有任何称得上是信仰的感情。我显然还没有证明它是真的，其中好像也没有什么带有哲学趣味的部分是可以证明的。要我说，我对它的信心只有五成多一点。很多时候，我都觉得宇宙就是偶然出现了，仅此而已。"

宇宙的存在可能没有理由，这一点令他不安吗？

"是的。"他答道，"的确——至少在智力的层面上是这样的。"

不过，我补充说，有一件事想必令他满意，那就是有几位重要的哲学家已经为他的观点所折服。

"也有人被其他同样疯狂的观点折服的。"他说道。

价值主宰论的三个前提

莱斯利的价值主宰论，是否就是人们对于存在之谜孜孜以求的解答？"为什么存在万物而非一无所有？"这个问题的答案是否在接近西方思想史的源头之处，就已经由柏拉图在其善恶观中提出了？如果真的如此，那为什么诸多后起的思想家——莱布尼茨、詹姆士、维特根斯坦、萨特、霍金等——都没有领会到这一点？难道说，他们都是受困在柏拉图洞穴之中的囚徒吗？

要接受价值主宰论，你必须相信以下三件事：

首先，你必须相信善是一个客观的价值。也就是说，什么是善、什么是恶，都是客观的事实，这些事实永恒成立，必然为真，独立于人类的好恶之外，即便所有存在的事物都不复存在，它们也依然是真的。

其次，你必须相信这些事实中产生的道德需求具有创造世界的力量。也就是说，它们能够凭空创造出事物，并且维持这些事物的存在，中间不需要任何主体、力量或者机制的协助。

最后，你还必须相信现实世界——也就是我们生活其中却只能观察到一小部分的这个世界——就是抽象的善所创造的那种实在。

简而言之，你必须相信(1)价值是客观的，(2)价值具有创造力量，(3)世界是善的。如果这三个前提你统统接受，那么存在之谜的解答就已经在你手中了。

三条中的第一条，在哲学上少说也是有争议的。最激进的价值怀疑论者认为，客观的善根本就不存在。这些人将大卫·休谟奉为始祖，在他们看来，我们对于孰对孰错的判断，都只是我们自身好恶的体现，我们将这种好恶推演到外部世界，并误以为那就是实在的固有结构。我们的道德判断和客观真理没有关系，甚至和理性也没有关系。休谟本人就说过这样一则名言："我宁愿毁灭世界也不愿意划伤我的手指，这个想法并不违背理性。"

显然，这样怀疑价值，实在是过了头。然而即便是抱持对立观点的人，就是那些坚决维护价值客观性的哲学家，也对道德需求能否完全独立于人的利害和好恶表示怀疑。托马斯·内格尔就曾问道：如果一切有意识的生物统统毁灭了，那么弗里克收藏*幸存下来还是一件好事吗？

莱斯利本人在价值问题上或许可以称作是"客观的主观主义

＊　弗里克收藏，美国纽约的一座艺术博物馆。

者"。说他是主观主义者,因为他相信价值最终栖息于意识状态,而不是心灵之外的任何东西当中;说他是客观的主观主义者,因为他相信从客观上说,幸福比苦难要好,而且理由不仅仅是我们人类偏好幸福。

为什么一个生活着幸福的有意识生物的世界,在客观上要比虚无好呢?你也许会说:如果有这么一个幸福的有意识的生物组成的世界,那么它的毁灭在道德上就是坏的。但是再从虚无的一面出发想想:如果本来就空无一物,后来却产生了一个幸福的有意识的生物组成的世界,这在客观上会变得更好吗?

也许会。毕竟,幸福的总额由零变成了正数,这在客观上似乎是一件好事。而且客观地看待,那些由此产生的有意识的生物也的确是受益了(虽然要说这些生物没有产生的话就是受了害也显得怪怪的)。

但是,我们再看看第二个前提:即便关于善的客观真理是存在的,这些真理又是如何发挥作用的呢?它们是怎样从一片虚无中召唤出一个世界来的呢?就算价值是客观存在的,它们也不是如同星系和黑洞一般的存在(要不然,它们就不能解释为什么存在万物而非一无所有了,因为它们本身也会成为万物的一分子需要解释)。说价值是客观的,就等于说我们做某某事是有客观理由的。而理由要对实在产生影响,就需要有主体来实践它们,没有了主体的理由是无能的。如果另作他想,就会滑向亚里士多德首创,后来被科学否定的"第一因"或者"内蕴的目的论"——春天之所以下雨,是因为下雨有利庄稼生长。

但也许,我们的判断还是下得过于仓促了。有没有可能存在这样的一种理由:它即使没有人实践,也能支持某种事物的存在?要记得我们寻求的是为什么存在万物的解释,也就是一个因果的解释。因果的解释一共有几种？首先是事件因果，即一个事件（比如纯量场的衰减）导致了另一个事件（大爆炸）。其次是主体因果，即一个主体（比如上帝）造成了一个事件（大爆炸）。显然，无论事件因果还是主体因果，都解释不了为什么存在万物而非一无所有的问题，因为这两种因果都已经预先假设了有别的什么东西存在。不过因果解释还有第三种，那就是事实因果，即事实 p 能够作为解释事实 q 的原因。在我们熟悉的大多数事实因果中，作为原因的事实 p 当中都包含了某个已经存在的事物，比如"琼斯死了，因为他服了毒药"，作为原因的事实里就包含了"毒药"的存在。但是也有可能，当 q 是"存在万物而非一无所有"这个事实的时候，作为原因的 p 就不再需要涉及任何已经存在的东西；无论是任何主体、实体或事件，都不需要。这个作为原因的事实可以仅仅是一个抽象的理由。如果没有别的事实来反驳或削弱这个抽象理由，那么它本身就足以完成一次因果解释了。实际上，这似乎也是对存在之谜做出非循环解答的唯一出路。

然而——接着就要说到价值主宰论成立的第三个前提了——用"存在一个世界比本体论上的空无更好"作为理由，真的就能解释这个世界的存在了吗？说实在的，一个价值主宰论者要是这样宣称，他就必须接受一个强烈得多的观点：他必须相信这个世界不仅比一无所有要好，还要相信这个世界已经体现了最大的善、无限的善，要相信它已经是我们能够得到的最好的实在了。

自从莱布尼茨发表了那个傻里傻气的宣言，说我们正生活在"所有可能世界中最好的一个"之后（伏尔泰对此做了无情的嘲讽），他的拥护者就一直在设法为世界上无处不在的恶辩解。他们说，恶或许并非真正的实在，而只是一种否定，是善的局部缺乏，就像眼盲是视力的缺乏一样（这叫做"恶的否定理论"）。又或许，只要有了自由,恶就必然随之产生,因为自由如果没有遭到滥用的可能,就不成其为自由了。也有可能,一点点的恶可以使实在成为一个更好的"有机整体",就好比莫扎特弦乐四重奏中的不和谐音反而能够增加乐曲的整体美感,或者悲剧的审美力量必须由死亡来成全一样。毕竟,一个从头到脚都善的世界是一个乏味的世界。正因为有了恶,并且有人用高尚的奋斗来克服恶,世界才变得鲜活起来。甚至有的时候,恶本身都会显出迷人而浪漫的样子——没有了那个叛逆骄纵的撒旦,《失乐园》又有什么趣味可言呢?

莱斯利也承认恶是存在的。他承认"我们这个宇宙里的许多事物都根本算不得善"——小到头痛,大到种族屠杀和假真空摧毁整个星系,哪一样都不能称善。不过他也建议,只要将我们将世界看做一个更大实在的一部分,恶的问题就能够解决。那个更大的实在里包含了无限数目的无限心灵,每一个都思考着和价值有关的一切问题。我们的这个世界只要对那个无限的实在贡献了一点点净价值,它的存在就会为善的抽象需要所许可。我们的世界并不完善,但是它因果有序,适宜生命,而且偏好幸福的意识状态胜过不幸,光凭这几点,它就已经有资格在一个价值达到最大的实在中立足了。

至少,莱斯利是这样宣称的。不过我却疑心,他之所以会这样想,只是因为他将自己的幸福感强加到了一个严酷漠然的宇宙之上。莱斯利给我的印象是一个性情开朗的男人,虽然也不失怀疑和反讽,但是怀疑反讽过后,他反而在智力上对自己精心构筑的世界观更加满意了。我甚至觉得他仿佛是一位当代的斯宾诺莎:他的形而上学体系富有斯宾诺莎的遗韵,这一点是他自己都乐于承认的(虽然他也认为,他的那个包含无限多心灵的泛神论要比斯宾诺莎的版本"丰富得多")。而且和斯宾诺莎一样,他也把所有个别的事物看做是一阵阵涟漪，都荡漾在一片统一的神圣的实在之海上。对于这个实在，斯宾诺莎是饱含敬意的。斯氏的品格温和而正直，罗素说他是"最高尚、最值得爱戴的大哲学家"。他理解人类的苦难，并且感同身受：他曾经被自己的犹太同胞当做异端流放，又被基督徒视作危险的无神论者。然而在他眼中，人类的苦难不过是宇宙交响中一个小小的不和谐音罢了。莱斯利似乎也具有同样的天赋，而且和斯宾诺莎一样，他也过着流放生活——不过地点是在加拿大。

斯宾诺莎和莱斯利的温暖共识引人入胜。他们对于宇宙的乐观态度也令人称道——尤其是它不仅能帮助我们避免在邪恶面前陷入绝望，还能对世界为什么存在做出解释。但是，与之对立的观点也同样值得关注。19世纪的叔本华说过，现实是展示苦难的舞台，虚无比存在要好。拜伦也在诗中感叹："忧患为知：通晓天下之最者／必极深痛于致人死命之真理……"到了近代，加缪宣布真正的哲学问题只有自杀，萧沆也源源不绝地用警句诉说着"存在的诅咒"。即便是对斯宾诺莎的品格表达仰慕的罗素，也无法接受斯宾诺莎认为个别的恶能在更大的整体中吸收、消化的观点。他坚持认为："每一桩残忍的行径都将永远成为宇宙的一部分。"到了当代，对于宇宙乐观主义最坚定的反对者要数伍迪·艾伦*。他在2010年接受一次采访（说来也怪，采访者是一位天主教神父）时谈到了宇宙的"极度荒凉"："在我看来，人类的存在是一件残酷的事。那是一件残酷而没有意义的事——它对人极尽折磨，没有任何意义。其中虽然也有几块绿洲，偶尔也使人快活、陶醉和平静一阵，但那些都不过是几片小小的绿洲罢了。"艾伦认为，在这件事上没

＊ 伍迪·艾伦，美国电影导演、作家。

有公义,没有理性,每个人都在极尽所能减轻"人类境况的巨大痛苦",有人用宗教扭曲它,有人追逐金钱或爱情,他本人的逃避手段则是拍电影——还有发牢骚。("我还真的从牢骚里得到了一些安慰。")但是到头来,"大家都要以没有意义的方式走进坟墓"。

也许在一个坚定的价值主宰论者看来,伍迪·艾伦的实在观太过狭隘了。天地之宽广,实在超过一个神经质的曼哈顿人的病态想象。但是我们同样可以说,约翰·莱斯利,这个远离文明中心在加拿大西海岸的荒凉峭壁边安家的隐士,他的观点才是狭隘的。莱斯利宣称宇宙在因果上井然有序,并且促成了生命的诞生,因此它显然是善的。然而单凭这两条,是否就足以将有意识的生物遭受的巨大痛苦一笔勾销,尤其是这痛苦还往往是同为人类者所造成的?

莱斯利或许说对了一件事:也许,世界真的是因为某条抽象的原则而存在的。不过,那不太可能是像善这样和人类的好恶与判断息息相关的原则。莱斯利的"创世价值"看起来太像是犹太—基督教中的那位神明、那位我们根据自己的形象塑造出来的上帝了。会不会还有其他柏拉图式的可能? 它也许比上帝更加奇异陌生,却的的确确是世界存在的原因,而且真的可以回答"为什么存在万物而非一无所有"的问题? 要找到存在之谜的合适答案,我就必须把眼界再拓宽些。我后来发现,自己必须熟悉一个新鲜而陌生的概念:选择者。

但是在和莱斯利道别之前,我还是想向他致敬,感谢他向我展示了这样一台观念的大戏,它处处给我启发,也不出所料地为我带来了乐趣。

我告诉他:"在我读过的当代哲学家中,数你最机智诙谐。"

"你太客气了。"他回答说,接着他又补充了一句,"我不知道这算不算是夸奖。"

纯有是逻辑学的开端……

　　阅读这段文字时,我正坐在花神咖啡馆的一张桌子边上(我又来了)。这一次的我处在咖啡馆的门廊位置,正对着忙碌的圣日耳曼大道,街对面就是利普酒馆,据说那里的腌白菜马铃薯猪肉相当够味。这是早春的一天,牡蛎壳般灰色的巴黎天空上破开了一道口子,漏进了一道明亮的阳光和一片湛蓝,真是难得。我被这宜人的天色分了心,目光从书页上抬起,对面前那条宽阔人行道上熙来攘往的人群观望了片刻,希望能从中找到个把熟人,或者至少能看见个名人。结果运气不佳。于是我喝下了最后一小口浓缩咖啡——从落座开始,我已经点了四杯——继续低头念书;我念的正是黑格尔的《逻辑学》。

　　这样一个悠然的下午,在这样一家时髦(且昂贵)的左岸咖啡馆里读这么一本书,不说装腔作势,也至少有些古怪。但实际上,这并没有什么古怪的:这里毕竟是萨特和波伏娃几十年前天天流连的场所。1941 年到 1942 年的那个冬天,德军占领巴黎,萨特就是在这里写出了他最宏伟的哲学著作《存在与虚无》。那年冬天气候酷寒,店主巴布先生设法从黑市上弄来了一批煤,使得咖啡馆里至少有了一些热度;他还准备了足够的烟草招待顾客中的烟民。萨特和波伏娃常常一早就来报到,在火炉的烟囱旁最暖和的那张桌子边上落座。接着,萨特会点一杯掺了牛奶的咖啡,那是他一天中唯一一点的东西。他的脸上架着圆形的角质镜框,身上包着明橙色的人造革外套，坐定以后一连奋笔疾书几个钟头，几乎都不怎么抬头观望——除非（波伏娃在回忆录中写道）有别的顾客偶尔扔掉一只烟头，他才伸手把它从地板上拾起来，塞进自己的石楠烟斗。

那么，萨特是怎么开始他对于存在和虚无之关系的史诗般求索的呢？他先从这家咖啡馆写起，说它"充满了存在"，接着就长篇大论地探讨黑格尔在《逻辑学》中提出的存在的辩证法。因此，我在这里捧一本黑格尔作阅读状，实在不算是格格不入。至于装腔作势……说起来，花神咖啡馆对于装腔作势可是有很高的标准的。

不过我的目的是严肃的。我正在竭力以最抽象的眼光看待世界。在我看来，要破解世界为何存在之谜，最有希望的就只剩下这一条路了。之前和我交谈过的思想家都不具备在本体论上包罗万象的普遍性，他们眼中的世界都有这样那样的局限：在理查德·斯温伯恩，是神意的显现；在亚历克斯·维连金，是量子真空中失控的涨落；在罗杰·彭罗斯，是柏拉图式的数学本质的表达；在约翰·莱斯利，是永恒存在的价值的体现。这每一种世界观都号称要回答世界为什么存在的问题，可是这些答案没有一个使我满意。它们都没有切中存在之谜的根源，也就是亚里士多德在《形而上学》中所说的"存在者之为存在者"的本质。存在意味着什么？它到底是一种属性，为一切存在者所共有？还是一个活动，就像"存在"（be-ing）这个词的结构所传达的那样？显然，一个人要首先对"存在是什么"有所领悟，然后才谈得上理解"万物为什么存在"。

于是，我和当年的萨特一样，也不由地到黑格尔那里找起了答案。黑格尔的"纯有"概念是整个哲学史上影响最大的概念之一——这个我还是知道的。据说在他的《逻辑学》里，黑格尔对这个概念做了最为清晰的解说。

"纯有是逻辑学的开端，"黑格尔在书的开头这样写道，"因为纯有既是纯思,又是直接性。"

这一句挺好理解,我心说。思考哲学的时候,你首先要承认有点什么,不然就无法继续。

那么,这个纯有又具备什么性质呢？最纯的纯有,黑格尔写道,是"单纯而无规定性的"。它没有特定的性质,比如数字、大小、颜色之类。

这依然说得过去:纯有不同于一只苹果、一枚高尔夫球或者一打鸡蛋。

但是很快,黑格尔的推理就转到了奇怪的方向。他宣称:"这个纯有是纯粹的抽象,因而也是绝对的否定。"换言之,因为纯有不包含任何属性,所以它相当于是对一切属性的否定。

这又可以推出什么结论呢？黑格尔说,纯有"就是无"。

这是在开玩笑吗？

黑格尔也知道这个结论显得荒谬,于是我接着就读到了这样的句子:"'有和无等同',要笑话这句格言,并不需要多少机智。"然而在这个神秘抽象的层面上,有和无这对概念却是同等空虚的,因而能够将对方包容在自身之内。它们是一对辩证法的双胞胎。

然而,即便在概念上等同,有和无却依然是相互矛盾的、处在彼此的对立面上。黑格尔由此认为,两者必须调和。它们必须合为一个整体,这个整体既要能替换这两个永恒的范畴,又不能破坏它们各自的独特性。

到底是什么能够起到这样的调停作用呢？变！

到这里,伟大的黑格尔式辩证法就上场了。正题:实在是纯有。反题:实在是无。合题:实在是变。

虽然纯粹的变看起来和纯粹的有或无一样空洞,然而黑格尔依然认为它蕴含了一个优点、一种活性、一股潜藏的力量。它是

"不安的躁动沉淀为平静的结果"（这使我不由想到了那个"假真空"，根据最新的宇宙学理论，就是它制造了大爆炸——那也是一种纯粹的变）。在黑格尔的进一步梳理之下，从变之中产生了各种更加细致的规定性：质、量、度、本质，还有历史、艺术、宗教和哲学。整个辩证过程最终在普鲁士国家中达到他所认为的完美；而在我的眼里，这个完美的终点则是圣日耳曼法布街上那美丽的春日阳光。

"原来一切就是这么来的啊！"我从书上抬起头来，暗自感叹。

原谅我有些滑稽，不过黑格尔就是有一种令他的读者变得滑稽的本领。罗素不就这样评价过他的《逻辑学》么，"你的逻辑越是糟糕，它的推论就越是有趣"？叔本华不是也曾语带讥诮地"称赞"过黑格尔，说他"提出了包罗万象的本体论证明"么？

黑格尔之所以会显得如此怪诞荒谬，是因为他将思维和实在等同了起来。在他看来，世界终究只是一出概念的戏剧，是心灵在了解自身。但是心灵的存在又该做何解释呢？黑格尔的辩证法狂欢，到底是发生在心灵的什么场所呢？

我翻到《逻辑学》的结尾找起了答案。黑格尔认为，心灵是通过确立其自身的意识而产生的。和亚里士多德的神一样，它是一个自我思想的思想；只不过黑格尔没有叫它"神"，而是称之为"绝对理念"。

我接着便读到了黑格尔对绝对理念的定义："理念作为主观理念和客观理念的统一，就是理念的概念，从这一概念来看，客观世界即是理念，在这个客观世界里，一切规定都统一了起来。"

罗素说这个定义"非常晦涩"，我看他说得还算是客气的。然而黑格尔的晦涩文风并没有吓退萨特和梅洛-庞蒂等一众法国哲学家。他们陶醉在这种晦涩为他的辩证法营造的深奥感之中，并纷纷在自己的著作中起而效法。萨特说过,黑格尔依靠独立思考"拥有了世界",在这一点上,他是这群法国知识分子的楷模。

到今天,法国的思想家们仍在随着母亲的乳汁吸收黑格尔的思想——说得保守一点,也是在中学的青少年时期就吸收了他的思想。而我是个美国人,从小学习的是另外一套枯燥的逻辑,刚刚和他的辩证法搏斗了两个小时,我就已经在理智上筋疲力尽了。或许,我对自己说,我应该再度离开巴黎这片浓稠绵密的智力氛围,到英伦三岛上去呼吸些清爽的形而上学空气。

也可能,我只是摄入了太多咖啡因,身体产生了不适。作为补偿,我决定点一高杯苏格兰威士忌,要我最喜欢的牌子,要纯的。几分钟后,我终于吸引到了侍者的注意。

"请来一高杯格兰菲迪威士忌,"我说,"不加冰。"

"格—兰—菲—迪—威。"侍者的应答不苟言笑,还肆无忌惮地纠正我的发音。

看来我是非走不可了。

12

CHAPTER

第十二章

在所有可能的世界里
为何恰好是这一个?

为什么存在一个宇宙?为什么存在万物,而非一无所有?没有什么问题比这更加崇高了。

——德里克·帕菲特

我向来知道,对于存在之谜的求索会将我带回牛津。现在我真的回来了,并且站到了牛津最超凡的堡垒——全灵学院的门槛外。我感觉自己有点像是《绿野仙踪》里的多萝西,正站在翡翠城外,而城里正等着一位巫师,他很可能知道"为什么存在万物而非一无所有"的最终答案。真希望他能把那答案赐给我。结果如我所愿,他真的给了,只是那答案还有点勉强。我没有料到的是,他还顺便给了我一顿免费午餐。

　　从巴黎返回牛津的途中,我在伦敦逗留了两天,目的不是消遣,而是为抓紧时间学点东西。我在帕尔马尔街的雅典娜神庙俱乐部*预订了房间。我到的时候是周六,俱乐部周末歇业。但是当我按响门铃,还是有一个门童把我接了进去。他领着我穿过昏暗的门廊,经过豪华的楼梯间。我发现头顶上悬着一具大钟,抬头望去,钟面上有两个代表七点的数字,却没有八点。这是为什么? 我不由发问。

　　"这个没人说得清,先生。"门童一边回答,一边好像还对我使了个眼色。

　　真是神秘。

　　门廊的尽头是一部老旧而狭小的电梯。我和门童乘上去,升到了俱乐部的阁楼层。接着我又跟着他穿过一道道迷宫似的狭窄

————————

　　* 雅典娜神庙俱乐部,伦敦著名的绅士俱乐部,会员多为学者和专业人士,达尔文和狄更斯都是会员。

走廊，终于来到了我的卧室。卧室位于俱乐部较为狭小的一端，进了门，里面有两扇小小的窗子，窗外就是那尊雅典娜雕像，雕像脚下则是俱乐部的那一排廊柱，廊柱前面就是滑铁卢广场了。我欣喜地发现卧室隔壁就是一间宽敞的浴室，一只老式大浴缸放在中央。

雅典娜神庙俱乐部的藏书相当可观，不过我是自带读物来到伦敦的，其中包括特罗洛普的一部长篇小说，书中的几幕情节恰好就发生在这家俱乐部的那排陶力克柱廊下。我还带了一篇短文，是从《伦敦书评》的一期过刊上剪下来的，作者是一位英国哲学家，名叫德雷克·帕菲特，标题是《为什么有万物？为什么是这样？》

我在念本科的时候就熟悉了帕菲特这位见解超凡的思想家。一次暑假，我在欧洲背包旅行，随身带着一本小小的平装书，那是一卷心灵哲学的论文集，其中的最后一篇名叫《个人同一性》，作者就是帕菲特。我永远忘不了当时的感受：当我在萨尔斯堡到威尼斯的长途列车上终于翻开这篇论文时，我的自我意识都受到了撼动（同样忘不了的是在那趟列车上吞下的大量面包、黄油和风干香肠是如何增强了我肉体的实感）。帕菲特在文中列举了一连串活泼而巧妙的思维实验，包括对不同的自我做连续的分割和组合，最后得出了一个连普鲁斯特都会大吃一惊的结论：个人的同一性无关紧要。所谓永恒不变的"我"只是一个虚构，不是一个事实。也就是说，当年那个初出茅庐，读着帕菲特论文的学生哥 JH，和现在这个人过中年，正敲打出这些字句的 JH 是否拥有同一个自我，这个问题或许并没有确切的答案。

帕菲特就是这样第一次走入了我的视野。几年之后的 1984 年（那时我已经在哥伦比亚大学念哲学研究生了），他又出版了一本名叫《理与人》的著作。在那部书里，他又小心翼翼地把个人同一性的理论引申到了许多其他问题上，像是道德、理性、我们对于后代的义务、对于死亡的态度，等等。他的许多观点独树一帜，比如他认为，我们对于自己的看法是错误的、理性的行为往往违背自身的利益、流俗的伦理观在逻辑上自相矛盾，这些结论，往少了说也是令人不安的。他冷冰冰地宣布："真理和我们的信念有着很大的不同。"他的论证清晰而有力，以至于在英语哲学界激起了热烈的讨论。到今天，帕菲特又将目光转向了那个令我苦思冥想的问题、也是他觉得最"庄严"的那个问题：为什么存在万物而非一无所有？他努力把自己的想法写成了一篇简短得近乎格言的短文——要是想和他会面，我最好先把它读懂。

我也的确打算和他见上一面。我曾在几个月前给他写了封信，他回信说："我现在依然对'为什么存在万物而非一无所有'很感兴趣。"至于我说起的访问，他也"很乐意谈一谈"。但是他又补充说，他在表达思想时十分缓慢，所以我最好不要逐字引用他的原话。我对他著作的一切提问，他都会尽量用"是""否"或者其他简短的语句作答。

那个周末，我在卧室隔壁的大浴缸里度过了许多时光，心满意足地读书、泡澡。那位亲切的门童从俱乐部的地窖里为我带来了红葡萄酒，我一边啜饮，一边沉思。温斯顿·丘吉尔*想必也喜欢这样。

关于世界，我们有两个宽泛的问题可问：第一，为什么有世界？第二，世界是怎样的？我遇到的大多数思想家都认为要先回答"为什么"的问题。按照他们的主张，你只要明白了为什么有世界，就自然会明白世界是怎样的了。如果你像约翰·莱斯利或者他之前

---

* 丘吉尔也是雅典娜神庙俱乐部的会员。

的柏拉图和莱布尼茨一样，认为世界的存在是因为它应当存在，那么你就会觉得这个世界是一个非常善的世界。即使你观察到的那部分并不怎么的善，你也会像莱斯利那样，认为这只是某个更大的实在的一小部分；而那个更大的实在是非常善、甚至无限善的。

总之，这一条推测世界的途径是从"为什么"过渡到"怎么样"。但是，另外还有一条不那么明显的途径，是从相反的方向出发。比如你观察周围的世界，发现了它的一些特性，而正是这些特性将它和实在的其他可能面貌区分了开来。这时你就可能认为，这个关于"世界是怎样"的特性，倒是可以为"为什么有世界"的问题提供一条线索。

从"怎么样"过渡到"为什么"，在我看来，这就是帕菲特研究方法的精髓。而通常的解释方向一经他倒转，我对存在之谜的观察就有了一种全新的眼光。

全局可能性和选择者

首先，帕菲特要我们想象实在所有的可能面貌。一种面貌当然就是我们的这个世界，这个 140 亿年前从大爆炸中诞生的世界。但是实在或许包含了不止一个世界。在我们的世界之外，还可能平行地存在着一个个其他世界，虽然那都是我们无法直接接触到的。那些世界也许和我们的世界有一些重要的不同——它们或许有不同的历史、不同的定律（也可能没有定律）、不同的元素性质等。帕菲特将这一个个世界称为"局部"可能性，而由这些单个世界组成的全体则称为"全局"可能性。

"全局可能性有好几种。"帕菲特说，"它们包含了可能存在的一切事物，它们是实在的整体所能呈现的不同样貌，其中只有一种是真实的,或者说是实际成立的。局部的可能性也有好几种,它们是实在的某个部分,也就是某个局部世界,所能呈现的不同样貌。如果某些局部世界存在,那么其他局部世界也有可能存在。"

那么,全局的可能性又有哪几种呢? 第一种,是每一个可以想象的世界都存在着。帕菲特将这个最丰富的实在称为"所有世界"可能性。与之相对的是另外一个极端,即没有世界存在的全局可能性,帕菲特称之为"零"可能性。而居于所有世界可能性和零可能性之间的,是数目无限的中间状态的全局可能性。其中的一种是只存在所有善的世界——也就是说,大体而言,所有存在的世界都在道德上比虚无要好——这相当于约翰·莱斯利的"价值主宰论"的可能性。另一种是在我们这个世界之外还有 57 个彼此相像却又略为不同的世界,你可以把这叫做是"58 个世界"可能性。再有一种,是只有遵循某一组物理定律的世界才存在——比如弦论的定律。按照弦论目前的版本,这样的世界总共有 10 的 500 次方个,它们构成的整体被物理学家称为"弦景观"。还有一种全局可能性,是只有那些缺乏意识的世界才存在,你可以称之为"僵尸"可能性。另一种可能性是世界的数目正好是 7 个,每一个都只有一种颜色,分别是赤、橙、黄、绿、蓝、靛、紫,我们不妨称之为"光谱"可能性。

这些全局可能性的总体代表了现实可能呈现的一切面貌。即便是纯粹的虚无,也已经概括在了零可能性中间(不过,逻辑上不可能的情况还是要排除的,比如没有一个全局可能性可以包括由方的圆或结婚的单身汉组成的世界)。而且,在实在可以呈现的所有面貌当中,有一种是必然会呈现的。

这就引出了两个问题:其中的哪一种成立? 它又为什么成立?

"这两个问题是彼此关联的。"帕菲特继续解说,"如果某一种可能性解释起来比较容易，我们就更有理由相信它成立。"

在各种全局可能性当中，最好理解的或许要数零可能性，也就是什么都不存在。正如莱布尼茨所指出，这是所有可能的实在中最简单的一个。这也是唯一不需要做因果解释的可能性：假如本来就没有任何世界，那也就没有必要追问世界是由什么事物或力量创造出来的了。

但是显然，零可能性并不是实在所呈现的面貌。帕菲特指出："无论如何，一个宇宙毕竟是存在了。"

那么，最容易理解，又和我们这个宇宙存在的事实相符的全局可能性，是哪一个呢？那就是所有世界可能性，即所有可能的宇宙都存在着。帕菲特写道："其他各种全局可能性都会引发一个问题。如果我们的世界是唯一的世界，我们就可以追问一句：'在所有可能的世界里，为什么存在的是这一个？'对于任何版本的多世界假说，我们同样可以追问：'为什么存在的只有这些世界，为什么只有包含了如此这般的元素和定律的世界才能存在？'反过来说，如果这些世界全都存在，也就没有必要再追问了。"

这样看来，所有世界可能性是全局可能性中任意性最少的一个，因为没有一个局部可能性被排除在了外面。就我们所知，这个最丰富的可能性也真的可能是实在所呈现的面貌。

那么其他全局可能性又如何呢？如果我们的这个世界在善上的净值大于零，那它或许就是符合价值主宰论的那些世界中的一个，其存在是道德上最佳的。如果我们的世界是为一组格外优雅的定律所支配，就像史蒂芬·温伯格设想的最终理论那样，那它或许就是最美的全局可能性的一部分。而如果叔本华和伍迪·艾伦说得没错，那我们的世界就很有可能是最差的全局可能性的一部分了。

世界为何存在？
Why Does the World Exist?

在所有可能的世界里，为什么
存在的是这一个？

我的意思是,以上的每一种全局可能性都具有一个特别的性质:在零可能性是最简单,在所有世界可能性是最丰富,在价值主宰可能性是最善,等等。下面,我们就假设实际成立的那个全局可能性也具有这样一个特别的性质。也许它的成立不是偶然。也许它之所以成立,就是因为具有了这个特别的性质。如果真是这样,那么这个特别的性质就选择了实在的面貌。帕菲特把这个性质称为"选择者"。

并不是每一个特别的性质都有资格成为选择者。譬如前面提到的 58 个世界的可能性,权且假设这就是实在的真实面貌。那好,数字 58 的确具有一个特殊性质:它是由 7 个不同的素数相加得到的最小和($2 + 3 + 5 + 7 + 11 + 13 + 17 = 58$)。这个性质的确特殊,但是谁也不敢断言它就足以解释实在的面貌。比较合理的说法是,世界的数目只是碰巧是 58 而已。然而,像最善、最丰富、最简单、最美、最没有任意性,这些性质就不一样了。如果最终成立的全局可能性真的具有这些性质当中的一种,那我们就很难把它当做是简单的随机事件了。比较可能的情况是,这种全局可能性正是因为具有了这个性质才成为实在的。

但是,这里的"因为"难道不显得有点神秘么?帕菲特承认,它当然是神秘的。但是他也指出,就算是普通的因果关系也是神秘的。另外他还这样说过:"如果实在的整体真的可以做某种解释,那么这个解释一定不会恰好符合我们熟悉的某个范畴。这是一个特别的问题,或许它也有特别的答案。"

以我的理解,帕菲特的成功之处,在于把存在之谜重新表述了一遍,使它的神秘感大大降低了。当其他人都试着在存在和虚无之间的天堑上架设桥梁时,他却在玩着一局木休论的彩票。或者说,那更像是一场选美,目的是选出"宇宙小姐"。这场选美的参赛者是实在的所有可能面貌,也就是所有的全局可能性。由于实在必然会呈现某种面貌,因此这些全局可能性中必有一种会成立,这一点是由逻辑决定的。既然这场比赛不可能没有赢家,它也就不需要任何"隐藏的机制"来保证一定会比出结果了。也就是说,那个选择者在决定结果的时候,并不需要施加任何力量或者做任何实际的工作。

不过,要是"选择者"这东西压根就不存在呢?

经历了一个周末的独自阅读、沉思、沐浴和瞌睡之后,我在周一早晨走下阁楼,步入俱乐部的那间宽敞餐厅里吃起了早餐。周围有几十名年轻的伦敦人,他们穿着萨维尔街出品的定做西装和滕博阿瑟牌衬衣,个个看起来赏心悦目。这一切都在提醒我:形而上学之外,毕竟还有其他事物(未必更加重要就是了)。我拿起一份《每日电讯报》,在一张桌子边上独自落座,接着点了一大份油腻腻的英格兰早餐,其中有鸡蛋、腌鱼和炖番茄。真是美味。两小时之后,我怀着这个钟点少见的满足心情,在帕丁顿车站登上了开往牛津的列车。

前往牛津的路上,我继续思考着挑中我们这个世界的选择者到底是什么。它显然不是简单性,因为如果是那样,这场实在选美赛的赢家就一定是零可能性了。但是无论这列火车途经的伦敦西郊和商业区是一副什么模样(暗淡、乏味、叫人提不起劲),它们都显然不是虚无。

至于约翰·莱斯利信奉的那个柏拉图式的善,我早就觉得过于乐观,不可能担当选择者的角色。顺便说一句,帕菲特也这么认为,他曾经轻蔑地说道:"我怀疑在最善的可能宇宙当中,我们的这个世界或许连最不善的部分都够不上。"

可是,即使这个世界在道德并不卓越,它在其他方面显然还是有其特殊之处的。首先,它表现出了秩序井然的因果模式。其次,支配它的定律在最深刻的层面上简单得出奇——它们如此简单,要是史蒂芬·温伯格说得没错,人类科学家已经差不多要发现它们了。因果上的有序性和法则上的简单性,单是这两个特点就足以使这个真实的世界有别于大量混乱而复杂的全局可能性了。

循着这条思路,帕菲特提出了一个试探性的结论:他认为实在至少有两个"局部选择者",一个是"由定律支配",一个是"具有简单的定律"。除此之外,还有没有我们尚未注意到的其他标准呢?不是没这个可能。但是他也指出:"观察只能带我们走到半路,要想继续前行,就得仰仗纯粹的推理才行。"而推理的目标是发现支配实在的最高原则,那也正是物理学所寻找的原则。于是帕菲特写道:"在这一点上,哲学和科学没有截然的分别。"

醒醒!列车已驶入牛津,时间刚到正午。

全灵学院

从火车站出来没几步就到了镇中心——这条路我已经走得相当熟悉了。帕菲特在信中吩咐我说:"下午一点到高街的全灵学院门口,然后让门房在传达室给我打个电话。"

还有一些时间可以打发,于是我拐进了宽街上的布莱克威尔书店,那是英语世界最好的学术书店。我走到楼下庞大的哲学部,随手翻了几本就找到了一本好书:那是一本相册,作者名叫斯蒂夫·派克,书中刊登的都是当世伟大哲学家的相片,帕菲特的也在其中。他的样子相当出众:狭长的脸蛋,薄薄的嘴唇,英挺的鼻子,沉思的眼眸,头上是浓密的银白色卷发,头发向下延伸到两颊,几乎触到了下巴。每张相片下方都有一段照中人的自述。帕菲特的那

世界为何存在?
Why Does the World Exist?

段是这样写的:"我最感兴趣的是那些重大的形而上学的问题,因为它们的答案触动情绪,在理性和道德上也都有重大意义:宇宙为什么存在?是什么使得我们在一生中始终是同一个人?我们有自由意志吗?时间的流逝是否只是幻觉?"

15分钟后,我来到了全灵学院那道冷峻的大门跟前。门上的一块牌子写着"学院不开放",另一块写着"肃静"。透过铁门,我看见了一方庭院,还有两块精心修建的长方形草坪。

门房相貌阴郁,我向他介绍了自己,接着就等在一边,看着他给我的那位地主打去电话。

全灵学院是一个富于传奇的地方(有一则笑话说它"全是灵,没有人")。它平时少有访客,20世纪60年代曾经来过一位,那就是当时还在牛津念本科的克里斯托弗·希金斯。希金斯笔下的全灵学院是"一座华丽的古董店,它不招收学生,只维护所谓'研究员'的崇高特权。它是每一个平等主义者眼中的罪恶渊薮,它由银质的枝形烛台和高脚酒杯装饰,到了夜间就是一幅酒池肉林的堕落景象"。学院共有76名研究员,都是从英国的学界和公共生活中选拔出来的可敬人物。他们没有授课任务,可以在奢侈的环境中自由地浸淫研究、埋头思考,只是偶尔会被校园政治和流言蜚语打搅一番。帕菲特的情况有点不同,他1967年从贝利奥尔学院毕业后就受选成为"获奖研究员",此后的整个职业生涯都是在全灵学院渡过的。

他出现了,在方院里沿着斜线小跑而来。眼前的他高瘦笨拙,面带微笑,一把乱蓬蓬的银色长发披到肩头,我不久前看到的相片果然没错。他系了一条鲜红的领带,和他那红扑扑的面色很相衬。我们握手,互致问候。我提议带他去高街的一家好饭店,一起饮酒用餐。

"不"，他说，"我请你。"

他将我领进学院。"这里有全牛津最好的景色。"他边说边指向一扇大窗子外面的拉德克里夫图书馆，那是牛津的旧图书馆，"那个圆顶可是霍克斯摩尔*的手笔！"

我记得听人说过，帕菲特还是一位热心的建筑摄影师。

全灵学院的午饭在"膳房"供应，那是一间哥特式的食堂，高挑的天花板上铺着镶板，说话时回声辽远。帕菲特请我自己动手，想吃什么就拿什么，我于是在盘子里装满了鳄梨沙拉和面包，然后坐下来和他边吃边聊。

帕菲特对我谈起了往事。他说他小时候是虔诚的信徒，但是到八九岁就放弃宗教了。他回忆说自己看到耶稣受难的画像，最同情的却是那个坏的强盗**——"因为他没有耶稣和那个好强盗那么好命，在十字架上负痛死去之后，他还要再下地狱受苦。"

他接着又讲到了数学，他说自己数学很差，还说数学的复杂令他匪夷所思。一位数学家曾经告诉他，数学里有80%都是关于无穷的。知道无穷还不止一个，他吓坏了。

他继续说道，他父亲想让他从事科学，他本人却想当哲学家。他讨厌把哲学"科学化"的做法，他觉得这股风气的主要推手是奎因和维特根斯坦。他同样讨厌把认识论"自然化"，也就是把为知识提供根据的工作从哲学家那里夺走，转交到认知科学家的手里。

谈话的主题接着又转到了道德哲学，他说这是他目前最感兴

---

* 尼古拉斯·霍克斯摩尔，英国17至18世纪建筑师，曾设计多所医院和教堂。
** 《圣经》记载耶稣受难时有两个强盗　同钉死在十字架上，其中的一个临终悔改上了天堂，另一个嘲笑耶稣下了地狱。

趣的话题。他自称和许多当代的道德哲学家有分歧,因为他认为我们遵守道德是有客观理由的,而这些理由并不依赖于我们的喜好。他还说,"要在大学之外的听众里为这个观点辩护"简直"令人尴尬"。他说当代哲学家的一些疯狂主张把他吓坏了,比如有人认为只有欲望中才能产生理由。

说到这类讨厌的观点,帕菲特就不禁畏缩,就像是感到了疼痛一般,还时不时地将手臂恼怒地举向铺了镶板的天花板。说起中意的观点时,他同样是绘声绘色,身子朝我倾斜,咧嘴笑着,还一个劲地点头。

吃完午饭,我们又退入隔壁的一间休息室。我们一边在壁炉边喝着咖啡,一边探讨为什么存在万物而非一无所有的问题。

分层的选择者

前面已经提到,帕菲特并不愿意我对他的谈话多加引用。但是他同意用简短的"是"或"不是"来回答我的提问。我对他有两个主要的问题,一个简单,一个困难。

简单的那个和虚无有关。帕菲特似乎相信虚无是一个逻辑上一致的概念。他甚至认为,那是实在可能呈现的面貌之一。他曾经写道:"原本可能一切都不存在的:没有精神,没有原子,没有空间,没有时间。"因此,虚无在他的全局可能性中占有一席之地,表现为零可能性。

不过,虚无是否也是一种局部可能性呢?就是说,它是否能和一个存在的世界共存?

哲学家罗伯特·诺齐克认为它可以。如果实在丰富到了极点,它就能够容纳每一个可以想象的世界,而其中必然有一个世界是空无一物的。至少,诺齐克是这么认为的。因而以他的思路来看,为什么存在万物而非一无所有,这个问题或许有一个简单的答案:两者都对,既存在万物,也一无所有。

诺齐克的推理说服了一些科学家,包括在哈佛求学于他的弦论家布莱恩·格林*。格林写道:"在最终的多重宇宙里,的确存在着一个一无所有的宇宙。"换句话说,实在中既包含了存在,也包含了虚无。

萨特也从一个略微不同的角度附和了这个观点,他曾经宣布:"虚无纠缠着存在。"

然而在我看来,实在可以同时包含存在和虚无的想法是一个顽固的错误,我向帕菲特表达了这个意思。我对他说,你怎么可以把一个"什么都没有的世界"加到一组有一些什么的世界上去呢?这和加上一颗荒芜的行星或者一片空白的空间可不一样,因为一颗行星毕竟是一个什么东西,而几乎所有人都同意,一片空白的空间也是。空间是有特征的,比方说,它在广度上可以是有限或无限的。而虚无却不是那样。

我想到把这个观点表达成一则等式:

$$存在 + 虚无 = 存在$$

但即便这样表述还是不够有力。在一个全局可能性上附加"虚无"是一个空洞的行为,等于什么都没有做。

帕菲特同意我的看法,他也认为诺齐克他们错了。虚无不是一个局部可能性,它不可以是许多世界中的一个。唯一和虚无一致的实在,只能是一个什么世界都不包含的实在——也就是零可能性。两个不同的存在可以并存,但是存在和虚无不能。这是一

---

* 布莱恩·格林,物理学家、科普作家,著有《宇宙的琴弦》等。

桩非此即彼的买卖。

　　我的第二个问题更深了一层：假设他所谓的那个"选择者"的确可以解释为什么实在呈现出它现在的面貌，那么问题就算解决了吗？宇宙的解释就停留在选择者的层面上了吗？还是要进一步解释为什么某个选择者能够在其他竞争的选择者中脱颖而出呢？

　　再考虑一下上面那个宇宙小姐选美赛的比喻。参赛的选手都是实在可能呈现的面貌——也就是所有的全局可能性——而桂冠一定要落到其中一位参赛者的头上。假设最终折桂的是道德上最善的全局可能性：无限善小姐。那么，我们就可以猜测评审是将善作为了选择者，因为那样才能解释无限善小姐为什么会最终胜出。然而，我们就不能再进一步，追问评审为什么要将善，而不是简单、优美或丰富这些标准作为选择者吗？

　　再换一条思路，假设宇宙小姐的获胜者其实没有什么特色。假设那是平庸小姐。那样，我们就可以推出评审们没有使用任何选择者，他们根本不在乎参赛者都是什么样子，各自都有什么特长，而是完全依靠抽签决定人选。但即便真是这样，我们难道就不能更进一步，追问这场选美赛的评审为什么没有用一个选择者来断定胜负吗？

　　帕菲特承认，宇宙的面貌确实需要进一步的解释。他写道："实在可能是碰巧变成了现在的样子，也可能是某个选择者选择的结果。无论实际是哪种情况，它都同样可能是碰巧，也同样可能是更高一层的选择者选择的结果。再升高一层，这两种可能依然存在。于是，我们又回到了先前提出的那两个问题：哪一种成立？它为什么成立？"

　　也就是说，你首先需要一个选择者来解释为什么实在是现在这样。接着在较高的层面上，你又需要一个元选择者来解释为什么之前的那个选择者决定了实在的面貌。然后在更高的层面上，你还需要一个"元元选择者"来解释为什么元选择者决定了选择者，以此类推。这个解释上的倒推会有终点吗？如果有，它会以何种方式结束？最后会有一个最高的选择者吗？那个最高的选择者是一个原始事实吗？

当我把这个问题抛给帕菲特，他表示对实在的解释或许真的会终于一个原始事实。不然还能怎么结束呢？你或许会说，某个选择者可以选择自身嘛，那样就无需原始事实了。比如，如果最后证明善是最高的选择者，那么善之所以为最高选择者，原因就在于这样是善的；也就是说，善选择了自身作为实在的裁判。但是帕菲特并不同意这个观点，他这样写道："就像上帝不能使其自身存在，任何选择者也不能使其自身成为最高层面上的裁判。没有一个选择者可以决定自身是否裁决，因为它只有实际裁决了，才能决定些什么。"

帕菲特还坚称，一个以原始事实结束的解释总比什么解释都没有要好。他指出，科学解释其实都遵循了这个形式。这样的解释虽然看起来不甚严密，但它毕竟能帮助我们寻找实在在最大尺度上的面貌，比如它能向我们指出，在我们自己的世界之外还有别的世界。

当帕菲特啜饮咖啡时，我取出了一小张我在周末绘制的图片给他过目。图片上标出了不同的选择者彼此的关系，还有它们和实在的关系。图片最下方画的是实在的层面，外加帕菲特谈到的几种全局可能性。在较高一层上——也就是第一解释层——我草草绘出了几个可能的选择者。再高一层——也就是第二解释层——我又画出了几个元选择者。接着，我又在几个层面间绘出了箭头，以表示几种可能成立的解释关系。最后的图像如下所示：

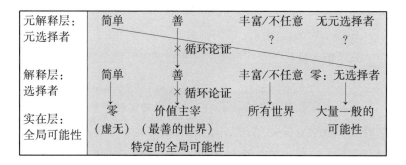

"看来你已经把所有符合逻辑的情况都想到了。"帕菲特探过身子，眯眼看我的图片。

这张图画中的的大多数情况都已经由帕菲特本人构想出来，而且已经表达得非常清楚了。比如，简单选择者会在所有的全局可能性中选中零可能性。因此，如果实在中一无所有，那就可以用虚无是实在最简单的面貌来解释。

同样，善选择者会选中价值主宰可能性，使得整个宇宙只剩下善的世界。因此，如果实在是价值主宰的，那就是因为这是实在所能呈现的最善的面貌。那么，我们又该怎么解释善选择者何以会成立呢？我们只能说，善选择者之所以成立，是因为它也被元层面上的善选择者选中了。然而那样就会遇到帕菲特指出的那个问题：选择者是不能选择其自身的。它不能决定自身能否裁决，除非它已经在裁决了。换句话说，对于实在的任何解释，都不能够反过来解释其本身。

为了表达善不能解释自身否则就会导致循环论证的意思，我在图片中特别做了标记：在从元选择者层面的善指向选择者层面的善的箭头上，我画了一个"×"。

不过,也不是所有的选择者都会导致循环论证。换句话说,不是所有的选择者都会选择自身。这个事实体现在了图像中最有意思的那个箭头里——从元解释层面的"简单"指向解释层面的"零"的那个箭头。

这个箭头同样是受了帕菲特著作的启发。他在《为什么有万物》那篇文章的结尾处提出了一个引人注目的观点:"正如最简单的全局可能性是什么都不存在,最简单的解释可能性就是没有选择者。"我对这句话的理解是:解释层面上没有选择者的可能性就相当于实在层面上的零可能性,两者都是各自层面上最简单的情况。如果简单性在元解释层面上成立,它就不会在解释层面上挑选自身作为选择者,而是会规定在解释层面上根本没有选择者。

这真是帕菲特的意思吗?

"没错。"他微笑着回答。

那么,没有了选择者,实在又会是什么样子呢?首先,它多半不会呈现出虚无这种面貌,因为虚无是所有全局可能性中最为空洞的一种,所以是极其特殊的一种面貌。帕菲特写道:"就算没有了选择者,我们也不能认为宇宙就会不复存在。即使它真的不复存在了,那也是极端巧合的情况。"在我看来,按照这个标准,我们同样不能认为宇宙会呈现出任何其他特殊的面貌。如果没有了选择者,实在是不太会呈现出最丰富、最善、最恶、数学上最简洁、或者其他最什么的面貌的。相反,这样一个随机产生的实在,只可能是无数个没有个性的全局可能性中的一种。换言之,这样产生的实在应该是彻底平庸的。这样推理,帕菲特同意否?

他点头同意。

因此,如果简单性是最终的选择者,那就能够解释为什么存在万物而非一无所有了！海德格尔那句语焉不详的话也许说得没错：Das Nichts selbst nichtet，"虚无虚无化其自身。"假如虚无在解释的层面上成立，那就代表没有一个选择者来解释实在的面貌；而一旦没有了选择者，实在的面貌就会随机产生。在这种情况下，实在如果还呈现出虚无的面貌就太奇怪了，因为零可能性是一个非常特殊的结果，是所有全局可能性中最简单的一种。所以说，虚无（解释层面上的）一旦虚无化了自身（实在层面上的），实在中就总会包含些什么，而不是一无所有。而这一切，都源于最高层面上的简单性。

将简单性作为万物的最终解释，同样可以解释实际的宇宙为什么这样平均得令人失望：因为它是善与恶、美与丑、因果秩序与随机混沌的平庸混合，它庞大得不可思议，却远远没有达到所有可能的存在者百花齐放的局面。我们的这个实在，既不是原始纯净的一无所有，也不是丰饶多姿的什么都有。它是一锅巨型乱炖。

这就是我从帕菲特的著作中引出的结论。但说来沮丧的是，这还不能算是完整的解释：如果简单性真的在最高的层面上成立，那么这仅仅是巧合吗？为什么其他元选择者，比如丰富性，就没能成立呢？（我在图中的"丰富"下方打了个问号）为什么就不是没有元选择者呢？（图中的另一个问号）难道对于实在的最普遍解释，就一定要终于一个无法解释的原始事实吗？

帕菲特已经做得够多。他不仅驱散了萦绕在存在之谜周围的大团迷雾，还请我吃了一顿非常可口的午餐。现在，他该回到自己的书房，在道德哲学、价值、欲望和理由中继续沉思了。而我也该离开这座隐秘超然的万灵学院，回到肉体凡胎的粗鄙世界中去了。

我对帕菲特频频致谢，然后步出学院大门，走上了高街。天色已近黄昏,阳光在地上投下长长的阴影。

一周之后,我回到纽约,手上依然摆弄着那张曾经向帕菲特出示、现在已经皱成一团的图片。一天傍晚,当我行走在肮脏而生机勃勃的东村、距离全灵学院十万八千里时,我忽然醍醐灌顶,最后一块逻辑拼图"咔嗒"一声就位。我找到那个证明了。

书信谱成的间奏 ｜ 我的证明

周三上午

纽约第五大道2号

帕菲特教授:

我很高兴那天下午能和您在全灵学院共度。回想当时的对话,我好像已经为实在最笼统的面貌想出了一个完整而独特的解释。有了这个解释,就可以一举解决"为什么存在万物而非一无所有"的问题了。

首先,我假定两条原则:

(Ⅰ)对于每一个真理,都有一个它为什么为真的解释。

(Ⅱ)没有一个真理可以解释其自身。

第一条原则当然就是莱布尼茨所谓的"充足理由律"。它认为没有什么原始事实。在我看来,充足理由律本身并不是一个真理,而是一条临时性的求真指南,它指导我们:"始终寻求解释,直到进一步解释不再可能为止。"

而第二条原则是将您的观点"任何选择者不能选择自身"推而广之。它的作用是排除循环论证。根据这条原则，一个原因不能导致其自身，一条原理不能证明其自身，一位上帝不能创造其自身，一个集合的元素不能是其自身。

这在集合论中叫做"基础公理"，所以我把原则（Ⅱ）称为"基础"。

下面就将证明，实在之所以呈现出现在的面貌，有一个且只有一个完整的解释。

在层面0，也就是实在的层面上，有着我们的实在可能呈现的所有"全局可能性"。其中既包含零可能性和所有世界可能性，也包含了无数介于两者之间的可能性，在其中，有一些可以想象的世界存在着，另一些则不存在。种种全局可能性中间肯定会有一种成立，这是逻辑上的必然。我把实际成立的那个全局可能性称为"A"，代表"actual"（实际的）。

在层面1，也就是最低的解释层面上，有着一切可能的选择者，它们能够解释层面0上的实在为什么具有如此这般的面貌。这些选择者包括简单、善、因果上有序、丰富，等等。但这个层面上也可能没有选择者，也就是说，实在可能是没有任何解释的。

在层面2，也就是元解释的层面上，又有着一切可能的元选择者，它们解释了层面1上的某个选择者为什么成立。这些元选择者同样包括简单、善、因果上有序、丰富，等等。同样的，这个层面上也可能没有元选择者。

下面我们考虑几种情况。

首先，假设没有一个选择者来解释实在为什么呈现出它现在的面貌，而为什么没有选择者，这一点同样没有解释。在这种情况下，实在之呈现面貌 A 就成了一个原始事实。而这是违反充足理由律的，此路不通。

其次，假设层面 1 上有一个选择者解释了实在为什么呈现出面貌 A，我们称之为"选择者 S"。在这种情况下，对于 S 为什么能够决定实在，要么有解释，要么没有解释。如果没有，那么 S 之为选择者就又成为了原始事实。但是这同样违反了充足理由律，此路亦不通。

因此，我们只能假设 S 之为选择者是有解释的。

也就是说，我们只能假设在层面 2 上有一个元选择者，它选中了层面 1 上的选择者 S。我们称这个元选择者为 M。

我们要问，M 是什么？

我们知道，M 可能和 S 一样，但是那样就会违反基础原则。比方说，如果 S 是善（那会使得实在呈现出道德上最佳的面貌），那么在解释 S 为什么是善时，你就不能把"善作为选择者是道德上最佳的"当做理由。对于零可能性和所有世界可能性之间的其他全局可能性，这条禁令也一样适用。无论选择者是因果上最有序、数学上最优美、还是道德上最恶劣，只要它在元层面上选中了自己，就会构成循环论证。

其实，在层面 2 上，只有两个元选择者可以充当 M，那就是简单性和丰富性。它们都不会选中自身，因而不会违反基础原则。如果层面 2 上的元选择者是简单性，那么它就不会在层面 1 上选中自身，而是会选中"无选择者"这个可能性,因为那是一切用于解释的可能性中最简单的一个——无选择者,也就无需解释,这样才够简单。反之,如果层面2上的元选择者是丰富性,它同样不会在层面1上选中自身,而是会选中层面1上的所有选择者,因为这样才够丰富。

因此,按照基础原则,层面2上只可能有两种元选择者:简单性和丰富性。其中的一种将是万物的最终解释。

这样,我们就只剩下两种情况需要考虑了。

情况1:简单性是元选择者。如果是这样,它就会在层面1上选中无选择者的可能性。(就像层面1上的简单性会选中层面0上的零可能性一样。)如果层面1上没有选择者,那么实在所呈现出的全局可能性A就将是随机的。这不是一个原始事实,而是由元解释层面上的简单性所决定的。

情况2:丰富性是元选择者。如果是这样,它就会在层面1上选中所有的选择者(就像在层面1上的丰富性会选中层面0上的所有世界可能性一样)。然而,要让层面1上的所有选择者来共同决定实在的样貌,这在逻辑上是不可能的,因为这些选择者会彼此形成矛盾——实在不可能兼具丰富和空无两种面貌,也不可能既是道德上最善的又是因果上最有序的(因为偶尔打破秩序来点奇迹会让实在更善),它也显然不可能既是道德上最善的又是道德上最恶的。要让层面1上的诸多选择者共同作用,它们就最多只能是局部的选择者。如果是那样,在层面0上被选为实在的全局可能性A,就会是一个彻底平庸的全局可能性。它会尽可能丰富也尽可能最空虚,尽可能善也尽可能恶,尽可能有序也尽可能混乱,尽可能优美也尽可能丑陋,如此等等,不一而足。

如果是情况1,A就会在各种全局可能性中随机产生。如果是情况2,A就会是各种全局可能性中最为平庸的一种。在层面0上,符合充足理由律和基础原则的实在只有这两种。而它们很可能根本就是一回事!一个随机产生的全局可能性,十有八九也是一个彻底平庸的全局可能性。

这纯粹是一个数字的问题:在实在可能呈现的所有面貌当中,只有微乎其微的一部分才具有特殊的性质,像是最简单、最善或者最丰富,等等。此外的绝大部分都是完全没有特色的,它们是平凡的实在。

那么,这样一个平凡的实在会是什么样子呢?首先,它会是无限的。由无限多个世界构成的实在,要比由有限多个世界构成的实在多得多(这是由集合论的一条基本定理决定的:自然数的有限子集的数目,虽然本身也是无限的,但是要比自然数无限子集的数目小)。

然而即使无限,一个平凡的实在也远不能包罗每一个可能的事物——实际上,它离这个境界的距离还有无限远(用集合论的术语来说,一个无限的平凡实在,它的补集也是无限的)。所以说,一个平凡的实在,它距离所有世界可能性和零可能性,距离都是无限远。

一个平凡的实在是无限的,因此其中必有许多局部区域在某一方面不同寻常。设想一个随机投掷硬币的无限序列,我们用1代表正面,0代表反面。虽然这个序列在整体上没有模式可循,但它一定会包含所有可以想象的局部模式(完全是随机出现的),其中有一长串1组成的最丰富的模式,有一长串0组成的最空无的模式,还有最美的模式,最丑的模式,等等。其中还会出现一些看起来意味深长的模式,仿佛是隐含着什么消息和意图似的。但是在整个平凡的实在当中,每一个局部的意义/消息/意图,都会被另一处的意义/消息/意图所抵消。抵消的结果,就是整体的无意义。

以上就是在简单性(情况1)或丰富性(情况2)充当元选择者时,最有可能产生的实在。由于既符合逻辑又遵循充足理由律和基础原则的可能性只有这两种,所以只要这两条原则确实有效,实在就一定会是这个样子。到这里,对于实在所呈现的面貌,我们已经有了一个完整的解释,其中没有原始事实,也没有漏洞。这个解释可以一举解答您在开始形而上学的探索时提出的那两个问题:为什么有万物? 为什么是这样?

不过,要是将来的实证研究发现,实在其实并非那样平凡呢? 要是它真的是在道德上最善的,就像约翰·莱斯利相信的那样? 或者是最丰富的,就像罗伯特·诺齐克认为的那样? 再或者有一位上帝突然显灵,自称是存在之源? 要是出现了那样的情况,那么,如果我的逻辑没错,充足理由律或基础原则,这两条原则就必须要违反一条了(或者两条都违反),最终的原始事实或者自因的原因也必然要存在了。不过话又说回来,即使是那样,宇宙的这种"特殊性"也很可能只是一个错觉,所以会产生这样的错觉,是因为我们人类的想象力和实在本身一样平庸,它太过局限,以至于看不清实在的真实面貌。

　　此信不必回复。我知道您还有要事缠身。再次谢谢午餐！

　　敬礼！

吉姆·霍尔特

周三晚

牛津全灵学院

吉姆：

　　感谢来信，写得很有意思。我要仔细想想……

　　祝好！

德里克

13
CHAPTER

第十三章

宇宙只不过是一首打油诗

晚冬的曼哈顿。午后时分。远处传来警笛（远处总有警笛）。电话铃响。是约翰·厄普代克。

我一直在等这个电话。月初，我给厄普代克寄去一封信，形容了我对存在之谜的兴趣。我还写到，我猜想他也怀有同样的兴趣，不知道他愿不愿意和我谈谈这个话题。我附上了电话号码，他如果乐意就可以打来。

一周后，我收到了一张朴素的明信片，正面写着厄普代克的邮寄地址，反面是打字机打出的一大段密集文字。里面偶尔有几个错字，都用钢笔标上了"删除"或"替换"的校对符号。段落结尾用蓝色墨水签着"J. U."。

"我很乐意谈谈为什么是存在而非虚无的问题，"他用打字机写道，"不过事先声明：我对此没有什么想法。"接着他连写了三个轻快的句子，提到了实在的维度、正存在和负存在的可能以及人择原理——关于最后一项，他还神秘地补充了一句："它对存在性（somethingness）多少有点作用。"最后，作为对这一切神秘性的评价，他写了这么一句出人意料的话：

"虽然我也不懂，可是谁又不爱宇宙呢？"

在我看来，厄普代克对宇宙的热爱是一目了然的。他的长篇和短篇小说中处处弥漫着存在的美好。他在回忆年轻时代的文章中写道，我们"滑行于一片亮光之上，却因为看不见别的东西，而对那片亮光视若不见。实际上，其中是有色彩的，还有一股安宁却不知疲倦的善意,凡是静止的东西,比如一面砖墙、一小块石头,都是它的证明"。

在这一点上,厄普代克是伍迪·艾伦的反面。

但是在另一方面,他和伍迪·艾伦又是一头的。像艾伦一样,他也对永恒的虚无怀有同样的恐惧,也相信性爱是抵御这种恐惧的心理屏障。他甚至觉得,他对非存在的恐惧是和他肉欲的强度成反比的——他在1969年写过一首表白信念的诗歌《中点》,其中就用简洁的数学形式表达了这个意思:

$$性 = 1/忧虑$$

不过,肉欲并不是保护他免受虚无恐惧的唯一力量。他还宣称自己从宗教中获得了慰藉,尤其是他对基督教毫无保留的信仰。他相信宗教能使人看到博大的仁慈和救赎。在这一点上,他的英雄是帕斯卡和齐克果,特别是卡尔·巴特。他说过:"我这一生有过那么一个阶段,是全靠巴特的神学才支撑过来的。"他宣称自己和巴特一样,相信上帝是"totaliter aliter",即"完全的他者",也相信神的秘密不能用理性考察。巴特在虚无和恶之间划出的等号,对他也颇具吸引力。在汇集了早期作品的《拾零集》中,厄普代克对所谓的"撒旦式虚无"做了详尽而神秘的描写,紧接那篇文章之后,仿佛是为了求得形而上学的安慰,他又笔锋一转,写起了高尔夫球。

厄普代克对性和死亡的痴迷,以及他认为存在为善、虚无为恶的想法,在文学这个行当里或许并不鲜见。但是只有在厄普代克的小说中,存在之谜才得到了如此直截了当的表现。他在1986年出版的长篇小说《罗杰教授的版本》是一部融合了神学、科学和性爱的生动回旋曲,小说的高潮部分是一篇相当专业的评论,用将近十页的篇幅解释了"事物是怎样从虚无中陡然出现的"。这番解释发生在一个鸡尾酒会上,对象是一个名叫戴尔·科乐的人物,目的是瓦解他的信念、击垮他的精神。科乐28岁,是个耶稣迷加软件奇才,也是个无耻之徒,因为第一,他妄图在电脑上对大爆炸做数值分析,以证明上帝存在;第二,他和小说的叙述者罗杰·兰伯特的老婆睡了觉,给这位中年神学教授戴了顶绿帽子。

和厄普代克本人一样,罗杰也是一个"彻头彻尾的巴特信徒"。他不仅厌恶那个年轻人和他性欲旺盛的妻子私通款曲,也痛恨他"用宇宙学入侵神域"的亵渎行为。在罗杰看来,如果上帝的存在可以用科学来证明,乃至在大爆炸上也留下了指纹,那他就不是上帝了——至少不是巴特的"完全的他者"式的上帝。于是在小说结尾,罗杰让戴尔遭受了一次双重报应:不仅他本人用神学对戴尔的邪说略施惩罚,他还找来一位朋友分子生物学家麦伦·克里格曼助阵,要他从科学的角度伏击戴尔。克里格曼在鸡尾酒会上和戴尔搭话,并向他证明物理宇宙可以从无到有诞生,根本无需神的协助,一套理论把戴尔说得哑口无言。

"你也知道,在普朗克长度和普朗克时间之内有这样一个时空泡沫,从数学上说,其中的物质到非物质的量子涨落是没有多少意义的。希格斯场通过假真空态的能量屏障隧穿进量子涨落,破坏了对称的泡泡在负压力的作用下以指数方式膨胀,两微秒后,原本几乎不存在的东西就变成了在体积和质量上都和现在可以观测到的宇宙相当的存在了。喝一杯怎么样?别光站着,你看起来需要来一杯。"

克里格曼用快速而沙哑的嗓音做了这样一番开场白。说完了宇宙如何从"原本几乎不存在"中产生之后,他又向不知所措的戴尔解释起了这个几乎不存在的东西是如何从绝对的不存在中产生出来的。

第十三章
宇宙只不过是一首打油诗

"你可以想象,最初什么都没有,完全是空白。可是慢着！里头还是有点什么的！那是一片没有结构的点……"他说,这片点的灰尘盘旋飞舞,在偶然中"纽结"或"冰冻"出了一小块具有结构的时空。"就这样,宇宙的种子诞生了。"而一旦有了那粒种子,"嘭——啪！大爆炸跟着就来了。"

那么,最早的那片点尘又从何而来呢？从虚无中来！虚无中分离出了正点和负点,就像 0 当中可以分离出 +1 和 -1。"这下就有了一点什么,有了两个存在,而原本是只有虚无的。"克里格曼说。至于负点,就是在时间中逆行的正点。

"点尘创造了时间,时间也创造了点尘。"克里格曼这样总结,"这理论很优美,是吧？"

优美,但是循环,我们不禁要替张口结舌的戴尔说上一句:原始的点尘需要时间才能产生,而点尘的组合又产生了时间！

显然,厄普代克并不打算让读者对这番证明太较真。它毕竟只是一部小说中的人物台词,何况还是个有点可笑的人物(他在明信片里对我说,这个证明是他从英国化学家、公开的无神论者彼得·阿金斯那里借鉴来的。我后来发现,阿金斯本人也看出了自己那个宇宙创始论中的循环意味:有了时间才有点,而有了点才有时间。他没有多加解释,只是称之为"宇宙的引导程序")。不过,厄普代克对存在之谜的思考不仅是从科学出发,他还有神学的角度。光凭这一点,就值得对他的想法探个究竟了。

电话是从厄普代克长期居住的伊普斯威奇镇打来的。那座镇子位于麻省海边,波士顿以北一小时车程。在电话里,我听见了他来访的孙辈玩闹的声响。他的嗓音有一种特别的柔软,而且音调丰富,听他说话,我仿佛能在头脑中看见他的形象:浓密的灰发,弯弯的鹰钩鼻,布满牛皮癣的斑驳皮肤,眼睛和嘴巴制造出习惯的表情——用马丁·艾米斯*的话来说,那是"给人开了玩笑的窘迫表情"。

我的第一个问题:卡尔·巴特的神学是否真的曾经帮助他度过人生的艰难时刻?

"我的确那样说过,那也的确是实话。"他答道,"在齐克果不能给我安慰的时候,我找到了巴特;而在齐克果之前是切斯特顿**。发现巴特是通过他的一本演讲集,名字叫《神的话语和人的话语》。他在宗教问题上不赶时髦,没有把福音书当做历史文献之类。他只有简单的一句:这是信仰,你要么信,要么不信。所以你说得没错,我的确是从巴特那里找到了安慰。我早期的几部小说——其实也没有多早——也体现了巴特的精神。《兔子快跑》肯定呈现了巴特式的观点,是从一个路德宗牧师的立场呈现的。在《罗杰教授的版本》里,罗杰也完全是靠着巴特精神才保住了信仰、逃过了各种势力对信仰的瓦解;这些势力当中,既有戴尔用科学表达的有神论观点,也有其他人用自由主义对神学的稀释。不过另一方面,那本书又是对巴特精神的批判,因为说到底,巴特精神是十分贫瘠的,而且自我封闭。相比罗杰的固执,戴尔至少敢于在基督教和现有的科学之间做一个调和。另外,整个故事里还有三角恋的成分:罗杰想象自己的妻子和年轻的戴尔在她的工作室里外遇,这想象不知道是真是假。所以说,这两个男人的较量,为的其实是……我想不起她的名字了……"

"爱斯特。"我插了一句。

"对,爱斯特……我喜欢这个人物,她穿一条大黄蜂似的裙子

---

*　马丁·艾米斯,英国作家。
**　切斯特顿,英国作家,用作品传播天主教义。

……上面有好多宽条纹,紧紧绷在屁股上。罗杰组织了个酒会,请了好几个能说会道的科学家参加,让他们一点一点地戳穿戴尔的自然神学。"

那么,那些科学家关于宇宙如何从虚无中起源的科学解释,真的可信吗?

"不可全信。这也是科学尴尬的地方。科学和过去的神学一样,都渴望解释一切。可是,你要怎么才能跨越虚无和存在之间的这条巨大鸿沟呢?何况这存在非同小可,是一整个宇宙的存在!真大……宇宙真是太大了!比我们的想象乘个平方还要大!"

厄普代克的嗓音高了起来,可见他是真心感到惊奇。

"说来也怪有意思的,"我说,"有的哲学家对居然存在着点什么感到惊讶和敬畏,比如维特根斯坦,他就在《逻辑哲学论》里说过,神秘的并不是世界是怎样的,而是有这样一个世界。海德格尔更加纠结,他说即便有人从来不思考为什么存在万物而非一无所有,那些人也还是会自觉不自觉地被这个问题'掠过',比如在无聊的时候,他们会最好什么都不存在,而在快乐的时候,一切又都变了,他们会用全新的眼光打量世界,看什么都像是第一次。但是我也遇到过有哲学家对存在完全不感到惊讶的,有时我还挺同意他们的看法。'为什么存在万物而非一无所有?'有时候,我也觉得这是个很傻的问题。但是也有的时候,我又觉得这是一个极其深刻的问题。你怎么看?你对这个问题沉思过很久吗?"

"唔,说'沉思'是言重了。"厄普代克答道,"不过我赞同世界的存在是一个奇迹的说法。老实说,这个说法也是自然主义神学的最后一根拐杖。它原来有许多根拐杖的,现在都折断了——像亚里士多德的第一因,阿奎那的原动者什么的,现在统统不成立了,只有那个谜题还在:到底为什么是存在而不是虚无呢?乔治·斯坦纳*在思想上不及维特根斯坦,但是据我记得,是他提出了这个想法。根据我上一次听到的消息,斯坦纳认为存在这样一个世界是神奇的,神奇到了可以支撑一种信仰的地步。"

我说:"没想到斯坦纳还……"

"是啊,我也没想到他还关心这个。"厄普代克继续说道,"但是我想不起他是在哪里提出这个问题的了。斯坦纳有他神学的一面,这不是在他的所有作品里都能看到的。不过对于偏好科学的外行人来说,要解释'从无中产生有',最有希望的还是量子物理:虚粒子不断地在真空中忽然出现,又不断地消失,它们存在的时间短得出奇,但它们的存在是确定无疑的。"

他故意把"确定无疑"几个字说得分外清楚。

我告诉厄普代克,说我很欣赏他在《罗杰教授的版本》里安排一个人物来解释宇宙是如何可能借着量子涨落从虚无中诞生的做法。我还补充说,在他写完这本书后的几十年里,物理学家又提出了一些巧妙的理论,的确可以使存在根据量子力学的定律从虚无中自发产生。不过,这自然就又要牵扯到那个谜题:这些定律是写在哪里的?又是什么赋予了它们主宰虚无的力量?

"这些定律相当于是在滑稽地说'虚无等于存在',证明完毕!"厄普代克哈哈大笑起来,"我听说过这么一种说法:从虚无到存在的变化是在时间中发生的,而存在什么之前又没有时间,所以这个问题没有意义,根本不应该问,它超越了我们人类的智力界限。你可以把自己想象成一条狗:狗的行为是反射性的,体现的是直觉,当它望着人类,那双眼睛后面也有一定的智力。但是,一条狗是不可能理解人类的大多数行为的,比如它肯定不明白人类是怎么发

---

* 乔治·斯坦纳,美国哲学家、文学家。

明了内燃机。我们要做的,或许就是把自己想象成狗,并且承认有些领域超出了我们的理解能力。对于这个看法我将信将疑,它其实主张的是存在之谜是一个永恒的谜,至少以人类现有的脑力而言。我甚至对——说出来不怕你生气——对宇宙是怎么从接近虚无的状态中快速产生的标准科学理论都无法相信。你仔细想想:这个理论认为,这颗行星,还有我们看到的所有恒星,以及比我们看到的多出几千倍的恒星,这一切的一切,都曾经包裹在一颗葡萄大小的空间里。我问自己:这怎么可能?这样一想,我就抛弃这个理论了。"

厄普代克呵呵轻笑,似乎情绪也高涨了起来。

"宇宙暴胀的整个说法,都似乎是靠微笑和鞋油推销出来的。当然了,它也的确解决了许多头疼的宇宙学问题。"他说。

慢着——微笑和什么?

"微笑和鞋油……"

我从没听过这个说法,我说,真是形象。

"哦,那是《推销员之死》*里形容威利·洛曼的话。他的葬礼上,有人说他是靠微笑和鞋油讨生活的。你没听说过?"

我坦白自己在戏剧方面品味相当低俗。

"不过这句形容我也跑不了,因为作家可以说也是在靠微笑和鞋油讨生活;虽然现代人都不怎么擦鞋油了。运动鞋是很难擦油的。"

我告诉他说,我每次擦鞋油,总觉得自己是个绅士。

"总之,"他继续说道,"仔细想想,我们这些理性主义者——我们多少都算是理性主义者吧——我们接受的这些宇宙早期形态的

---

* 《推销员之死》,美国剧作家阿瑟·米勒创作的舞台剧。

理论,其实比《圣经》里的任何奇迹都还要不可思议。你的心灵可以不假思索地领会死人复活的概念,因为的确有人从深度昏迷中醒来过,我们自己也每天都从一夜的沉睡中醒来。但是要相信这个浩瀚无边的宇宙曾经压缩在一片微小的空间里——压缩在一个点里——这就实在令人难以相信了。我不是说我可以推翻支撑这个理论的那些公式。我只是认为接受这个理论同样是出于信仰。"

听到这里,我就不能苟同了。推测早期宇宙形态的那些理论——广义相对论、粒子物理的标准模型等——全都完美地预测了我们当下观察到的种种现象。即便是宇宙暴胀理论,虽然它的确有一点猜测的性质,也已经由哈勃望远镜观察到的宇宙背景辐射的形状所证实。那么,既然这些理论和我们目前观察到的证据如此吻合,我们又为什么不能放心地运用它们在时间中逆推,一直推演到宇宙的开端处呢?

"我只是说我不信任它们。"厄普代克说道,"我的爬行类大脑不容许我信任。我甚至不能想象地球曾经压缩在一粒豆子大小的空间里,更何况整个宇宙了。"

我向他指出,有些事物本来就不可能想象,但是用数学可以轻易地将它们描绘出来。

"话是这么说,"他对辩论来了兴致,"但是人类的历史上也有过别的复杂理论,比如中世纪的经院哲学,在理论建构上就相当复杂,还有托勒密的本轮什么轮的……总之,那些体系中都体现了高超的智力,甚至在理论上也首尾一致,但是到头来,它们全都倒了。不过有一点你说得对:证据确实是越来越多了。物理学的标准模型已经提出了十年又十年,目前的验证已经进行到了小数点后的第12位。不过新出来的那个弦论嘛……它就完全没有证据,只有数学公式了,对吧?也就是说,有人穷尽了整个职业生涯建构一个理论,而那个理论描述的东西或许根本就不存在。"

就算是那样,我说,他们也毕竟在这个过程中建构起了美丽的纯数学。

"我看是美丽的一场空吧!"厄普代克叫嚷了起来,"如果根本不是真的,那么再美又有什么意义?要知道美就是真,真就是美。"

我问厄普代克,他对自然神学的看法是否如同巴特一般的鄙夷。有人相信上帝是因为有过宗教体验,还有人相信上帝是因为相信牧师。但是也有一些人想要上帝存在的证据、能为理智所接受的证据,而自然神学吸引的正是这一批人,它提出,对周围世界的观察或许能够支持上帝存在的结论。厄普代克说过,他不喜欢上帝"被理智框住",他真的要为此和自然神学的信徒划清界限吗?

他停顿了片刻说道:"我上过一个电台节目,叫《我信这个》。身为小说作者,我其实不喜欢说明我相信什么,因为信仰这东西就像量子现象,每天都在演变;况且把自己表白得太清楚是会带来厄运的。所以说……哦,你等一下,我妻子刚拿了个大号温度计给我看……好多数字……说到哪儿了?哦,对了,是电台节目,我在那个节目里承认,忽略自然神学的确会忽略人性和人类体验中的一大部分。依我看,即使是一个坚定的巴特信徒,也可能认同自然神学中的一个教条,那就是我们看做美德和英勇的品质,有许多都是来自信仰——就像耶稣所说:'凭着它们的果子,就可以认出他们来。'可是,把信仰转化成抽象的科学命题是讨好不了任何人的,尤其讨好不了信徒。接受信仰不需要理智的努力。信仰就像恋爱,没有道理可讲。巴特说过,通向上帝的梯子是最短的那架,不是最长的那架。他还一再强调,要拉近上帝和人的距离,靠的是上帝的作为,不是人的努力。"

但上帝又为什么要如此作为呢?他为什么要创造出一个宇宙

来呢？我记得厄普代克在什么地方说过，上帝创造世界，也许是因为精神疲乏；也许，整个实在都是"神圣惰怠"的产物。我追问他这话是什么意思。

"我真那样说过？上帝创造世界是因为无聊？说起来，阿奎那倒是说过上帝'游戏着'创造了世界。游戏，他创造世界是在寻开心。我觉得这种说法比较接近真相。"

说到这里，他又沉默了片刻，然后继续道："有些信仰上帝的科学家，比如弗里曼·戴森，对宇宙的最终归宿做了研究。他们描绘的是一个死寂的宇宙，在那里熵值达到顶点，粒子之间遥不可及，那是一片荒凉而没有意义的真空。我钦佩他们的科学想象力，但我就是无法想象那样的宇宙。在那样的空间里，只有上帝存在，此外一无所有。是不是到了那时，上帝就会百无聊赖，并且创造出一个世界来解闷？如果是那样，那我们的这个实在就简直是一首打油诗了。"

高明的比喻！实在不是厄普代克笔下的亨利·贝克在脾气暴躁时所说的"虚无上面的一块脏斑"，而是一首打油诗。

我告诉厄普代克，这番对话令我受益匪浅。他说自己之所以一开头气喘吁吁，是因为刚刚和孙儿们在外面踢完儿童垒足球。"踢了大半辈子，一直轻松应付，但是到了 75 岁，的确感觉吃力了。"他说着哈哈大笑，"心脏怦怦直跳，肺也嘶嘶地响，这让你清楚自己已经到了人生的什么阶段。"

几个月后，厄普代克诊断出肺癌。接着不到一年，他就去世了。

14
CHAPTER

第十四章

我真的存在吗?

然而,我却是一个真实存在的物体。但那是什么物体呢?我已经回答了:是一个会思想的物体。
——笛卡尔《沉思录》

为什么存在万物而非一无所有？我自认为已经找到了答案。我想到了一个证明，它有着近乎几何学的形式，斯宾诺莎看了一定会觉得满意。福尔摩斯或许也会满意。他曾经对他那位忠诚却不那么聪明的搭档华生大夫这样解释优秀的侦探工作："我告诉过你多少次了，只要排除了所有不可能的情况，那么剩下的任何情况，无论怎样的不可思议，都一定是真相？"而我的那个证明，就和他的侦探理想完全吻合。

在那个证明的最后一行，我不仅保证了一个非空实在的存在，还规定了这个实在必然会采取的普遍形式：无限平庸。如果我的推理背后的原则是正确的，那么世界就肯定既不是包罗万物，也不是一无所有，它离两者的距离应该一样遥远。然而，这个结论又勾起了新的困惑：如果这个世界在本体论上远远不是完整的，那我又为什么成为了其中的一员呢？我是怎么撕开这道存在的裂缝的？为什么想到了自己的存在，我就会无端地感到一阵眩晕？

如果这个世界是按照某个特殊的性质，从大量可能的实在中挑选出来的，那么我的存在作为原始事实，或许还不会显得如此神秘。因为如果是那样，我就可以用那个宇宙的特殊性质来解释自己的存在。比方说，假如宇宙的存在是因为它符合了对于善的抽象需求，就像约翰·莱斯利认为的那样，那么根据这个价值主宰/柏拉图主义的观点，我之所以存在，就是因为我的存在对宇宙整体上的善做出了些许贡献。再夸张些，假如宇宙像约翰·厄普代克说的那样,是"一首打油诗",那么我存在的理由,或许就是我对宇宙诗的部分或者打油的部分起到的作用了。任何一个特殊的性质,只要它能够决定这个特定世界的存在,就同样能够使我在这个世界中的存在具有意义。它会为我的人生制定目标:或者是在道德上尽量善,或者是多表现出一点谐趣,或者是别的什么。

然而,实在却没有这样的特殊性质。至少,我对宇宙的本体论探索表明它没有。我们的这个宇宙,只有假设它在任何方面都是中等水平,才能对它的存在做出充分解释。就连它的无限性也是中等的,因为它距离极端的丰富还有无限远。它就像是一个随机挑选出来的自然数子集,其中既包含了无限多的数字,也还有无限多的数字没有包含。

如果实在并没有什么特殊的性质,那么我之所以存在,就不可能是因为我拥有了这个性质,从而对实在有所裨益了。如果是这样,我的存在对宇宙就是没有意义的了——或者说,我存在的唯一意义,就是我存在着。萨特在说到"存在先于本质"的时候就表达了这样的意思。那么,我的人生目的究竟何在呢?在伊凡·冈察洛夫*的那部伟大小说《奥勃洛摩夫》中,那位反英雄奥勃洛摩夫的朋友施托尔茨对他说了一句聪明话:"人生的目的就是生存。"这真是一句值得铭记的废话。

总之,从宇宙的角度来看,我的存在既没有意义,也没有目的,更没有必然性(但是我并不引以为愧,因为如果有上帝的话,上帝的存在也是如此)。我的存在是碰巧,是偶然。我很有可能不存在。

这个可能性有多大?我们来稍微做点算术:身为人类的一员,

---

* 伊凡·冈察洛夫,19 世纪俄国作家。

我有着特定的基因身份。人类的基因组中包含 30 000 个活跃基因,其中的每一个都至少有两个变体,称为"等位基因"。因此,基因组能够编码的、在遗传上独特的个人就至少可以有 2 的 30 000 次方个——大致相当于在 1 后面加上 10 000 个零。这就是人类的 DNA 结构所能允许的人类总数。那么在这个数字当中,又有多少人是真实存在的呢?据估计,从我们这个物种诞生以来,总共出现过大约 400 亿个人。保守起见,我们把这个数字取整到 1 000 亿。计算可得,在遗传上有可能出现的人当中,实际出生者占到的比例仅有 0.00000……000001(省略号部分插入大约 9 979 个零),绝大多数都是从未出生的幽灵。这就是我——还有你——为了登台而抽中的大奖。这真是巨大的偶然。

　　能在概率如此之小的事件中胜出,我们可真是理查德·道金斯所说的"幸运儿"了。不过索福克勒斯*显然不同意这一点。他在剧本《俄狄浦斯王》中让众人齐声宣布:"从未出生才是最好的。"伯特兰·罗素在这个问题上的立场偏向不可知论,他写道:"许多人相信存在比不存在要好,他们据此劝诫孩童要对父母心怀感激,我却从来不懂这是为什么。"假如你的父母从未相遇,你当然也就不会存在。然而要让你见到这个世界,除了你的父母要遇上彼此并在特定的时候交合之外,还有许多事件需要刚好发生。或许,你应该感激的不是你的父母,而是当初那枚渺小而坚定的精子,是它运载着你的一半遗传物质在羊膜的海洋中不屈前行,并战胜了其他数百万个竞争者,最终和卵子结合生下了你。

　　我的遗传物质能够存在,这的确是一件小概率事件。不过,这个事件就足以保证我的存在了吗?我的遗传物质既然能够轻易地

---

*　索福克勒斯,古希腊三大悲剧作家之一。

制造出我,不也一样可以轻易地制造出我的双胞胎兄弟么?(如果你刚好是一对同卵双胞胎中的一员,那就想想这个思维实验:假如当初制造出你和你兄弟的合子在受孕之后没有立即分裂,而是只形成了一团细胞,那么,你的母亲在十月怀胎后生下的婴儿是你,是你的兄弟,还是谁都不是?)

另外,由于基因所限,我就只能是智人中的一员吗?我完全可以想象自己迁入了某个非人的形体,比如一只企鹅、一个机器人或者是一个没有形体的生物,像是一位天使之类。所以,我的本质或许并不是一个生物有机体。我的本质或许是别的什么。

虽然不很清楚自己究竟是什么,但有一件事我是清楚的:我存在着。这个命题或许是一个偶然真理,但它也是一个先验真理。我无法否认它,不然就会自相矛盾(我可以打趣地否认它,但那意思只是我在经济上和社会地位上无足轻重,而不是我在形而上学上等同于零)。即便是在对世界的怀疑登峰造极的时候,我的存在也是千真万确的。至少笛卡尔就这样坚称。他还把这个想法化成了一句名言:Cogito ergo sum,我思故我在。他认为,既然他在思考,那么他的存在就是显而易见的,从这一点出发,他又径直跳到了一个更为强烈的主张:从本质上说,他是一个思考的存在者、一个有意识的纯粹主体。于是,"我思"中的"我"就一定指的是一个和肉体不同的东西、一个非物质的东西。

笛卡尔的推理是不是有点越界呢?已经有许多评论者指出(领头的是18世纪的乔治·利希滕贝格),笛卡尔最初那个假设里的"我"是不太能站得住脚的。他实际能够断言的只有"存在思想",因为他从来没能证明这些思想需要一个思想者。或许,这个证明中的代词"我"只是一个引起误解的语法成分,而不是一个真实存在的事物的名称。

你可以把注意转向内心，去找一找这个"我"。你能找到的不过是一条不断变化的意识流、一束流淌的思想和情感，在那里并没有真正的"我"——这是笛卡尔之后一个世纪，大卫·休谟在自己的内省实验中得出的结论。休谟在《人性论》中写道："当我深切地进入所谓的'我自己'的时候，我总会撞见一些特定的知觉，其中有冷有热，有光有影，有爱有恨，有痛苦也有欢乐。我的知觉从来没有消失的时候，我能够观察到的也不外乎知觉……任何人，如果经过了严肃而不带偏见的反思，还能够得出一个与我不同的自我观，那么我必须承认，自己是无法与他继续理论的。"

笛卡尔和休谟，到底谁是对的？到底有没有一个"我"呢？如果没有，那么我在疑惑自己为什么存在的时候，我疑惑的又是什么呢？

即使到了今天，自我的本质依然是一个使哲学家分化、困扰的难题。或许微弱多数会同意休谟的观点，认为持续的自我只是一个虚构，是一块由代词"我"投下的阴影。比如德里克·帕菲特，就把自我比做一个俱乐部，它的会员会随着时间改变，它还可能彻底解散，然后以不同的形式、同样的名称再度开张。丹尼尔·丹尼特也说过："自我不是独立存在的灵魂之珠，而是各种社会进程在塑造我们时得到的产物。"盖伦·施特劳森则认为，每一个人的意识流中，都有一个个渺小短暂的自我不断地生生灭灭，没有一个可以持续一小时以上。他宣称："没有一个'我'或者'自我'能在一个人一天的觉醒时间里贯穿始终（更别说维持到第二天了）；虽然在任何一个特定的时刻，'我'或者'自我'都显然是存在的。"他还认为，在一天结束的时候，无论意识中还留存着怎样的自我，它都会在无意识的睡眠中消失殆尽。每天早晨，都会有一个新的笛卡尔式的"我"苏醒重生。

即便在自我问题上坚持实在论立场的托马斯·内格尔，也认为自我的部分本性可能并不为我们所了解。他曾写道："我对于'我'这个字理解其意思，也懂得运用，但是我仍然可能不知道我到底是什么。"

内心的我如此难解，其中或许是有原因的。说起来，自我到底应该是什么样子呢？现代（也就是笛卡尔之后的）哲学家提出了两个宽泛的要求，认为满足了它们的才算是自我。第一，无论自我是什么，它都是意识活动的主体。我在某一时刻的种种体验，比如看见窗外的一片蓝天，听见远方的一声汽笛，感到一阵轻微的头痛，想起一顿午餐，都是同一个意识的一部分，因为它们都属于同一个自我。我知道头痛的感觉是我的，不可能搞错。（唯其如此，狄更斯的《艰难时世》里的那位葛莱恩太太在病床上发表的声明才显得荒唐，她说："我觉得房间里的什么地方有一个痛感，但我不敢肯定那是我的。"）第二个要求，自我要具有自我意识——它要能够知觉到自身，要有"这是我"的体验。

但是，这两个要求之间，是不是有一些不可调和的矛盾呢？同一个东西，怎么可能既是意识的主体，又是意识的客体呢？在叔本华看来，这个矛盾是"人类所能想到的最大矛盾"。维特根斯坦也有同感，他宣布："'我'不是一个客体。'我'客观地面对每一个客体，但'我'本身不是客体。"和叔本华一样，他也把"我"比喻成了眼睛：正如"我"是意识的来源，眼睛也是视野的来源，但是眼睛本身并不在视野之内，它是没法看见自己的。

这或许就是为什么休谟没有能找到他的自我的原因，可能也是我（如内格尔所言）不能真正知道我是什么的原因。

不过，我在说出"我存在"的时候，毕竟是言之有物的。而且我说这句话，和你说同样的一句话，表达的内容肯定不同。但具体是怎么个不同法？是什么使得一个意识的主体和另外一个有所区别？

一种观点认为，意识的内容就是构成自我的元素。这就是自我同一性的心理学标准。按照这个观点，"我存在"这句话表明了一团多少具有连续性的记忆、知觉、想法和意向的存在。我之所以为我，你之所以为你，是因为我们拥有不同的那一团。

然而，如果我患上了失忆症，什么都不记得了呢？或者，如果一个邪恶的神经外科医生设法抹除了我的记忆并且换上了你的呢？如果他还在你的身上进行了相反的操作呢？当我们二人醒来，会发现彼此已经互换了身体吗？

你要是觉得最后那个问题的答案是"是"，那么不妨再考虑考虑下面的场景：你知道自己明天就要受酷刑。这当然使你觉得恐惧。但是你也知道，在受刑之前，你的记忆将被那个邪恶的神经外科医生抹去，并且换上我的。这样一来，你还会感到害怕吗？如果还是害怕，那就说明你虽然在内心完全戴上了我的面具，承受痛苦的却依然是你。

这个思维实验是哲学家伯纳德·威廉姆斯在 1970 年提出的，目的是证明个人同一性的心理学标准肯定是错误的。可是，如果心理因素不能决定我的自我同一性，什么又能够呢？剩下显然还有一个标准，威廉姆斯推崇过它，后来的托马斯·内格尔也试着维护过它，那就是物理学的标准。根据这个标准，我的自我同一性是由我的身体或者具体来说是由我的脑决定的，因为是脑在因果上负责保存、维持我的意识的物体。按照这个"我是我的脑"的观点，你的意识流的具体内容对于你的同一性无关紧要，要紧的是你头颅中的那团灰色肉块。这团肉块一旦毁灭，你也无法生存。你的自我不可能"上传"到一台电脑中去，也不可能以任何灵性的形式死而复生。内格尔甚至认为,即使有人为你的脑制造了一个副本,并且载入你的记忆,再装进你身体的副本里去,那样制造出来的那个人也仍然不会是你(虽然他会认为自己是你)。

因此,当我说出"我存在"的时候,我或许只是在断言某个特定的(还要是运作着的!)脑的存在。这样一来,"我为什么存在"这个问题就有了一个纯粹物理学的答案:我之所以存在,是因为在宇宙历史的特定时刻,有一团特定的原子刚好以特定的方式组合到了一起。

但是德里克·帕菲特指出,这个简单的答案同样存在问题,因为就连我的脑在物理上的同一性,也不是那么清楚就能认定的。他也提出了一个思维实验:假设你所有的脑细胞都具有某种缺陷,最终会导致你死亡;再假设一位外科医生可以将这些脑细胞替换成没有缺陷的副本细胞。这位医生将渐次为你替换,总共进行100次细胞嫁接手术。第一次手术过后,你的脑将保留原来的99%。50次手术过后,你的脑中还有一半是原来的细胞,另一半是副本细胞。到了最后一次手术之前,你的脑中已经有99%的细胞都是副本细胞了。等到所有手术完成,你原来的脑就完全摧毁、彻底更新了,到那时,你脑子里的那个自我还是你吗?如果它已经不再是你,那么你又是在这一系列手术的哪个环节上突然消失,并为一个新的自我所取代的?

看来,无论是心理学标准还是物理学标准,都无法彻底解决我是谁的问题。这未免使人感到不安和疑惑:也许在我的同一性这个问题上并没有什么真相,也许我是否存在的问题并没有真正的解答。也许,就算我在说到"我"的时候有所指称,我指称的也不是一个实实在在的东西。这个东西不是宇宙的真实和根本的成分。除了我心中不断变化的精神状态,以及我体内不断变化的粒子之外,它没有别的存在。自我,用休谟的比喻,好比一个国家,用帕菲特的比喻,好比一个俱乐部。我们可以在短时间里追踪它的同一性,然而它能否在漫长的时间里、能否在身体和心理经受巨大断层时保持不变,则是一个没有答案甚至是空洞的问题。那个持续的、实体的、自我同一的"我"是一个虚构。正如佛陀所说,自我是"出于方便给诸法取的名字"。

休谟对这个结论深信不疑,但同时也觉得它令人沮丧。他写道,这个结论使他"落入了所能想象的最可悲的境地,整个人陷入了最深的黑暗之中"(幸好,他还能在和朋友玩西洋双陆棋的时候找到慰藉)。相比之下,德里克·帕菲特的态度就比较接近佛陀了,他觉得这个结论"使人解脱,给人安慰"。他从前认为,自我的存在是一个确凿无疑的深刻事实:"我的人生仿佛一条玻璃隧道,年复一年,我在其中愈行愈快,隧道的尽头则是一片黑暗。"当他一旦从自我当中解脱出来,"那条玻璃隧道的墙壁消失了,现在的我生活在一片广阔的天地之中。"

假如笛卡尔式的"我",也就是"我思故我在"中的那个"我",真的是一个错觉,那么这个错觉又是如何产生的呢?(我们还可以追问,这是对谁、对什么的错觉?)作为我,就是具有自我意识,就是能够反思自身。因此,"我"也许就是在思考它自身的时候产生的。换句话说,"我"说不定是自己把自己创造出来的!

这就是罗伯特·诺齐克提出的大胆假说,他虽然对此"非常犹豫",但他也认为非此不足以解决自我的由来这个"相当棘手"的问题。在诺齐克看来,当一个笛卡尔主义者宣布"我思"的时候,他指的并不是一个既有的实体,也不是在描述一个现存的状态。相反,这个状态正是因为这则宣言才得以成立的,由代词"我"所指称的那个实体也正是在自我指称的行为中才得以形成的,这个行为挑出了"最大的有机整体",其中也包括这个行为本身。那么,这个有机整合的自我创造的行为,它的界限又在哪里呢?诺齐克认为:"我们之前所说的一切,都没有对自我综合的自我能够把自我综合成什么样子做出限定。"他甚至认为,这个自我可以"和宇宙的内在实体等同,就像吠陀哲学所说的'梵我合一'"。

一旦开始思考"我创造了我"这个观点,你很快会发现自己正沿着一道光溜溜的超验斜坡一路下滑。斜坡的尽头是一种奇怪的唯心主义理论,它认为"我"在创造其自身的过程中,也创造出了整个实在。这个想法听起来疯狂,但它却在康德之后的欧洲哲学中屡屡出现。19 世纪的黑格尔、费希特和谢林,再到 20 世纪的胡塞尔和萨特,都提出过各自的版本。

约翰·戈特利布·费希特出生在一个贫穷的丝绸纺织工人家庭,但是后来的他不仅成长为康德哲学的可敬传人,还成为了德意志民族主义的精神教父。费希特主张(和诺齐克一样),"我"是在"设定"其自身的行动中产生的。他提出了"我 = 我"的公式,这个公式符合逻辑上的同一律,因此是一个必然真理。他甚至认为这是唯一的必然真理,因为它无需以任何东西为前提就能成立(一般来说,"A = A"总需要以 A 的存在为前提,但是在"我 = 我"中,由于自我具有自我设定的本质,所以"我"的存在已经有了保证)。作为唯一的必然真理,"我 = 我"是一切其他知识的基础。费希特由此认为,一切知识说穿了都是关于自我的知识。超验的主体不但在设定的行为中创造了自身,它也创造了世界——这真是本体论上的绝技!对于费希特的这个奇妙的创世辩证法,当代哲学家罗杰·斯克鲁顿做了如此描述:"一切艺术、宗教、科学和其他制度无不囊括在这个过程当中,都是这场伟大精神之旅的一部分,在这场旅程中,'我 = 我'由空洞变得鲜活,它终于了解了自身,知道了自身就是有序而客观的实在,也了解了自身的自由。"

到 20 世纪初,现象学运动的发起人埃德蒙·胡塞尔也为"我"赋予了类似的本体论权力。他主张:"客观世界,它的全部意义,以及它的存在地位……都是从我自身而来,都是源于我这个超验的自我。"

但是在我看来,要相信我是整个实在的源头,这实在是形而上学上的傲慢自大,甚至可以说是精神失常。不过有一点确实没错:无论我的自我是什么——一个实体,一团东西,一片场所,一个容器,一个载体,一首自己写成的诗,一片语法的幻影,一个超验的自我——无论它是什么,它似乎都真的位于世界的中心。维特根斯坦也在《逻辑哲学论》的命题 5.62 中宣布:"世界是我的世界。"接着又在命题 5.63 中强调:"我是我的世界(小宇宙)。"

当然,世界有可能真的是我的世界,而不是你的世界、她的世界,但这个说法只有在我是唯一真实的自我、是形而上学的自我时才能成立。我不是唯我论者,因此不相信这一点(虽然在孩提时代,我也曾以为闭上眼睛就能使世界变黑)。虽然我处于我的主观世界的中心,但是我依然相信有一个客观的世界,它独立于我而存在,它在时间和空间上极其辽阔,而我只了解其中微小的一部分。这个客观世界在我出生之前就已存在,在我死去之后,它也将继续存在。我还相信这个客观世界是没有中心的。它没有什么本质的视角,因为它并不存在于上帝的心中。正因为它没有中心,所以我必须努力理解它。

托马斯·内格尔给这个无中心的实在观起了一个好记的名字,叫做"哪里都不是的观点"。对于努力采取这个实在观的自我,他则称之为"客观"自我或"真实"自我。按照内格尔的说法,客观自我不同于某个特定的个人。这个自我是将这个特定个人的经验

世界是"我"
的世界。

当做面向世界的一扇窗子来处理的,利用这些经验,它建构出了一个没有观点的实在观念。但是这样一来,客观自我又会为遇到一个使之惊讶的难题:"这个我,这个思考着没有中心的茫茫宇宙的我,为什么会显得这样具体呢?它渺小而没来由,它生活在一小块丁点的时空里,它在心灵和身体的构成上都有所局限、绝对算不上全能。为什么我会是这样一个渺小、具体而特定的存在呢?"

客观地思考这个世界,内格尔惊异于他的意识居然会出现在一个特定的人类体内。"我是托马斯·内格尔,这是怎么回事?"他觉得不可思议;这个在实在的海洋中稍纵即逝的有机泡沫,居然是"托身卑微的世界灵魂"。为了避免自己的语气透出形而上学上的自大,内格尔又辩白了一番:"这是任何人都会有的想法,人人都是无中心宇宙中的主体。你是地球人也好,火星人也罢,都一定觉得这个身份来得没有道理。我不是说只有我才是宇宙的主体,我只是说我是主体之一,并且我意识到了这是一个没有中心的宇宙,在这个宇宙中,托·内只是一颗不足道的微尘,原本就不存在也大有可能。"

有些哲学家想要驳斥内格尔的"客观自我",他们主张,"我是托·内"这个句子,当且仅当它是由托·内说出的时候才是真的。除此之外,它并没有什么值得大惊小怪的含义。它和"今天是星期二"这个句子并没有多少两样,区别仅在于后者只有在星期二说出才是真的。对此内格尔反驳道,这样一个淡化个人的语义分析会在我们对于世界的认识中划出一条沟壑。他指出,就算客观的知识当中包含了所有关于托·内这个人的公开信息,"'托·内就是我'的想法也显然还是具有某种额外的含义,而且那含义令人惊讶,这一点是相当重要的。"

(打完上面的字句就到了午餐时间,我到格林尼治村当地的食品超市去买了一个鸡肉鳄梨三明治。在等候付款的队伍里,我发现了托马斯·内格尔本人,他提着一篮子食品,毫不起眼地站在那里——那个托身卑微的世界灵魂。我冲他点了点头,他也和蔼地朝我点头致意。)

我也为自己是 JH 感到吃惊吗?这要视乎我的情绪而定。有的时候,我的确是想到这个就觉得奥妙无穷,但也有的时候,我又觉得这个想法相当无聊(在这方面,它有点像是"存在万物而非一无所有"的想法)。和内格尔不同的是,我在想到自己在宇宙中的平凡地位时,并不感到有什么吃惊。把自己看做是"不足道的微尘",对我也没有多少困难。

我有没有可能是 JH 之外的什么人,是另外的一粒微尘?假设世界的历史在其他方面都和原来一样,唯独我变成了拿破仑,拿破仑也变成了我。当我如此设想的时候,我设想的是什么?我设想的,或许是自己变成了一个身材矮小的人,头戴着一顶有帽章的帽子,一只手插在制服的短上衣里,正在满目疮痍的奥斯特里兹战场上视察。但是哲学家伯纳德·威廉姆斯敏锐地指出,我所设想的,只是扮演拿破仑。就像观看查尔斯·博耶*在银幕上扮演拿破仑并不能使我了解他假如成为拿破仑是什么感觉,我的这番想象也不能使我理解我成为拿破仑会是什么感觉。

如果我对自己说"我可以成为拿破仑",其中的代词"我"就不太可能指称那个别人能够观察到的 JH,那个 20 世纪末到 21 世纪初在北美大陆过着安静而无害生活的人。不然的话,这个命题就自相矛盾。因此,这里的"我"指的必定是我的那个甩掉了一切物理和心理包袱的自我——我的那个纯粹的、脱离时间的、没有特

---

* 查尔斯·博耶,法裔美国男演员,曾在影片《征服》中扮演拿破仑。

征的笛卡尔式自我。这个自我才是我在想象中试图与拿破仑对换的自我。问题是,我有这样一个自我吗?你有吗?

如果你有,那就会出现几种相比和拿破仑对换自我更叫人糊涂的可能。比如,你可能(像德里克·帕菲特设想的那样)在阅读这段文字的时候突然消失、被一个新的自我替代,它占领了你的身体,在心理组成上也和原来的你一模一样。如果发生了这样的事,外人是看不出一点蛛丝马迹的。

另一种可能是这个世界和原来完全相同,唯独你那纯粹的笛卡尔式自我从来就没存在过。那个外界能够观察到的你,包括你的遗传物质、记忆、社会关系,连同生活中的一切,都和以前一样,只是那已经不是你,而是和你一模一样的同卵双胞胎兄弟。你那微弱的意识之火从来就不曾在这个世界上点燃过。

时至今日,已经很难找到一个哲学家会把纯粹的笛卡尔式自我当一回事了。帕菲特认为这个自我"莫名其妙",内格尔虽然谈到了"客观自我",但是他并不认为这样一个自我可以完全摆脱物理和心理的羁绊(实际上,他还设法证明脑是自我的核心。如果他是对的,那么就算把我的脑移植到拿破仑体内,我也依然会是 JH,只是身材更小,面色更黄而已)。威廉姆斯则问道,如果自我可以这样的遗世独立,那么两个纯粹的笛卡尔式自我之间还怎么区分呢?这世界少了我会有什么两样呢?

内格尔指出:"宇宙中居然有一个生物正好是我,对这个事实的诧异是一种非常古老的情感。"和他一样,我也禁不住对我存在这个事实多少有些诧异——宇宙中竟然产生了这些正在我的意识流中翻腾起伏的想法,不啻是怪事一件。

然而,我对自身存在的诧异还有一个奇怪的反题:我很难想象自身的不存在。为什么想象一个没有我的世界、一个我从未露面的世界是如此困难的一件事？我知道自己算不上实在的必然特征，但是就像维特根斯坦所说，我一想到世界，就没法不把它想成是我的世界。虽然我其实是实在的一部分，但感觉上却好像实在是我的一部分似的，我是它的轴心，它的焦点，是照亮它的太阳，是糟粕中的精华。要想象我从未存在，就相当于想象世界从未存在——想象一无所有而非存在万物一样。

我知道，认为实在的"存在性"取决于我的存在，这只是一种唯我论的错觉。但纵使我认识到了这一点，这个错觉却依然显得相当真切。我该如何摆脱它的控制呢？或许可以靠着牢记这样一个事实：在我从无意识的黑夜中醒来获得生命之前，世界就已经快快乐乐地存在了许多个纪元；而等我无可避免地返回那片黑夜之后，它也将继续快快乐乐地存在下去。

15
CHAPTER

第十五章

回归虚无

　　人万分惊诧地发现，自己在数千年的虚无之后蓦然存在。他将渡过短暂的一生，然后生命结束，迎来同样漫长的虚无。人心抗拒这个结局，觉得它不是真的。

　　　　——阿瑟·叔本华《论存在之虚无》

我的出生虽说偶然，我的死亡却是必然。我对这一点有相当的把握。然而我却发现自己的死亡殊难想象，和我有同感的人也不在少数。弗洛伊德就说过他想象不出自己的死亡。在他之前的歌德也是如此，他说："要一个思考者思考他自身的非存在、思考他的思想和生命如何终结，是完全不可能的事。"接着他又补充了一句："从这一点看，每个人都在体内携带着自身不朽的证据，虽然并非是有意为之。"

　　然而可叹的是，这个不朽的"证据"却是相当廉价的。因为这又是一个所谓"哲学家的谬误"：把想象力的缺乏误当做了对实在的洞见。再说，也不是每一个人都觉得自己的死亡不可思议：卢克莱修*就在他那部庄严的长诗《物性论》中主张，要想象死亡之后不复存在，并不比想象出生之前不存在困难多少。大卫·休谟显然也有同感。他还因此宣扬死后不复存在并不可怕，就像出生之前不存在没有什么好怕一样。当詹姆斯·鲍斯威尔**问他想到毁灭是否害怕的时候，休谟平静地回答："一点都不。"

　　在死亡面前表现出这样的镇定，据说是"哲学式"的。西塞罗***曾经宣布，学习哲学就是学习如何去死。在这一点上，苏格拉底被后人奉为楷模。当雅典法庭以不敬神的名义判他死刑，苏格

---

　　*　　卢克莱修，古罗马哲学家。
　　**　 詹姆斯·鲍斯威尔，18世纪英国传记作家。
　　***　西塞罗，古罗马政治家、哲学家。

拉底平静接受，自愿喝下了那杯致命的毒芹。他对友人说，死亡或许是毁灭，那样它就像一场漫长无梦的睡眠；又或许死后有灵，那样就是灵魂从一处迁徙到了另一处。无论是哪种情况，死亡都没有什么好畏惧的。

为什么苏格拉底和休谟对毁灭毫不畏惧，我却一想到它就提心吊胆呢？我已经说过，要我想象自己的死亡是不太容易的。或许就是这个原因，死亡才在我的心中显得神秘，并因此显得可怕。不过，我同样无法想象自己完全失去意识的情形；虽说我每晚都要进入这个状态，而且并不感到畏惧。

死亡的可怕之处并不在于它无尽的虚无，而在于它会夺走生命中一切美好的事物，永不归还。托马斯·内格尔写道："如果要让'死是坏的'这个观点成立，就必须假设生命是美好的，而死亡是对生命的剥夺或者损失。"的确，你一旦不复存在就无法体验这种损失，但这并不代表这损失于你不是一件坏事。内格尔打了个比方：假设一个聪明人脑部受损，智力水平退回了一个心满意足的婴儿。这对于这个聪明人当然是万分不幸的，虽然他本人不会有这个感觉。死亡不也是如此么？尤其是死亡带来的损失还更加严重。

可是，如果你的生命中根本没有美好的事物呢？如果你的生命只有无尽的痛苦，或者难耐的乏味呢？那样的话，不存在不是更好么？

对这个问题，我在直觉上感到左右为难。但是我也为已故英国哲学家理查德·沃尔海姆的一番论证所打动。沃尔海姆主张，死亡无论如何都是不幸的，就算生命已经丧失了一切乐趣也是如此。"原因不在于死亡剥夺了我们的某些乐趣，或者剥夺了所有的乐趣。死亡剥夺的是比乐趣更加基本的东西。它剥夺的是我们在

世界为何存在？
Why Does the World Exist?

进入目前的精神状态时所获得的那样东西……它剥夺的是我们的体验，我们一朝拥有了体验，就会对它产生一股难以释怀的渴望。就算我们急切地想要消除痛苦，想要停止一切，对体验的渴望也不会消失。"

更打动我的，是米格尔·德·乌纳穆诺*在《生命的悲剧意识》中的一番自述：

> 我有一件事情必须忏悔，虽然忏悔可能引起痛苦：就算在我心地淳朴的青年时代，我也不曾在听人形容地狱之火的时候战栗，无论他们的形容有多么可怕。因为我始终觉得，虚无这东西要比地狱可怕多了。无论生活多么困苦，人只要还活着就能爱、能希望；就算他的居所入口写着"放弃一切希望"。在痛苦中继续生活，胜过平静地化归乌有。实际上，我根本没法相信那个狠毒的地狱、永远的惩罚，在我看来，一片虚无才是真正的地狱。

人之所以怕死，不仅是因为意识到了没有我们，世界仍将忙碌不休。即便是一个唯我论者，相信世界的存在取决于自己，他对死亡也是惧怕的。就算我的死因是一场浩劫，在杀死我的同时也消灭地球上的所有生命或者摧毁整个宇宙，我对死亡的恐惧也不会有丝毫减轻。实际上，那反而会令我更加怕死。

不，我之所以感到不安，甚至是像乌纳穆诺那样感到恐惧，是因为一想到死，我就想到了虚无。对这个虚无要如何看待呢？从客观的角度来看，我的死亡就像我的出生，它是一个平凡无奇的生

---

* 米格尔·德·乌纳穆诺，西班牙作家、哲学家。

物学事件,在我的同类身上已经发生过数十亿次。但是从内部观察,它却又那样的深不可测:一旦死去,我的意识世界和其中的一切都会消失,我的主观时间也将中止。正如美国哲学家马克·约翰斯顿所说,这是"我独有的死亡",是我这个自我的熄灭,是"这片存在和行动的舞台就此落幕"。约翰斯顿认为,独有的死亡令人困惑、令人恐惧,因为它揭露了一件事:我们并非自己认为的那样,是周围这个实在的源头、世界的中心。

内格尔也表达过相近的意思。他写道,从内部来看,"我的存在是一个可能性组成的宇宙,它独立自存,不需要外物的扶持就能继续。而当这个不甚可靠的自我观念撞上了托·内将会死去、我也将随之消亡的明确事实,结果就是当头一棒。这是一种非常强烈的虚无……原来,我并不是自己在潜意识中认为的样子,我不是一组超脱万物的可能,而是一组根植于偶然现实之中的可能。"

也不是所有哲学家都把人终将回归虚无一事看得如此绝望。比如德里克·帕菲特,他原本相信他的持续存在是一件"全或无"的事,要么整个存在,要么一点都不存在,但是当他发现了自我的非实体性之后,他就从原本的信念中解脱了出来。现在的他相信,他的死只会打破一部分心理和物理的连续性,其余的部分还将接着延续。"未来不会有我这样一个活人,说起来也不过是这样而已。"他写道,"看到了这一点,死亡对我就不那么坏了。"

不那么坏——说起来也算是进步。不过,虚无还有什么优点可以一说吗?涅槃算不算?吹灭自我的火光,斩断内心的欲望?死亡带来的个人的灭绝,会不会像佛教哲学家坚信的那样,是一种永久平和的状态?可是,如果你已经不复存在,又该怎么享受平和呢?于是有机智的人这样定义涅槃:涅槃就是还剩一口气,刚好享受死的感觉。

叔本华受到佛教思想的启发，宣布所有的意志都是折磨。因而，自我的终极目标应当是毁灭，是返回其从中诞生的永恒的无意识状态："意志从无意识的黑夜中苏醒诞生，却发现自己被一个广袤无垠的世界所包围，四周是无数个体，都在奋斗、煎熬、犯错，而且如噩梦一般，它最终仍将匆匆返回原来的那片无意识之中。"

　　叔本华的半吊子佛教人生观可能过于偏激，然而毁灭之后归于平静的想法的确能激起强烈的情绪反应，令人想起童年的时光。我们的存在是从母亲的子宫开始的，那是一片无意识的温暖海洋，后来我们爬上母亲的乳头吮吸，那同样是欲望满足的圆满状态。接着，我们的自我意识在对父母的彻底依赖之中萌发，这种依赖之漫长，超过任何别的物种。到了青春期，为了摆脱依赖，我们又必须叛逆父母，拒绝家庭的舒适，到外面的世界闯荡。在那里，我们为了繁殖而彼此竞争，重新开启轮回。然而世界是一个危险的地方，到处是陌生人，对父母的叛逆使我们感觉异化，仿佛一根原始的纽带就此断裂。只有回家，才能赎清自己的存在之罪，实现和解，复归为一。

　　以上是对黑格尔的家庭辩证法的滑稽模仿。虽然粗糙，但它多少也从心理学的角度阐明了一种感想：所谓的实在，即那个子宫之外的世界、那个变的世界，其实是一个异化的场所。罗杰·斯克鲁顿*在评论存在主义的异化观念时写道："我们在世界中感到漂泊无依，这种漂泊感是对人类境况的深刻描绘。这其实就是原罪的由来：经由意识，我们'堕落'到世上去做局外人。"因此，我们的内心深处才会有这样的欲望：回到"原初的安息之所"，回到童年的风景、安全的家庭。

---

　　* 罗杰·斯克鲁顿，英国哲学家。

那么,这条令人向往的赎罪之路到哪里才算是头呢? 到哪里才算是赎清了罪孽、复归了整体呢? 答案就是诞生我们的那片温暖的母性之海,那座安宁的无意识的永恒家园。也就是虚无。

正当我思索着这个朦胧而诱人的想法时,有人给我带来了一条消息:我的母亲就要死了。

消息来得有点突然,但也并非完全出乎意料。我的母亲居住在弗吉尼亚州的雪伦多亚河谷,我也是在那里出生的,一个半月之前,她感到身体不适就医,症状似乎是慢性支气管炎。然而医生在她的肺部发现了肿瘤。此前她已经健健康康生活了七十多年,前几年还赢过当地的网球比赛。但是在诊断出癌症之后,她的身体却迅速恶化了。不到一周时间,她的双腿就变得麻木瘫痪。经检查,肿瘤已经转移到了她的脊柱。她每天接受放疗,但完全不见效果。医生束手无策,只能将她送进了一家临终关怀医院。

她在那里的前两周过得相当快乐。医院小而温馨,四周是一片僻静的草坪,抬头就能望见蓝岭山脉。她说那里的护士待人和善,吃得也好,每天早晨都供应好多熏肉。母亲每天给身在纽约的我打电话,说她的好友不时来访,还说她在电视上追看法国网球公开赛。她并不怎么觉得疼痛(他们给她上了多少吗啡?),也似乎完全不惧怕死亡。她从小就是虔诚的天主教徒,天天参加弥撒,每个早晨都要诵《玫瑰经》等祷词。她一生向善,遵守每条戒律,所以相信自己一定能上天堂。她将在那里见到我的父亲——他是十年前心脏病发在睡梦中猝然离世的,当天他曾在网球场上挥汗,还下海游了泳。她还会见到我的弟弟,他是几年前在一场聚会上吸食过量可卡因死的。

我本以为我母亲还能再活上一阵——医生说她还有 6 个月的寿命。可是一天早晨,一位护士却突然打来了电话。我母亲的病况急转直下。她已经吃不下饭，也无法喝下流质，一喝就呛（她嘱咐过护士，说她不愿从静脉补充水分）。她睡觉的时候喉咙咯咯作响，一旦睡下就很难醒来。看起来，她的寿命只剩下几天了。

我立刻借了辆车，从纽约驱驰8小时来到弗吉尼亚。晚上赶到临终关怀医院时，一名年轻的神父正在我母亲房里。他是个笑容可掬的菲律宾人，英语说得差劲，但自有一股神圣的气度。他已经为母亲举行过最后的仪式，还为她赎清了罪孽。我站到母亲床边，她睁开眼睛，似乎认出了我。我想要说点轻松的话，于是告诉神父我母亲已经接受过所有圣礼，就差没有接受圣职，因此在圣礼上比他这个神父还领先了一步。母亲听了眼皮颤动，露出微笑。

翌日，我在她的床边坐了一整天，我握住她的手，嘴里一遍遍说着："我是吉姆，我来陪你了，我爱你。"她一时清醒，一时糊涂。后来几个教友来到病房，在她的床边吟咏一首赞美圣母的祷词，翻来覆去，令人厌烦。等到终于送走他们，我注意到母亲嘴唇很干。我用一只棉球吸了点凉水为她擦拭嘴唇。她眼皮一颤，睁眼看到了我。"你的额头很帅。"她悄声说道（"谢谢！"我回答）。接着，她的眼睛又闭上了。几个小时之后，我离开病房，心想她或许挺不过今晚了。

但是当我第二天早晨回到病房时，母亲却仍然活着。她的眼睛已经闭上。护士告诉我，说她昨晚没有再恢复意识。现在她对我的声音已经没有了反应。我一个人陪在她身边，手掌放在她的眉毛上。我在她的脸颊上亲了一下。她的呼吸相当平稳，面部肌肉也很放松——没有痛苦的迹象。我在她的耳边唱起了一首名叫《真爱》的肉麻老歌，她以前曾经和我父亲和声对唱，引得听众哄笑连连。我向她说起了许多年前举家出游的情景。她没有一点反应。我透过病房的玻璃门，望着外面夏日的繁花，那里飞鸟往来，蝴蝶翩跹,真是一派甜美风光。中午时分,护士进来给母亲挪了挪身子。她的双腿泛出斑点,说明血液循环已经停了,而且斑点正顺着双腿向上蔓延。"她大概还有一个小时。"护士告诉我一声,离开了病房。

母亲的呼吸越来越浅。她的眼睛仍然闭着,表情看起来十分安详,虽然每过一阵就会发出一丝喘息。

接着,正当我站在她的身边,手还握着她的手时,她的眼睛仿佛受惊般地完全睁开了。这是我这天头一次看见她的眼睛。她似乎在望着我。她张开了嘴,我见她的舌头抽动了两三下。她是有什么话要说吗?接着不到两秒钟,她的呼吸停止了。

我俯下身子,悄悄说了一声我爱她。然后我走到外面的大堂对护士说:"我想她死了。"

然后,我返回病房去和母亲的遗体独处。她的眼睛还没完全阖上,头歪到了右边。我思索着她的心脏已经停跳,血液也不再流动,不知道她的脑内还有什么活动没有。没有了氧气,脑细胞拼命而徒劳地想要维持功能,直到组成它们的化学物质分解殆尽。也许在母亲永远消失之前,她皮层中的意识还摇曳了几秒钟。我刚刚目睹了从存在到虚无的精微过渡。这间房里刚才还有两个自我,现在却只剩下一个了。

半小时后,殡仪馆的人来了,那是个衣冠楚楚的年轻男子,穿一件不合季节的黑羊毛西装。我对他嘱咐了几句,然后就最后一次离开了母亲。

当天晚上,我在老家的一家时髦餐馆里招待自己。餐馆是新开的,老板是曼哈顿来的一位年轻大厨,人很有抱负。我已经一整天没吃东西了。我在吧台喝了香槟,还有口无心地对酒保宣布了我母亲当天下午刚刚去世的消息。我在餐桌上点了安康鱼、传统猪头和家传甜菜,还喝了一瓶香醇的本地产品丽珠葡萄酒。我微微有了点醉意,于是和那位表情和善、满脸红光、操着沙哑南方口音的女招待互相说了几个笑话。最后我吃了些甜点,并佐以甜酒。然后,我就走出餐厅,走上了市中心的那几条荒凉的街道,一边散步,一边欣赏那些内战之前和维多利亚时代的建筑。它们保存得真好,我小时候就见过它们,但当时还不觉得稀罕。我的家乡和罗马一样,也是建在七座山上的。我爬上了最高的那座,眺望着周围雪伦多亚河谷的灯火明灭。然后,我忍不住抽泣起来。

第二天早晨,我在母亲的房子里醒来,感觉怪怪的:房子里堆满了旧家具、老古董、还有母亲储藏的其他零零碎碎的东西,虽然充实,却有一种空荡荡的氛围。外面的空气中弥漫着一股少见的甜香。昨晚下了几场大雨,现在雨水已经移向东边,离河谷很远了。我决定出门去跑个步。我要有目的地跑一次。我要亲身实践黑格尔的家庭辩证法,只是把它颠倒一下。就像约翰·契弗*的短篇小说《游泳者》里的那位游泳者,我准备从外面出发返回家里。只不过,契弗笔下的那个人物是在一个个比邻的郊外泳池里蛙泳回家的,我要做的则是跑过我早年生活中的一座座地标。我要逆着时间的顺序逐个拜访,最终到达我孕育成形的那个地方。我要做一回《慢跑者》。

这是一个傻乎乎的幻想,但是一个刚刚丧母的人是聪明不到哪里去的。更傻的是,我的脑袋里还老是翻来覆去地响着滚石乐队的《这是最后一次》。

我出发的时候,清晨的雾霭已经渐渐散去。没过多久,我就望见了远处的蓝岭山脉,晨曦中的它轮廓分明,透出名副其实的蓝

---

* 约翰·契弗,美国小说家。

我要逆着时间的顺序逐个拜访,最终到达
孕育我成形的那个地方。

色。我慢慢跑过中学母校，我就是在那里的图书馆读到了萨特和海德格尔，接受了无神论的存在主义，并且用它来对抗父母灌输给我的正统宗教；我父母还以为我已经永久皈依了呢。也是在那里，一群损友教会了我吸烟。我慢慢跑过那座占地庞大、后面带网球场的仿乔治风格的房子，少年时代的我曾和父母在那里居住，一天夜里父母出城，我就是在那里的一间地下卧室笨手笨脚地完成了性启蒙。我跑过天主教堂，我曾在那里领取第一次圣餐，并且虔诚地忏悔了童年的荒唐罪孽。我跑过从前的旧校舍，在那里，曾有几位修女教导我仿效圣方济各，也就是守护本教区的那位圣徒。

　　片刻之后，我来到了一座小山脚下，山顶上建着一座白色的砖头平房，那是我父母结婚后住过的第一个家。山坡比我印象中的陡峭，攀登的时候必须不断加劲——我不由心想，这就仿佛是加速器需要不断增加能量才能重现宇宙最初的状态。终于，我爬上了山顶。老房子就在眼前。透过窗子，我观望着父母曾经的卧室——就是那里的一场大爆炸创造了我（且用一下这个粗俗的双关）；或者说，创造了一小团对称的原生质，它在随后的一系列漫长的偶然事件中打破对称，形成了今天这个乱糟糟的我。个体的发生概括了宇宙的发生。这就是我的自我在萌发之初的家园。我的内心一阵感动，但是稍纵即逝；我的返乡之旅只是一个俗套、一个笑话。老房子有了新住客。生活也已经继续。不会再和父母重逢了，直到我也进入那片将他们吞没的虚无。那里才是真正永恒的家园。现在，我可以心无挂碍地朝那里进发了。

尾　声

塞纳河上：
列维-斯特劳斯的生日

巴黎,千禧年在即,承蒙一位朋友好意居间,我受邀出席了法兰西学院举办的一个小型聚会,去为克洛德·列维-斯特劳斯*庆祝他的 90 岁生日。

那天傍晚,我离开位于莫贝广场和塞纳河之间的那栋 16 世纪公寓楼,沿着圣雅各路朝先贤祠走去。我穿过法兰西学院的前院,和已经被人遗忘的文艺复兴学者纪尧姆·比代的雕像擦身而过,接着走进了学院的大楼。领略过外面庭院的庄严,里面的房间显得局促甚至简陋。聚会上已经到了十多位学界精英,还有那么几个记者,只是不见照相机或麦克风的影子。现场供应勃艮第葡萄酒,我喝下几杯壮了壮胆,然后经人介绍认识了列维-斯特劳斯本人。他艰难地从椅子上站起来,颤抖着和我握了握手。我们的对话并不顺畅,一是因为我法语说得不好,还有就是因为我受了震惊:自己居然能和当今法国最伟大的知识分子相对。

几分钟后,有人请列维-斯特劳斯跟大家稍微说两句。于是,他用缓慢、庄严的语调发表了一番即席讲话。

“蒙田说过,衰老每天都在削减我们,等到死亡最终来临,它带走的不过是一个人的一半或四分之一。不过蒙田只活了 59 岁,他无从体会像我这样的高龄——”他接着说道,人到九旬,“是我这一生中的一大惊奇”。他说他自觉像一幅“破碎的全息像”,作为整体

---

* 列维-斯特劳斯,法国人类学巨匠,著有《忧郁的热带》等。

已经不复存在，但碎片中依然保存着自我的完整形象。

这番讲话出乎意料。它很私人，它说的是死亡。

接着，列维-斯特劳斯说起了两个自我之间的对话：一个是现在的这个已经消磨的自我——le moi réel（"真实的我"），另一个是与之共存的理想自我——le moi métonymique（"转喻的我"）。后一个自我制定着雄心勃勃的学术计划，它对前一个自我说："一定要再接再厉啊。"但是前一个自我却回答："那都是你的事业了，只有你才能把握事物的全貌了。"列维-斯特劳斯感谢我们汇聚一堂，帮助他平息这场徒劳的对话，并使他的两个自我暂时"和解"；但是他接着又补充说："虽然我也知道，真实的我会继续沉沦，直到最后完全解体。"

聚会结束，我离开法兰西学院，步入了细雨蒙蒙的巴黎夜色之中。我沿着学院路走到巴尔扎餐厅，吃了一盘鲜美的酸菜，还喝了大半瓶圣艾美侬葡萄酒。然后我回到公寓，打开了电视。

电视上正播放着一个书评节目，主持人是法国电视界的老面孔贝尔纳·皮沃*。当晚的嘉宾是一位多明我会神父、一位理论物理学家、还有一位佛教僧人。他们争辩着一个深奥的形而上学问题、那个300年前由莱布尼茨提出的问题：Pourquoi y-a-t-il quelque chose plutôt que rien? 为什么存在万物而非一无所有？

每位嘉宾都各有见解。那位神父是个年轻人，相貌英俊，却不苟言笑，他戴了一副正经的金属边眼镜，穿了一身带斗篷的纯白色多明我会修士服。他争辩说，实在一定有一个神圣的源头。就像每个人都是因为父母的行为来到世间一样，宇宙也必然是因为造

---

* 贝尔纳·皮沃，法国作家。

物主的行为才诞生的。Au fond de la question est une cause première—Dieu(追根溯源就会发现第一因——上帝)。他还补充道,上帝并非时间意义上的第一因,因为连时间都是上帝创造的。上帝在大爆炸的背后,而不是在它之前。

物理学家年纪较大,一头浓密的白发,穿一件浅蓝色的运动上装,却戴了一只不甚相配的西式领结。他气呼呼的,对这些超自然的鬼话相当不耐烦。宇宙的存在完全是量子涨落的随机事件,他说。就像一个粒子和它的反粒子可以在真空中自发诞生一样,整个宇宙的种子也是如此。量子理论已经解释了为什么存在万物而非一无所有的问题。Nôtre univers est venu par hasard d'une fluctuation quantique du vide——我们的宇宙是通过量子涨落从虚空中随机产生的。仅此而已。

僧人穿着深红和藏红两色的僧袍,肩膀裸露,头发刚刚剃过。他的见解最有意思,风度也最宜人。相比正经严肃的年轻神父和怒气冲冲的老物理学家,他的脸庞上始终洋溢着幸福,嘴角也一直挂着微笑。他说,身为佛教徒,他认为宇宙是没有开端的——Il n'y a pas de début(没有开始)。他还说,虚无——le néant——不可能孕育存在,因为虚无的定义就是存在的反面。即使有亿万个原因,不存在的东西当中也创造不出一个宇宙来。这就是为什么,他说,佛教关于宇宙没有开端的教义在形而上学上是最有道理的。C'est encore plus simple(它甚至还更简单)。

Vous trouvez?(你这么认为?)贝尔纳·皮沃扬起眉毛插了一句。

僧人温和地辩解,说他不是在回避起源的问题。他是在借这个问题探索实在的本质。说到底,宇宙是什么? Ce n'est pas bien sûr le néant——不是虚无。但是也很接近：它是一种空——une vacuité。万物并不具有我们赋予它们的坚固性。世界就像一场梦、一个错觉。然而在人心里，却把世界的流动性转化成了某种固定、坚硬的东西。由此就产生了 le désir，l'orgueil，la jalousie（欲望、骄傲、嫉妒）。佛教能够纠正我们的形而上学错误，因而有治愈功能。它给人指明了 un chemin vers l'éveil——一条开悟的道路。它也消解了存在之谜。当莱布尼茨问出"Pourquoi quelque chose plutôt que rien"（为什么存在万物而非一无所有）的时候，他已经预设了有东西是真实存在的。但那不过是一个错觉。

Ah Oui？（哦？是吗？）皮沃问了一句，再次扬起了怀疑的眉毛。

Oui！（是的！）僧人回答，笑容灿烂。

我关掉电视，起身走进巴黎的寒夜，我要去散个步，抽一支烟。我离开公寓大楼，朝短短一个街区之外的塞纳河走去。河对岸就是黑幢幢的巴黎圣母院，一道道飞拱支撑着高墙。我在码头上顺流而行，不一会儿就到了艺术桥——那是塞纳河上我最喜欢的一座桥梁，因为桥上没车，气氛静谧（除了有几个卖艺的）。我穿行到桥中央，停下脚步，点燃一支烟，欣赏着午夜的巴黎景色。

我面前横亘的这片辉煌灯火，正是那位佛教僧人所说的一片虚空。难道它真的是一个不实在的梦，一个空洞的错觉？它到底是像萨特所说的那样恶心、黏滞和荒谬，还是像那位多明我会神父所说、是神赐予的礼物？抑或，这整个都不过是量子的偶然涨落，没有解释可言？

为什么存在万物而非一无所有？我在心中默默想到，这还真是个神秘奥妙的问题。它值得我深入探索。也许有一天，我还可

我面前横亘的这片辉煌灯火，正是那位佛
教僧人所说的一片虚空。

以就这个问题写一本书。

指尖弹处,烟头飞入下方黑暗的流水,我转身回家。

哲学〈名词〉:一条有许多路线的道路,起点不明,终点不详。

——安布罗斯·比尔斯《魔鬼辞典》

致　　谢

　　我要感谢阿道夫·格伦鲍姆、理查德·斯温伯恩、大卫·多奇、安德烈·林德、亚历克斯·维连金、斯蒂芬·温伯格、罗杰·彭罗斯、约翰·莱斯利、德里克·帕菲特,还有已故的约翰·厄普代克。承蒙以上各位和我分享了他们的时间和想法。在我没有直接提到的人当中,我最感谢的当然要数托马斯·内格尔,这位哲学家的创意、深刻和诚实是我向来敬重的。

　　我还要感谢萨缪·舍夫勒,他在 2010 年举办了死亡的形而上学研讨会,我有幸出席。感谢我的哲学知音安东尼·哥特里布、内德·布洛克、保罗·博格西安和乔纳森·阿德勒。感谢我那位聪慧勤勉的实习生吉米·奥希金斯、经纪人克里斯·卡尔霍恩,还有我的编辑鲍勃·威尔和他的助手菲力普·马里奥。

　　我最大的遗憾,是克里斯多夫·希金斯已经不能就本书和我展开辩论。他在休斯敦的癌症中心做最后的治疗时,我请他写推荐语,他回信说:“书拿来吧……我会为你自豪的。”十天之后,他死了。

　　最后,感谢贾里德、马科姆和珍妮,多亏了他们,我才得以从深深的倦怠中逃脱。

注 释

NOTES

第一章　与存在之谜的第一次相遇

"我的那些信神的朋友老是翻来覆去地说"：Richard Dawkins, The God Delusion（Houghton Mifflin Harcourt, 2006）, p. 184.

"我们或许会发现'暴胀'是宇宙学的基础"：Dawkins, God Delusion, p. 185.

"又是什么为这些公式赋予了生命"：Stephen Hawking, A Brief History of Time（Bantam Books, 1998）, p. 190.

"任何科学理论，似乎都无法在彻底的虚无和丰富的宇宙之间搭起桥梁"：Henry Margenau and Roy Abraham Varghese, Cosmos, Bios, Theos（Open Court, 1992）, p. 11.

"不稳定、也不可信赖"：Arthur O. Lovejoy, The Great Chain of Being（Oxford University Press, 1973）, p. 168.

"一个偏见，和西方哲学中的其他偏见一样根深蒂固"：Nicholas Rescher, The Riddle of Existence（University Press of America, 1994）, p. 17.

"有没有可能，整个宇宙的运行也是在这样一种必然性的引导之下"：David Hume, Dialogues Concerning Natural Religion（Hafner, 1948）, p. 60.

"我们都是乞丐"：William James, Some Problems of Philosophy（Longmans, Green, 1911）, p. 46.

第二章　走进最黑暗的问题

"哲学中最黑暗的问题"：James, Some Problems of Philosophy, p. 46.

"能够把人的心智撕裂"：A. C. B. Lovell, The Individual and the Universe（Mentor, 1961）, p. 125.

"人类理智少有的伟大事业"：Lovejoy, Great Chain of Being, p. 329.

"被它隐含的力量掠过"：Martin Heidegger, An Introduction to Metaphysics（Yale University Press, 1959）, p. 1.

"一个人的智力越是低下"：Arthur Schopenhauer, The World as Will

and Representation（Dover，1966），vol. 2，p. 161.

"世界一直就是这样的"：John Colapinto，"The Interpreter，" The New Yorker，April 16，2007，p. 125.

"一旦确立了这条原则"：Gottfried Wilhelm Leibniz，Philosophical Papers and Letters，ed. Leroy E. Loemker（University of Chicago Press，1956），vol. 2，p. 1038.

"凡是我们可以想象其存在的东西"：Hume，Dialogues Concerning Natural Religion，p. 58.

"让形而上学的钟表走动不停的摆轮"：Schopenhauer，World as Will，p. 171.

"傻子"：Ibid.，p. 185.

"一切哲学的要务"：Friedrich Schelling，quoted in The Oxford Companion to Philosophy，ed. Ted Honderich（Oxford University Press，1995），p. 800.

"从有消失到无"：G. F. W. Hegel，The Logic of Hegel，trans. William Wallace（Clarendon Press，1892），p. 167.

"自卖自夸的解释"：Søren Kierkegaard，Concluding Unscientific Postscript，trans. David F. Swenson and Walter Lowrie（Princeton University Press，1968），p. 104.

"我想知道，宇宙为什么存在"：Henri Bergson，Creative Evolution，trans. A. Mitchell（Modern Library，1944），pp. 299-301.

"最深刻"：Martin Heidegger，Introduction to Metaphysics，p. 2.

"能够问出一个问题"：Ibid.，p. 206.

"从美学上看"：Ludwig Wittgenstein，Notebooks，1914-1916，trans. G. E. M. Anscombe（Harper Torchbook，1969），p. 86.

"对于万象的最终本体论解释"：Quoted in A. J. Ayer，The Meaning of Life（Scribner，1990），p. 23.

"假设你问的是'万物是怎么来的?'"：A. J. Ayer，The Meaning of Life（Scribner，1990），p. 24.

"浅薄透顶"：Quoted in Ray Monk，Ludwig Wittgenstein（Free Press，1990），p. 543.

"我认为宇宙反正就是存在"：Quoted in John Hick，The Existence of God（Collier，1964），p. 175.

"上帝说出'要有光'的那一瞬间"：Address of Pope Pius XII to the Pontifical Academy of the Sciences，November 22，1951.

"科学家背叛科学": Quoted in F. David Peat, Infinite Potential (Perseus, 1996), p. 145.

"有些年轻科学家": Quoted in Hans Küng, Credo (Doubleday, 1993), p. 17.

"宇宙起源的说法令我厌恶": Quoted in Helge Kragh, Cosmology and Controversy (Princeton University Press, 1996), p. 46.

"派对上有个姑娘从蛋糕里蹦出来": quoted in Jane Gregory, Fred Hoyle's Universe (Oxford University Press, 2005), p. 39.

"如果说宇宙不是一直存在的": Quoted in Margenau and Varghese, Cosmos, Bios, Theos, p. 5.

"将事物吸入非存在": Robert Nozick, Philosophical Explanations (Harvard University Press, 1981), p. 123.

"谁的解答要是不古怪": Ibid., p. 116.

"在哲学里": Marcel Proust, In Search of Lost Time, trans. D. J. Enright et al. (Modern Library, 2003), vol. 3, p. 325.

"问出了人所能问出的最好的问题": Timothy Williamson, in Proceedings of the 2004 St. Andrews Conference on Realism and Truth, ed. P. Greenough and M. Lynch (Oxford University Press, forthcoming).

"从虚无到存在没有逻辑桥梁": James, Some Problems of Philosophy, p. 40.

"哲学就像《唐璜》的序曲": Schopenhauer, World as Will, p. 171.

"当你明白了什么都不存在": Quoted in John Updike, Hugging the Shore (Vintage Books, 1984), p. 601.

"愤怒得说不出话来": Jean-Paul Sartre, Nausea, trans. Lloyd Alexander (New Directions, 1964), p. 134.

"虚空可比自然用来代替它的某些东西好太多了": Quoted in John D. Barrow, New Theories of Everything (Oxford University Press, 2007), p. 93.

"环顾周围埋头大吃的女性": John Updike, Bech (Fawcett, 1965), p. 131.

"如果这录音机非要知道": Ibid., p. 175.

"我相信的是斯宾诺莎的上帝": Quoted in Einstein for the 21st Century, ed. Peter Galison et al. (Princeton University Press, 2008), p. 37.

"我明白了,可是我不相信!":Quoted in Joseph W. Dauben, Georg Cantor(Harvard University Press, 1979), p.55.

"谁要是没有凝视过绝对虚无的深渊":Quoted in The Encyclopedia of Philosophy, ed. Paul Edwards(Macmillan, 1967)vol.8, p.302.

间奏:关于虚无的算术

"这两个什么还是对立的":P. W. Atkins, The Creation(W. H. Freeman, 1981), p.111.

"一小片纯粹的虚无":David K. Lewis, Parts of Classes(Blackwell, 1991), p.13.

第三章 什么是虚无?

"虚无(名词)":Webster's New World Dictionary of the American Language, ed. David B. Guralnik(William Collins, 1976), p.973.

"比有什么要简单容易":Gottfried Wilhelm Leibniz, Philosophical Papers and Letters, ed. Leroy E. Loemker(University of Chicago Press, 1956), vol.2, p.1038.

"事物的内容越少":The Works of John Donne, vol.6, ed. Henry Alford(John W. Parker, 1839), p.155.

"上帝不想要的":Quoted in John Updike, Picked-Up Pieces (Fawcett, 1966), p.97.

"虚无纠缠着存在":Jean-Paul Sartre, Being and Nothingness, trans. Hazel E. Barnes(Philosophical Library, 1956), p.11.

"充实着存在":Ibid., p.9.

"焦虑体现了虚无":Martin Heidegger, Basic Writings, ed. David Farrell Krell(HarperCollins, 1993), p.101.

"虚无既不是一个对象":Quoted in John Passmore, One Hundred Years of Philosophy(Penguin, 1968), p.477.

"一股真空力":Nozick, Philosophical Explanations, p.123.

"当你对存在和非存在之外的范畴":Myles Burnyeat, review of Nozick's Philosophical Explanations, Times Literary Supplement, October 15, 1982, p.1136.

"可敬可畏":Plato, Theaetetus, 183e, in The Collected Dialogues of Plato, ed. Edith Hamilton et al.(Princeton University Press, 1961), p.888.

"存在之外没有别的情况"：Bede Rundle, Why There Is Something Rather Than Nothing (Oxford University Press, 2006), p. 113.

"虚无画布上的一块刺绣"：Bergson, Creative Evolution, p. 278.

"要我把握一样东西的意义"：A. Luria, The Mind of a Mnemonist (Avon, 1969), pp. 131-132.

"要想象什么都不存在"：Rundle, Why There Is Something Rather Than Nothing, p. 116.

"空间不是虚无"：Ibid., p. 111.

"完全没有意义的"：Milton K. Munitz, The Mystery of Existence (New York University Press, 1974), p. 149.

"完全是为了技术上的方便"：W. V. O. Quine, Philosophy of Logic (Prentice-Hall, 1970), p. 53.

"一个微不足道的胜利"：Ibid., p. 54.

"在我们发现的伟大事物当中"：Quoted in Michael J. Gelb, How to Think Like Leonardo da Vinci (Delacorte Press, 1998), p. 25.

第四章 "根本就没有什么存在之谜"

"要对我们这个偶然而容易消亡的世界"：Jim Holt, review of Dawkins's The God Delusion, New York Times Book Review, October 22, 2006, p. 1.

"瓦解为乌有"：Quoted in A Dictionary of Philosophy, ed. Antony Flew (St. Martin's Press, 1984), p. 80.

"绝对、真实、数学的时间"：Sir Isaac Newton, "Scholium on Absolute Space and Time," in Time, ed. Jonathan Westphal et al. (Hackett Publishing Co., 1993), p. 37.

"'最深奥'的问题"：J. J. C. Smart, Our Place in the Universe (Blackwell, 1989), p. 178.

"真理总是比你想的简单"：Richard Feynman, The Character of a Physical Law (MIT Press, 1967), p. 171.

"假设你有两个理论"：The example is due to Richard Swinburne.

"解释之所以为解释的一个原因"：Steven Weinberg, Dreams of a Final Theory (Pantheon Books, 1993), p. 149.

"假如有一位上帝能够设计宇宙"：Dawkins, God Delusion, p. 176.

第五章　宇宙有限还是无限？

"既然如此，永恒存在的事物又有什么原因呢"：David Hume, Dialogues Concerning Natural Religion, p. 59.

间奏：花神咖啡馆的迷思

"他的动作迅速而奔放"：Sartre, Being and Nothingness, p. 59.

"正是科学家用来建立各自理论的那些标准"：Richard Swinburne, Is There a God? (Oxford University Press, 1996), p. 2.

"为什么？为什么斯温伯恩"：Adolf Grünbaum, "Rejoinder to Richard Swinburne's 'Second Reply to Grünbaum,'" British Journal for the Philosophy of Science, vol. 56 (2005), p. 930.

"在理智上放肆得叫人惊讶"：Dawkins, God Delusion, p. 148.

"已经不是讽刺讽刺就行的了"：Ibid., p. 64.

"你该下地狱去！"：Quoted in ibid., p. 89.

第六章　上帝的存在需要理由吗？

1989 年的一篇文章：Richard Swinburne, "Argument from the Fine-Tuning of the Universe," in Physical Cosmology and Philosophy, ed. John Leslie (Macmillan, 1990), p. 158.

"可能性极低的"：Richard Swinburne, The Existence of God (Oxford University Press, 2004), p. 151.

间奏：至高无上的原始事实

"因此您的存在确凿无疑"：Saint Anselm, "Proslogion," in The Ontological Argument, ed. Alvin Plantinga (Anchor Books, 1965), p. 5.

"迷人的笑话"：Arthur Schopenhauer, "The Fourfold Root of the Principle of Sufficient Reason," in Ontological Argument, p. 66.

"我清楚地记得"：The Basic Writings of Bertrand Russell, ed. Robert E. Egner et al. (Touchstone, 1961), p. 42.

"要感觉它肯定错了容易"：Bertrand Russell, A History of Western Philosophy (Touchstone, 1972), p. 586.

"幼稚"：Dawkins, God Delusion, p. 80.

"真实的一百块钱"：Immanuel Kant, The Critique of Pure Reason,

tr. Norman Kemp Smith（Macmillan, 1929）, A599/B627.

"迷失岛"：Gaunilo, "On Behalf of the Fool," in Ontological Argument, p. 11.

"纯粹理性地说"：Quoted in Hao Wang, A Logical Journey（MIT Press, 1996）, p. 105.

"坚定不移的理智主义"："Modernizing the Case for God," Time, April 5, 1980, p. 66.

"没有违背逻辑定律"：Alvin Plantinga, "God, Arguments for the Existence of," in Routledge Encyclopedia of Philosophy, ed. Edward Craig（Routledge, 1988）, vol. 4, p. 88.

"一个正常有理性的人"：Alvin Plantinga, The Nature of Necessity（Oxford University Press, 1974）, p. 220.

"这个前提表面上看确实没什么问题"：J. L. Mackie, The Miracle of Theism（Oxford University Press, 1982）, p. 61.

"每一个哲学家都会说能的"：Russell, History of Western Philosophy, p. 417.

第七章 在多重宇宙中同时并存的我们

"热情十足：Oliver Morton, "The Computable Cosmos of David Deutsch," American Scholar, Summer 2000, p. 52.

"挺直白的"：David Deutsch, The Fabric of Reality（Penguin, 1997）, p. 210.

"文风傲慢"：Jim Holt, review of David Deutsch's The Fabric of Reality, Wall Street Journal, August 7, 1997.

"为不修边幅设立了国际标准"：Morton, "Computational Cosmos," p. 51.

"我认为，我们现在还没有接近"：Deutsch, Fabric of Reality, p. 17.

"不光是要让囚徒观察不到外面的世界"：Ibid. , p. 139.

间奏：走到解释尽头

"自我包含是一个原理返回自身"：Nozick, Philosophical Explanations, p. 120.

"正确的最终原理将通过包含自身来解释自身"：Ibid. , p. 134.

"一个深刻的自我包含命题"：Ibid. , p. 138.

"因为任何事物当然都解释不了其自身。"：Swinburne, Existence of

God, p. 79.

"如果'一切可能性都成立'是一个深刻的事":Nozick, Philosophical Explanations, p. 131.

"话不能这么说":Ibid., p. 130.

"它们存在于彼此独立":Ibid., p. 129.

第八章 "宇宙就是那种时不时会冒出一个的东西"

"科学的光辉已经驱散了神秘":Julian Huxley, Essays of a Humanist (Harper & Row, 1969), pp. 107-108.

"牛顿以来最深刻的科学发展":John Gribbin, Q Is for Quantum (Free Press, 1998), p. 311.

"也许宇宙就是一场量子涨落":Quoted in Alex Vilenkin, Many Worlds in One (Hill and Wang, 2006), p. 183.

"在半道上陡然止步":Quoted in John Gribbin, In the Beginning (Bullfinch, 1993), p. 249.

"关于宇宙为什么产生":Ed Tryon, "Is the Universe a Vacuum Fluctuation?" Nature, vol. 246 (1973), p. 396.

"说宇宙产生于空白的空间":Alan Guth, The Inflationary Universe (Addison-Wesley, 1997), p. 273.

"一个关于引力的量子理论是必不可少的":Stephen Hawking, Black Holes and Baby Universes (Bantam Books, 1993), p. 61.

"找到最终理论的我们":Weinberg, Dreams of a Final Theory, p. 240.

"面颊如山楂一般红润":John Horgan, The End of Science (Addison-Wesley, 1996), p. 71.

"就算没了宗教":Steven Weinberg, "A Designer Universe?" New York Review of Books, October 21, 1999.

第九章 物理学的圣杯——最终理论的梦想

"假设了许多完全不同的宇宙":Weinberg, Dreams of a Final Theory, p. 238.

"这个理想可能会在一、两百年后实现":Steven Weinberg, "Can Science Explain Everything? Anything?" New York Review of Books,

May 31, 2001, p.50.

"支配隧穿的基本定律":Alex Vilenkin, Many Worlds in One (Hill & Wang, 2006), p.204.

"是什么在那些公式中注入了活力":Stephen Hawking, A Brief History of Time (Bantam, 1998), p.190.

"整个对于世界的现代观念":Ludwig Wittgenstein, Tractatus Logico-Philosophicus, trans. D. F. Pears and B. F. McGuinness (Humanities, 1961), p.371.

间奏:为什么会有这么多世界?

"上万亿个其他宇宙":Swinburne, Is There a God?, p.68.

"没有丝毫证据表明":Martin Gardner, Are Universes Thicker Than Blackberries? (W. W. Norton, 2004), p.9.

"假想出无数个隐形宇宙":Paul Davies, "A Brief History of the Multiverse,": op-ed, New York Times, April 12, 2003.

"假设只有一个宇宙":Gardner, Are Universes Thicker, p.9.

"那就根本无法证明我们的世界":Davies, "A Brief History."

"艾弗莱特的多世界":Leonard Susskind, The Cosmic Landscape (Little, Brown, 2005), p.317.

"这里很可能有尚待发现的秘密":Quoted in Paul Davies, The Mind of God (Touchstone, 1992), p.140.

第十章 作为数学家的上帝

"有一个原始不变的数学实在":Alain Connes and Jean-Pierre Changeux, Conversations on Mind, Matter, and Mathematics (Oxford University Press, 1995), p.26.

"数学家应该勇于接受自己最深刻的信念":Quoted in Thomas Tymoczko, New Directions in the Philosophy of Mathematics (Princeton University Press, 1998), p.26.

"确实具有一种类似知觉的体验":Kurt Gödel, "What Is Cantor's Continuum Problem?" in Philosophy of Mathematics, ed. Paul Benacerraf and Hilary Putnam (Cambridge University Press, 1983), p.484.

"不可思议的有效性":Eugene Wigner, "The Unreasonable Effectiveness of Mathematics in the Natural Sciences," in Communications in Pure and Applied Mathematics, vol.13, no. 1 (February 1960), pp.1-14.

"真理可以凭美丽和简洁辨认出来"：Richard Feynman, The Character of a Physical Law (MIT Press, 1967), p. 171.

"自然之书"：Galileo, Saggiatore, Opere VI, quoted in The Penguin Book of Curious and Interesting Mathematics, ed. David Wells (Penguin Books, 1997), p. 151.

"上帝是一位数学家"：Quoted in John D. Barrow, Pi in the Sky (Oxford University Press, 1992), p. 292.

"在我看来，每当心灵觉察到一个数学观念"：Roger Penrose, The Emperor's New Mind (Oxford University Press, 1989), p. 428.

"他认为量子引力是神秘的"：Quoted in Matt Ridley, Francis Crick (Eminent Lives, 2006), p. 197.

"我认为，由完美理念构成的世界是第一位的"：Roger Penrose, Shadows of the Mind (Oxford University Press, 1994), p. 417.

"永恒存在"：Ibid., p. 428.

"深刻持久"：Penrose, Emperor's New Mind, p. 95.

"古老而可敬"：W. D. Hart, The Evolution of Logic (Cambridge University Press, 2010), p. 277.

"数学家创造出一个个假想宇宙"：G. H. Hardy, A Mathematician's Apology (Cambridge University Press, 1940), p. 135.

"数学的本质是自由"：Quoted in Loren Graham and Jean-Michel Kantor, Naming Infinity (Harvard University Press, 2009), p. 199.

"这个多重宇宙的元素"：Max Tegmark, "Parallel Universes," Scientific American, May 2003, p. 50.

"有一种怪诞的真实感"：Ibid., p. 49.

"只是感觉起来这样而已"：Quoted in Davies, Mind of God, p. 145.

"只要研究得法"：Bertrand Russell, Mysticism and Logic (Doubleday, 1957), p. 57.

"大半是在胡说"：Basic Writings of Bertrand Russell, p. 255.

"存在就是作为一个变量的值"：Willard Van Orman Quine, From a Logical Point of View (Harper Torchbooks, 1953), p. 15.

"我们相信数字及其他数学对象的理由"：Hart, Evolution of Logic, p. 279.

"滚开！"：Bertrand Russell, Nightmares of Eminent Persons (Touchstone, 1955), p. 46.

世界为何存在？
Why Does the World Exist?

间奏：万物源于比特？

"我们又凭什么认为物质存在呢"：Quoted in Marc Lange, Introduction to the Philosophy of Physics (Blackwell, 2002), p.168.

"踢吧，约翰生"：Richard Wilbur, "Epistemology," in New and Collected Poems (Harcourt Brace Jovanovich, 1988), p.288.

"语言中只有不含积极要素的差别"：Quoted in Jonathan Culler, Saussure (Fontana, 1985), p.18.

"一切数学形式都在物理上存在"：Tegmark, "Parallel Universes," p.50.

"我们的了解完全局限"：Arthur Eddington, The Nature of the Physical World (Cambridge University Press, 1928), p.258.

"在最基础的本体论层面上"：Frank Tipler, The Physics of Immortality (Anchor Books, 1997), p.209.

"有意识的精神过程具有一些主观的性质"：Thomas Nagel, The View from Nowhere (Oxford University Press, 1986), p.15.

"坦白地说，相当离谱"：John R. Searle, Mind (Oxford University Press, 2004), p.217.

"据说有那么一种特殊的内在的质"：Daniel Dennett, Consciousness Explained (Little, Brown, 1991), p.450.

"世界根本不是某个高度抽象的观点"：Nagel, View from Nowhere, p.15.

"具有形式的东西"：T. L. S. Sprigge, Theories of Existence (Penguin, 1984), p.156.

"就好比是一个天生的聋子"：T. L. S. Sprigge, "Panpsychism," in Routledge Encyclopedia of Philosophy, ed. Edward Craig (Routledge, 1988), vol.7, p.196.

"世界的素材是精神素材"：Eddington, Nature of the Physical World, p.276.

"体验是内部的信息"：David Chalmers, The Conscious Mind (Oxford University Press, 1996), p.305.

"许多个意识又如何能够同时是一个意识"：William James, Writings, 1902-1910 (Library of America, 1988), p.723.

"找一句由十二个单词组成的句子"：William James, Principles of Psychology (Dover, 1950), vol.1, p.160.

"要产生统一独立的心灵"：Penrose, Shadows of the Mind, p.372.

"具有这种性质的东西是非常必要的"：Roger Penrose, The Large, the Small, and the Human Mind（Cambridge University Press, 1997）, p. 175.

"荒谬"：John R. Searle, The Mystery of Consciousness（New York Review of Books, 1997）, p. 156.

第十一章　宇宙来自善的召唤

"最有趣、最刺激的象棋变种"：Larry Kaufman, www. hostagechess. com.

"无论对象有多么复杂"：James, Principles of Psychology, vol. 1, p. 276.

"价值主宰论认为"：Mackie, Miracle of Theism, p. 232.

"最高尚、最值得爱戴"：Russell, History of Western Philosophy, p. 569.

"每一个残忍的行径"：Ibid. , p. 580.

"极度荒凉"：Interview with Father Robert E. Lauder, Commonweal, April 15, 2010.

间奏：一个黑格尔主义者在巴黎

"纯有是逻辑学的开端"：Hegel, Logic of Hegel, p. 135.

"单纯而无规定性"：Ibid.

"这个纯有是纯粹的抽象"：Ibid. , p. 137.

"就是无"：Ibid.

"要笑话这句格言"：Ibid. , p. 140.

"不安的躁动沉淀为平静的结果"：Ibid.

"你的逻辑越是糟糕"：Russell, History of Western Philosophy, p. 746.

"包罗万象的本体论证明"：Arthur Schopenhauer, On the Fourfold Root of the Principle of Sufficient Reason, trans. Mme. Karl Hillebrand（George Bell and Sons, 1897）, p. 13.

"理念作为主观理念和客观理念的统一"：Hegel, Logic of Hegel, p. 323.

"非常晦涩"：Russell, History of Western Philosophy, p. 734.

"拥有了世界"：The Philosophy of Jean-Paul Sartre, ed. Robert Denoon Cumming（Modern Library, 1965）, p. 331.

第十二章 在所有可能的世界里为何恰好是这一个？

《为什么有万物？为什么是这样？》：Derek Parfit, London Review of Books, January 22, 1998, and February 5, 1998. 除非另外注明，帕菲特在本章中的引语均出自此书。

"真理和我们的信念是有很大不同的"：Derek Parfit, Reasons and Persons (Oxford University Press, 1984), p. 281.

"我最感兴趣的"：quoted in Steve Pyke, Philosophers (Distributed Art Publishing, 1995), p. 43.

"一座华丽的古董店"：Christopher Hitchens, Hitch-22 (Twelve, 2010), p. 103.

"在最终的多重宇宙里"：Brian Greene, The Hidden Reality (Allen Lane, 2011), p. 296.

"虚无纠缠着存在"：Sartre, Being and Nothingness, p. 11.

第十三章 宇宙只不过是一首打油诗

"滑行于一片亮光之上"：John Updike, "The Dogwood Tree," in Assorted Prose (Fawcett, 1966), p. 146.

"全靠巴特的神学"：Updike, preface to Assorted Prose, p. viii.

"撒旦式虚无"：Updike, Picked-Up Pieces, p. 99.

"宇宙的引导程序"：Peter Atkins, The Creation (W. H. Freeman, 1981), p. 111.

"给人开了玩笑的窘迫表情"：Martin Amis, The War Against Cliché (Vintage, 2002), p. 384.

"虚无上面的一块脏斑"：Updike, Bech, p. 131.

第十四章 我真的存在吗？

"我告诉过你多少次了"：Arthur Conan Doyle, The Sign of the Four (Spencer Blackett, 1890), p. 93.

"存在先于本质"：Jean-Paul Sartre, "Existentialism Is a Human-ism," in Existentialism from Dostoevsky to Sartre, ed. Walter Kaufman (Meridian Books, 1956), p. 290.

"人生的目的就是生存"：Ivan Goncharov, Oblomov, trans. Marian Schwartz（Yale University Press, 2010）, p. 254.

"幸运儿"：Richard Dawkins, Unweaving the Rainbow（Mariner, 2000）, p. 1.

"许多人相信存在比不存在要好"：Russell, History of Western Philosophy, p. 594.

"当我深切地进入"：David Hume, A Treatise of Human Nature（Oxford University Press, 1888）, p. 252.

"自我不是独立存在的灵魂之珠"：Dennett, Consciousness Explained, p. 423.

"没有一个'我'"：Galen Strawson, Selves：An Essay in Revisionary Metaphysics（Oxford University Press, 2011）, p. 246.

"我对于'我'这个字理解其意思"：Nagel, View from Nowhere, p. 42.

"我觉得房间里的什么地方有一个痛感"：Charles Dickens, Hard Times（Oxford World's Classics, 2008）, p. 185.

"人类所能想到的最大矛盾"：Quoted in The Oxford Companion to Philosophy, ed. Ted Honderich（Oxford University Press, 1995）, p. 817.

"'我'不是一个客体"：Wittgenstein, Notebooks, 1914-1916, p. 80.

"出于方便给诸法取的名字"：Quoted in Parfit, Reasons and Persons, p. 52.

"最可悲的境地"：Hume, Treatise on Human Nature, p. 269.

"使人解脱,给人安慰"：Derek Parfit, Reasons and Persons（Oxford University Press, 1984）, p. 280.

"非常犹豫"：Nozick, Philosophical Explanations, p. 87ff.

"一切艺术、宗教"：Roger Scruton, Modern Philosophy（Penguin, 1994）, p. 484.

"客观世界"：Edmund Husserl, Cartesian Meditations, trans. Dorion Cairns（Martinus Nijhoff, 1970）, p. 26.

"这个我,这个思考着没有中心的茫茫宇宙的我"：Nagel, View from Nowhere, p. 61.

"这是怎么回事"：Ibid., p. 54.

"做卑微乔装的世界灵魂"：Ibid., p. 61

"'托·内就是我'的想法"：Ibid., p. 60.

"宇宙中居然有一个生物正好是我"：Ibid., p.56.

第十五章　回归虚无

"是完全不可能的事"：Quoted in Paul Edwards, "My Death," in The Encyclopedia of Philosophy, ed. Paul Edwards（Macmillan, 1967）, vol.5, p.416.

"一点都不"：Quoted in Simon Critchley, The Book of Dead Philosophers（Vintage, 2009）, p.176.

"如果要让'死是坏的'这个观点成立"：Thomas Nagel, Mortal Questions（Cambridge University Press, 1979）, p.4.

"原因不在于死亡剥夺了我们的某些乐趣"：Richard Wollheim, The Thread of Life（Yale University Press, 1999）, p.269.

"我有一件事情必须忏悔"：Miguel de Unamuno, Tragic Sense of Life, trans. Anthony Kerrigan（Princeton University Press, 1972）, p.49.

"我独有的死亡"：Mark Johnston, Surviving Death（Princeton University Press, 2010）, p.138.

"我的存在是一个可能性组成的宇宙"：Nagel, View from Nowhere, p.228.

"说起来也不过是这样而已"：Parfit, Reasons and Persons, p.280.

"意志从无意识的黑夜中苏醒诞生"：Quoted in Scruton, Modern Philosophy, p.378.

"我们在世界中感到漂泊无依"：Ibid., p.464.

尾声　塞纳河上：列维-斯特劳斯的生日

书评节目：电视节目为 Bouillon de Culture. 多明我会修士为 Jacques Arnould, 物理学家为 Jean Heidmann（于 2000 年逝世）, 佛教僧人为 Matthieu Ricard.

著作权合同登记号　图字:01-2013-0163
图书在版编目(CIP)数据

世界为何存在?:探索万物之谜的奇妙旅程/(美)霍尔特(Holt,J.)著;高天羽译;张晓歌插图. —北京:北京大学出版社,2015.5
ISBN 978-7-301-24646-7

Ⅰ.①世…　Ⅱ.①霍…②高…③张…　Ⅲ.①世界观—通俗读物
Ⅳ.①B-49

中国版本图书馆 CIP 数据核字(2014)第 185425 号

Why Does the World Exist?:An Existential Detective Story
Copyright ⓒ 2012 by Jim Holt
Simplified Chinese language edition published by arrangement with Chris Calhoun Agency
through The Grayhawk Agency

书　　　　名	世界为何存在?——探索万物之谜的奇妙旅程
著作责任者	〔美〕吉姆·霍尔特　著　高天羽　译　张晓歌　插图
责任编辑	曾　健　陈晓洁
标准书号	ISBN 978-7-301-24646-7
出版发行	北京大学出版社
地　　　址	北京市海淀区成府路205号　100871
网　　　址	http://www.pup.cn　http://www.yandayuanzhao.com
电子信箱	yandayuanzhao@163.com
新浪微博	@北京大学出版社　@北大出版社燕大元照法律图书
电　　　话	邮购部 62752015　发行部 62750672　编辑部 62117788
印　刷　者	北京中科印刷有限公司
经　销　者	新华书店
	880 毫米×1230 毫米　A5　12.125 印张　282 千字
	2015 年 5 月第 1 版　2021 年 9 月第 12 次印刷
定　　　价	45.00 元